"十四五"时期国家重点出版物出版专项规划项目

空天推进技术系列丛书

U0643522

复合固体推进剂性能测试方法

刘林林　刘殊远　李连强　李　军

徐　星　顾才源　张　宇　李波标　编著

西北工业大学出版社

西安

【内容简介】 本书主要内容包括复合固体推进剂的基本物理性能参数测试、力学性能测试、安全性能测试、能量特性测试、热分解及燃烧性能测试、燃烧产物特性测试以及其他实验方法等。

本书可供高等学校相关专业的师生以及从事复合固体推进剂研究的工作人员和相关专业研究人员使用。

图书在版编目（CIP）数据

复合固体推进剂性能测试方法 / 刘林林等编著 .
西安 ：西北工业大学出版社, 2024.8. --（空天推进技术系列丛书）. -- ISBN 978 - 7 - 5612 - 9335 - 5

Ⅰ . V512

中国国家版本馆 CIP 数据核字第 20245V451K 号

FUHE GUTI TUIJINJI XINGNENG CESHI FANGFA
复合固体推进剂性能测试方法
刘林林　刘殊远　李连强　李　军
徐　星　顾才源　张　宇　李波标　编著

责任编辑：王玉玲　杨 兰	策划编辑：华一瑾
责任校对：成　瑶	装帧设计：高永斌　李　飞

出版发行：西北工业大学出版社
通信地址：西安市友谊西路 127 号　　　邮编：710072
电　　话：(029)88491757，88493844
网　　址：www.nwpup.com
印 刷 者：西安五星印刷有限公司
开　　本：787 mm×1 092 mm　　　1/16
印　　张：12.375
字　　数：309 千字
版　　次：2024 年 8 月第 1 版　　2024 年 8 月第 1 次印刷
书　　号：ISBN 978 - 7 - 5612 - 9335 - 5
定　　价：98.00 元

前　言

复合固体推进剂是一种以高分子黏合剂、固体氧化剂、金属燃烧剂等组成的高固含量含能复合材料,具有能量密度高、制造工艺简单、力学性能优异、燃速调节范围大等优点,是当前固体火箭发动机最常用的推进剂品种。作为火箭发动机的"心脏",推进剂为火箭发动机的稳定工作提供能源和工质源,同时,其在发动机中的质量和体积占比均最大,因此其性能水平至关重要。

限于较为复杂的配方,当前复合固体推进剂的各项性能仍无法通过理论计算进行有效预测,只能依赖于实验测试,因此性能测试在推进剂的研制、批量生产、装备、销毁等方面皆发挥着极为重要的作用。复合固体推进剂的性能测试涉及物性测试、理化性质分析、能量性能评估和安全性验证等多个方面,现已基本形成了较为成熟的标准体系,然而目前系统性的著述仍然较少。笔者在调研大量文献的基础上,对当前复合固体推进剂测试方法进行科学分类,并对其中已发展成熟或具有代表性的方法,从测试原理、测试装置及材料、测试方法等方面进行详细阐述,可为复合固体推进剂工作人员开展科研、生产工作提供参考。

本书共分7章。第1章为基本物理性能参数测试,包括密度、比热容、热导率、热扩散率、线膨胀系数、吸湿性、硬度等性能的测试方法。第2章为力学性能测试,包括拉伸力学性能、应力松弛模量主曲线、平衡模量、动态力学性能、抗压强度、泊松比、玻璃化转变温度、抗冲击强度性能的测试方法。第3章为安全性能测试,包括热感度、火焰感度、撞击感度、摩擦感度、爆轰波感度、枪击感度、燃烧转爆轰实验测试方法。第4章为能量特性测试,包括比冲、爆热、燃烧热、燃气比容的测试方法。第5章为热分解及燃烧性能测试,包括热分解性能、热分解机理和燃烧波的测试方法,着重对不同燃速测试方法进行介绍。第6章为燃烧产物特性测试,包括燃烧产物收集及气相、凝聚相、燃烧羽烟特性的测试方法。第7章为其他实验方法,包括复合固体推进剂寿命预估、熄火燃面获取及其中铝粉和高氯酸铵含量分析实验方法。

飞天巡洋,动力先行。由于固体火箭发动机具有结构简单、可靠性高、可长期储存、机动性好等优势,所以在各类导弹武器和航天飞行器中得到了广泛的应用,其中复合固体推进剂又扮演着极为重要的角色。通过本书系统详细的介绍,希望读者能深入了解复合固体推进剂性能测试技术,并为该技术的发展提供更多有益思路。

本书由刘林林、刘殊远、李连强、李军、徐星和顾才源共同完成文字部分的编写,张宇和李波标进行了文献资料收集整理、图表绘制、文字校对等方面的工作。

在编写本书的过程中,笔者参阅了国军标《火药试验方法》(GJB 700B—2005)的部分内容及其他相关文献资料,在此向其作者表示衷心的感谢。

由于水平有限,书中难免存在疏漏和不足之处,敬请广大读者批评指正。

编著者

2023 年 10 月

目 录

第1章　基本物理性能参数测试 ……………………………………………………………… 1

1.1　密度:液体静力称量法 ………………………………………………………………… 1

1.2　热导率和比热容:准稳态法 …………………………………………………………… 2

1.3　比热容、热导率和热扩散率:微热量热法 …………………………………………… 5

1.4　线膨胀系数:热机械法 ……………………………………………………………… 11

1.5　热导率:差示扫描量热法 …………………………………………………………… 13

1.6　吸湿性:干燥器平衡法 ……………………………………………………………… 15

1.7　硬度:硬度计法 ……………………………………………………………………… 17

参考文献 …………………………………………………………………………………… 19

第2章　力学性能测试 ……………………………………………………………………… 20

2.1　拉伸力学性能:单轴拉伸法 ………………………………………………………… 20

2.2　应力松弛模量主曲线:单向拉伸法 ………………………………………………… 24

2.3　拉伸力学性能:双轴拉伸法 ………………………………………………………… 28

2.4　平衡模量:定载实验 ………………………………………………………………… 33

2.5　动态力学性能:霍普金森杆实验 …………………………………………………… 35

2.6　抗压强度:压缩法 …………………………………………………………………… 38

2.7　泊松比:引伸计法 …………………………………………………………………… 40

2.8　玻璃化转变温度:动态热机械法 …………………………………………………… 41

2.9　抗冲击强度:简支梁法 ……………………………………………………………… 44

参考文献 …………………………………………………………………………………… 47

第3章　安全性能测试 ……………………………………………………………………… 48

3.1　热感度:5 s延滞期爆发点测试 …………………………………………………… 48

3.2　热感度:局部热感度测试 ·· 50

3.3　火焰感度:点火延滞期测试 ·· 52

3.4　撞击感度:落锤法 ··· 54

3.5　摩擦感度:摩擦摆法 ··· 57

3.6　爆轰波感度:卡片实验 ··· 59

3.7　枪击感度:7.62 mm 步枪法 ··· 60

3.8　燃烧转爆轰实验:金属管法 ··· 63

参考文献 ··· 65

第 4 章　能量特性测试 ··· 66

4.1　比冲:弹道摆法 ··· 66

4.2　比冲:标准发动机法 ··· 72

4.3　爆热和燃烧热:恒温法 ··· 85

4.4　爆热和燃烧热:绝热法 ··· 90

4.5　燃气比容:压力传感器法 ··· 94

4.6　燃气比容:定容测压弹法 ··· 96

参考文献 ··· 99

第 5 章　热分解及燃烧性能测试 ·· 100

5.1　热分解性能:热重法 ··· 100

5.2　热分解性能:差示扫描量热法 ··· 104

5.3　热分解机理:热分析仪联用实验 ··· 107

5.4　热分解机理:热裂解实验 ··· 111

5.5　燃速:靶线法 ··· 114

5.6　燃速:水下声发射法 ··· 116

5.7　燃速:密闭燃烧器法 ··· 118

5.8　燃速:标准发动机法 ··· 121

5.9　燃速:冲量法 ··· 123

5.10　燃烧波:微热电偶法 ··· 128

参考文献 ··· 132

第 6 章　燃烧产物特性测试 ·· 133

　　6.1　燃烧产物收集:收集罐法 ··· 133

　　6.2　燃烧产物收集:恒压腔法 ··· 136

　　6.3　气相燃烧产物组分分析:气相色谱法 ··· 139

　　6.4　凝聚相燃烧产物粒度分析:激光粒度仪法 ·· 145

　　6.5　凝聚相燃烧产物中活性铝分析:络合滴定法 ····································· 149

　　6.6　燃烧羽烟特性测试:烟雾通道法 ·· 152

　　参考文献 ··· 155

第 7 章　其他实验方法 ·· 156

　　7.1　复合固体推进剂寿命预估:高温加速老化实验 ································· 156

　　7.2　复合固体推进剂熄火燃面获取:骤降压法 ·· 166

　　7.3　复合固体推进剂中铝粉含量分析实验:络合滴定法 ·························· 169

　　7.4　复合固体推进剂中高氯酸铵含量分析实验:酸碱滴定法 ·················· 171

　　参考文献 ··· 173

附录 ·· 174

　　附录 A　格拉布斯准则 ·· 174

　　附录 B　数据的统计处理和解释　正态样本离群值的判断和处理 ··········· 175

　　附录 C　统计数值表 ··· 180

符号注释表 ··· 185

第1章 基本物理性能参数测试

1.1 密度:液体静力称量法

1.1.1 测试原理

密度是物质的特性之一,是特定体积内质量的度量,数值上等于物体的质量除以体积,可以用符号 ρ 表示。国际单位制和中国法定计量单位中,密度的单位为千克每立方米,符号为 $kg \cdot m^{-3}$。每种物质都有一定的密度,不同物质的密度一般不同,因此可以利用密度来鉴别物质。液体静力称量法为测量密度的方法之一,其原理是根据试样在空气和液体介质中的称量值之差求出被测试样排开液体介质的体积,再计算得到试样的密度。

1.1.2 测试装置及材料

采用液体静力称量法测量密度需要用到的试剂和实验仪器包括液体石蜡[《液体石蜡》(SH/T 0417—1992)]和密度测定装置。密度测定装置结构示意图如图 1.1 所示。

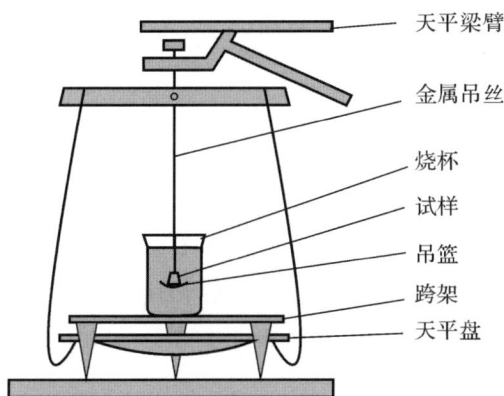

图 1.1 密度测定装置结构示意图

密度测定装置主要由天平梁臂、金属吊丝、烧杯、试样、吊篮、跨架、天平盘等组成,各组成部分规格应满足如下条件。

(1)跨架:跨架尺寸应适合于放置在天平盘和吊篮的空当(见图 1.1)。

(2)金属吊丝:金属吊丝材料种类可视情况灵活选用,但直径应为满足强度要求的最小值。

(3)烧杯:容量为 200 mL。

(4)温度计:量程为 0~50 ℃,分度值为 0.1 ℃。

(5)玻璃体:GG17 玻璃(耐高温玻璃材料)或 95 玻璃(低碱高硼硅玻璃),带环,其体积根据实际实验选择,推荐使用 1 cm³ 或者 10 cm³。

1.1.3 测试方法

在进行推进剂及其包覆层和绝热层密度测试时,采用液体石蜡作为介质,液体石蜡密度通过玻璃体法进行测定。

1.玻璃体法测定液体石蜡密度的方法

在天平上称出已知体积的玻璃体的质量,精确至 0.000 2 g。将盛有液体石蜡的烧杯放置于天平盘上方的跨架上,再将玻璃体用金属吊丝悬挂于跨架上方,使玻璃体浸没在 20 ℃±2 ℃的液体石蜡中,深度约 10 mm,且处于烧杯中央,最后去掉玻璃体,单独将金属吊丝挂在称盘架上方,浸入液体石蜡中称重。

2.液体静力称量法测试步骤与数据处理

在天平上称取试样质量,精确至 0.000 2 g。用金属吊丝将试样缓慢浸没于液体中并除去气泡使之浸润,然后挂于跨架上。试样浸没于 20 ℃±2 ℃的液体中,深度约 10 mm,2 min 后称量。去掉试样,将金属吊丝挂在称盘架上浸入液体介质中称量。

通过玻璃体法测量液体石蜡的密度的计算公式为

$$\rho_1 = \frac{m_a - m_b + m_c}{V} \tag{1.1}$$

式中:ρ_1 为液体石蜡的密度,g·cm⁻³;m_a 为玻璃体的质量,g;m_b 为带金属吊丝的玻璃体在液体石蜡中的称量值,g;m_c 为金属吊丝在液体石蜡中的称量值,g;V 为玻璃体的体积,cm³。

试样密度的计算公式为

$$\rho = \frac{m}{m - m_d + m_c} \cdot \rho_1 \tag{1.2}$$

式中:ρ 为试样的密度,g·cm⁻³;m 为试样在空气中的质量,g;m_d 为试样和金属吊丝在液体石蜡中的质量,g。每份试样平行测定两个结果,平行结果的差值应不大于 0.005 g·cm⁻³,取其平均值,实验结果精确至小数点后 3 位。

1.2 热导率和比热容:准稳态法

1.2.1 测试原理

热导率,又称导热系数,是物质导热能力的量度,是指当温度垂直向下梯度为 1 ℃·m⁻¹ 时,单位时间内通过单位水平截面积所传递的热量,其单位为 W·m⁻¹·K⁻¹。比热容,简称比热,亦称比热容量,是热力学中常用的一个物理量,表示物体吸热或散热的能力,比热容越大,物体的吸热或散热能力越强。它是指单位质量的某种物质升高或下降单位温度所吸收或放出的热量,其国际单位制中的单位是焦耳每千克开尔文,符号为 $J \cdot kg^{-1} \cdot K^{-1}$,即令 1 kg 的物质温度上升 1 K 所需的能量。目前,测量材料热导率和比热容的方法有多种,其中以准稳态法为主,该方法所使用的仪器设备价格低廉,操作简单,故被普遍采用。

准稳态法测定热导率和比热容是指厚度为 2δ 的无穷大平板两面受恒定热流加热,经初始热传导后,平板各处都以同一速率升温,厚度方向任意两点温差达到恒定值,通过测定平板试样在准稳态时的两面温差和升温速率,可分别确定试样的热导率和比热容值。该方法适用于复合固体推进剂室温热导率和比热容的测定。对于热导率为 $0.1 \sim 5$ $W \cdot m^{-1} \cdot K^{-1}$ 的各向同性均质材料,其热导率和比热容的测定亦可参照执行。

1.2.2　测试装置及材料

准稳态法测定热导率和比热容的装置一般由平面加热器、绝热块、热电偶、加热电源、试样温度记录仪和电压测量仪器等组成,其电路示意图如图 1.2 所示。

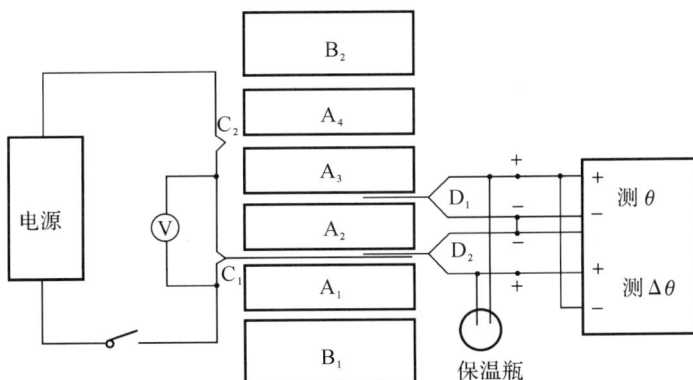

图 1.2　准稳态法测定热导率和比热容的装置的电路示意图

测定装置的电路示意图由相同的 4 块试样(A_1、A_2、A_3 和 A_4)、2 个平面加热器(C_1 和 C_2)和 2 个绝热块(B_1 和 B_2)组成。试样中 A_2(也可以是 A_3)为主测试样。在主测试样中心各放一支相同材料的热电偶(见图 1.2 中 D_1 和 D_2),分别测量试样初始温度 T_1 和加热面温度 T_2,两支热电偶反向串联可获得试样温差 $\Delta T = T_2 - T_1$。两块平面加热器通过串联或并联方式供电,只测算其中一块平面加热器的功率。测试中各组成部分的规格应满足如下条件。

(1)平面加热器:平面加热器采用带护膜的康铜箔印制板,加热面尺寸为 100 mm×100 mm,总厚度小于 0.15 mm;加热器电阻为 $30 \sim 200$ Ω,且两个加热器阻值偏差不应超过 0.5%,测量精度为 ±0.3%。

(2)绝热块:用面积稍大于试样、厚度为 50 mm 以上的聚氨酯泡沫塑料制成,热导率应小于 0.03 $W \cdot m^{-1} \cdot K^{-1}$。

(3)热电偶:选用直径为 0.1 mm 的镍铬-康钢、铜-康铜等热电偶,热电势-温度关系按 2 级精度标定。

(4)加热电源:采用可调直流稳压电源,电压范围为 $0 \sim 45$ V,功率约为 40 W。

(5)测量仪器:电压和电流的测量精度为 ±0.5%;采用灵敏度记录仪记录温度,分辨率

优于 $10~\mu V \cdot cm^{-1}$，温度测量精确至温差的 1%，厚度测量精度为 $0.02~mm$。

1.2.3 测试方法

1. 热导率和比热容测定试样准备

将被测材料制成尺寸为 $100~mm \times 100~mm \times \delta$ 的 4 块试样，试样厚度 δ 在 $10 \sim 15~mm$ 范围内选取，厚度极限偏差为 $\pm 0.1~mm$。试样的上、下两面平行（平面度和平行度分别不大于 $0.1~mm$ 和 $0.15~mm$），且应在与发动机推进剂相同的浇注、固化条件下用模具成型。

2. 测定实验前期准备

按《复合固体推进剂及衬层、绝热材料的密度测定方法》（QJ 917A—1997）中的规定测定试样的密度，每块试样沿四周至少测量 4 处厚度，取其算术平均值作为试样厚度。测定前，试样和测定装置在实验室内放置 1 h，以保持初始温度相同，对仪器进行预热后，按图 1.2 所示位置顺序放置绝热块、试样、加热器、热电偶等，两支热电偶分别放在 A_2 试样两面的中心。记录仪的两支热电偶探头分别记录试样温差 ΔT 和试样 A_2、A_3 初始温度 T_1，热电偶冷端放入保温瓶（空瓶或加室温水）内，加热功率应确保准稳态时试样温差 $\Delta T = 2^{+2}_{0}$ ℃。

3. 测定实验步骤

仪器完成预热后，调整量程和零点，记录仪测温差 ΔT 的量程置于 $5~\mu V \cdot cm^{-1}$ 或 $10~\mu V \cdot cm^{-1}$ 挡，测量温度 T_1 的量程置于 $5 \sim 25~\mu V \cdot cm^{-1}$ 挡。接通平面加热器后，查看两条记录曲线，在温差出现最大值直至最大值稳定 2 min 左右后，即可结束实验，测定记录曲线如图 1.3 所示。

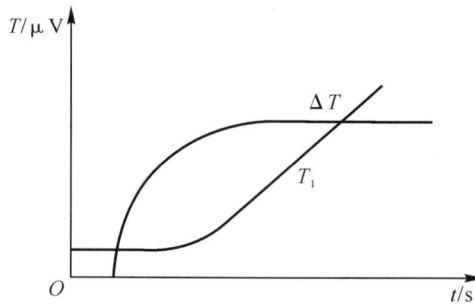

图 1.3　测定记录曲线

4. 结果计算

热导率的计算公式如下：

$$\lambda = \frac{q\delta}{2(1+\xi)\Delta T} \tag{1.3}$$

$$q = \frac{P}{2A} = \frac{U^2}{2AR} \tag{1.4}$$

式中：λ 为试样的热导率，$W \cdot m^{-1} \cdot K^{-1}$；$q$ 为平面加热器向试样 A_2 提供的热流密度，$W \cdot m^{-2}$；δ 为试样的厚度，m；ξ 为平面加热器热容量影响修正系数，取经验值 $\xi = 0.02$；ΔT 为试样 A_2 两面中心处的最大温差，K；P 为一块平面加热器的加热功率，W；A 为平面加热器加热面的面积，m^2；U 为加至一个平面加热器的电压，V；R 为一个平面加热器的电阻值，Ω。

比热容的计算公式为

$$c = \frac{1\,000q}{(1+\xi)\rho\delta\dfrac{\Delta T_1}{\Delta t}} \tag{1.5}$$

式中：c 为试样比热容，$J \cdot g^{-1} \cdot K^{-1}$；$\rho$ 为试样的密度，$kg \cdot m^{-3}$；$\Delta T_1/\Delta t$ 为试样 A_2、A_3 接触面中心处的恒定温升速率，$K \cdot s^{-1}$。

数据处理方法为可测温度范围内热电偶平均热电势换算温度，温度范围由室温至系统进入准稳态时加热面的温度 T_2 确定。T_2 一般温升为 $4\sim10$ ℃，测出的热导率和比热容值即为试样 A_2 两面平均温度下的数值。测定两次，取平均值为评定值（结果保留 3 位有效数字），若两次偏差大于 6%，则需重新测定。

1.3　比热容、热导率和热扩散率：微热量热法

1.3.1　测试原理

比热容和热导率的定义如 1.2 节叙述，热扩散率又叫导温系数，它表示物体在加热或冷却过程中，温度趋于均匀一致的能力，相当于物体的蓄热能力。微热量热法适用于推进剂在 $-50\sim50$ ℃范围内任一温度下的比热容和药柱热导率及热扩散率的测定。

微热量热法测量推进剂的比热容、热导率和热扩散率的原理是利用珀耳帖效应，分别对空测量池、装有待测试样和装有标准物质的测量池通入相同大小的珀耳帖电流，通过体系热动态平衡方程和双重比较法导出的方程计算出试样的比热容；利用焦耳效应和珀耳帖效应，对待测药柱和已知热导率的标准圆柱体分别通入同样大小的焦耳电流和珀耳帖电流，通过稳态一维条件下测得的热流量和不平衡热对 4 种已知热导率的标准圆柱进行比较，计算推进剂药柱的热导率和热扩散率。

1.3.2　测试装置及材料

采用微热量热法测量比热容、热导率和热扩散率需要用到 α-氧化铝、苯甲酸、正庚烷、二次去离子水、石英玻璃、聚四氟乙烯、高密度聚乙烯、低温型微量热量计、测量池和参比池等。测试中所用到的试剂和材料规格应满足如下条件。

(1)苯甲酸：GBW(E) 130035(苯甲酸标准物质)，纯度为 99.995%。

(2)正庚烷：色谱纯度为 99.99%。

(3)二次去离子水：电导率小于 5.48×10^{-8} $S \cdot cm^{-1}$。

(4)石英玻璃：电导率标准值为 1.424 $W \cdot m^{-1} \cdot K^{-1}$ (293 K)和 1.424 $W \cdot m^{-1} \cdot K^{-1}$ (373 K)。

(5)聚四氟乙烯：《聚四氟乙烯棒材规范》(GJB 3025A—1997)。

(6)高密度聚乙烯：《聚乙烯(PE)树脂》(GB/T 11115—2009)。

(7)低温型微量热量计：灵敏度不低于 50 $\mu V \cdot mW^{-1}$，低温型微量热量计组成部分如

图 1.4 所示。

  (8)测量池和参比池:容积为 10 mL,测量池和参比池示意图如图 1.5 所示。

  (9)热导率测量容器和参比容器:容积为 15 mL。

  (10)游标卡尺:分度值为 0.02 mm。

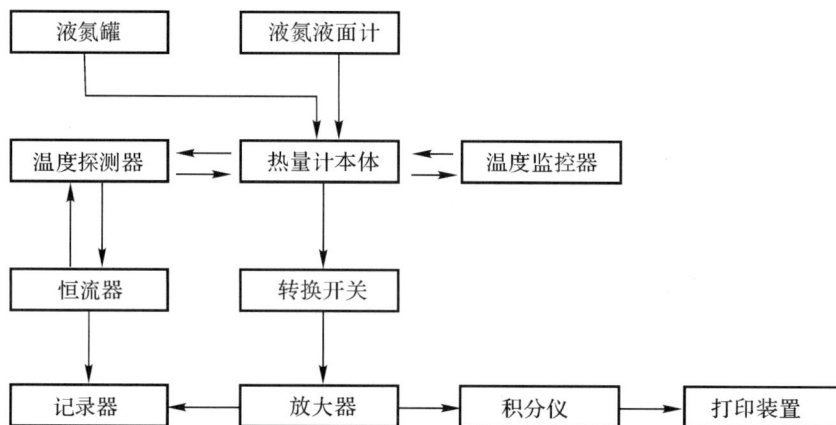

图 1.4 低温型微量热量计组成部分

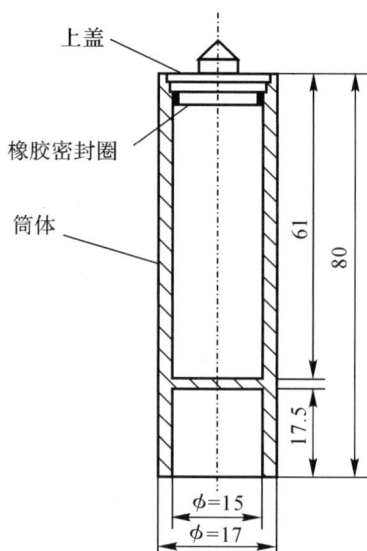

图 1.5 测量池和参比池示意图(单位:mm)

1.3.3 测试方法

1. 比热容测定试样准备

  推进剂药柱车削成直径为 14.86 mm±0.05 mm、高度不大于 30 mm 的圆柱,也可粉碎成粉状或粒状。试样置于真空干燥器内,在温度为 25 ℃±5 ℃、压强小于 13.3 Pa 条件下抽真空 4 h 左右,至试样质量恒定后备用。

2.热导率测定试样准备

将试样和已知热导率的有机玻璃、石英玻璃、聚四氟乙烯和高密度聚乙烯加工成外径为 14.86 mm±0.05 mm、内径为 2.0 mm±0.1 mm、高度为 66 mm±0.5 mm 的试样药柱和标准圆柱体。试样药柱置于真空干燥器内,在温度为 25 ℃±5 ℃ 的条件下恒重后备用。

3.比热容测定

将热量计升温至预定温度,辅助加热器预定在 30 ℃ 后恒温 4 h 以上,按如图 1.6 所示的连接方式,用屏蔽导线连接放大器和恒电流源面板上的接线柱。低于室温下的比热容测定按《炸药试验方法》(GJB 772A—1997)中方法 410.2 的具体实验程序进行,热量计须降至预定温度,辅助加热器预定在 30 ℃ 后恒温 4 h 以上。

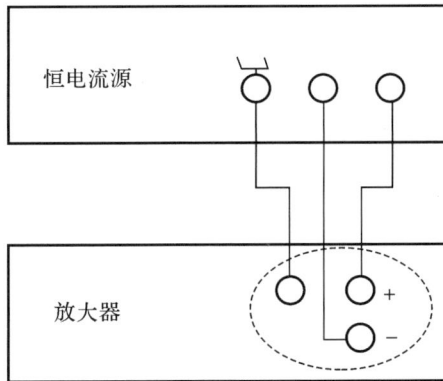

图 1.6　放大器和恒电流源连接图

称取试样 5～8 g,精确至 0.000 2 g(视试样危险性大小和实验温度高低,可适当减少试样量),置于测量池内。将盛有试样的测量池和空参比池一同置于干燥器内备用,内盛试样的测量池和空参比池分别放入热量计本体的测量端和参比端内,恒温 4 h,开启放大器电源开关,选择适当的灵敏度和响应时间并打开恒电流源,"通电-测量"状态各开关具体位置如图 1.7 所示。

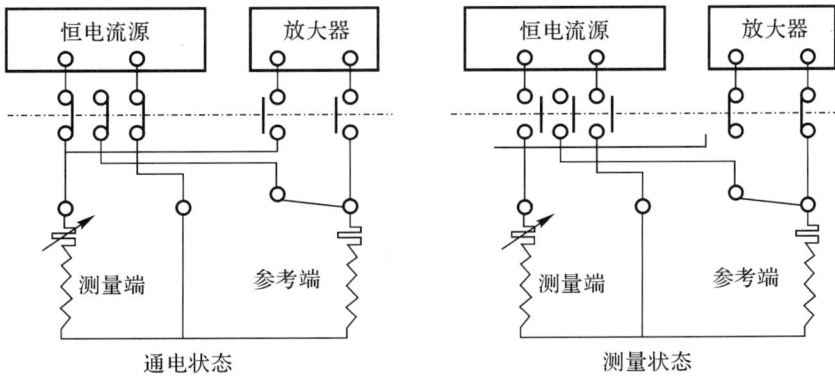

图 1.7　"通电-测量"状态原理图

称取一种标准物质 5~8 g,精确至 0.000 2 g,置于测量池内,与空参比池一同置于干燥器内备用。将内盛试样的测量池和空参比池分别放入热量计本体的测量端和参比端内,恒温 4 h,开启放大器,选择适当的灵敏度和响应时间。通过恒电流源给两个量热单元同时通适当的珀耳帖电流 60 min,使体系达到热动态平衡。当曲线回到基线或积分数不变时,关闭电源开关,重复以上操作 4 次。从热量计本体测量端和参考端内取出测量池和参比池,冷却至室温,倒出试样,清洗测量池,干燥备用。第二种标准物质测量时的用量和具体操作与第一种物质相同。

4. 热导率测定

将热量计升至预定温度恒温 8 h 以上,用导线连接转换开关和恒电流源面板上的接线柱。称量后的第一种已知热导率的标准圆柱体置于热导率测量池和参比池内,再置于干燥器内备用。将内盛第一种已知热导率的标准圆柱体的热导率测量池和参比池同时置于恒定在预定温度的微量热量计本体的测量端和参比端内,恒定 12 h。

开启放大器、标定电源、恒电流源和计算机,30 min 后输入适当的门槛值、质量值、采样时间和仪器灵敏度参数值进行测量,走基线 2 min 后进行测量,恒功率源输出 50 min,查看输出稳态条件下的热流量值,调节珀耳帖电流,使直流曲线回至基线,清零后重新测量,关闭恒功率源和恒电流源,记录不平衡热流曲线,记录输出总不平衡热量,重复以上步骤 9 次。从热量计本体测量端和参考端内取出热导率测量池和参比池,冷却至室温,取出第一种标准圆柱体并清洗干净。对第二、三、四种已知热导率的标准圆柱体和待测试样药柱进行重复热导率测试实验。

5. 结果计算

试样的比热容为

$$c = \frac{s - s_0}{2m}\left(\frac{m_1 c_1}{s_1 - s_0} + \frac{m_2 c_2}{s_2 - s_0}\right) \tag{1.6}$$

式中:c 为试样的比热容,$J \cdot g^{-1} \cdot K^{-1}$;$s_0$、$s$、$s_1$ 和 s_2 分别为切断空测量池、装有试样的测量池、装有第一种和装有第二种标准物质的测量池通入珀耳帖电流后,开始记录曲线直至回到基线所包围面积的积分值(取 4 次实测结果的平均值);m_1 为第一种标准物质的质量,g;c_1 为第一种标准物质的比热容,$J \cdot g^{-1} \cdot K^{-1}$;$m_2$ 为第二种标准物质的质量,g;c_2 为第二种标准物质的比热容,$J \cdot g^{-1} \cdot K^{-1}$;$m$ 为试样质量,g。

比热容测试相对标准偏差为

$$C_v = \frac{\sqrt{\dfrac{\sum\limits_{i=1}^{n}(s_i - \bar{s})^2}{n - 1}}}{\bar{s}} \tag{1.7}$$

式中:C_v 为相对标准偏差;n 为实验次数;s_i 为试样积分值,$i = 1, 2, 3, \cdots, n$;$\bar{s}$ 为试样实测积分值的平均值。

热量计常数 k 和热不平衡系数 D 的关系为

$$D + c_0 m_0 k = \frac{Q_t}{Q_s} - \frac{c_0 \rho_0}{\lambda_0}\left[\frac{r_2^2 - r_1^2}{4} + \frac{r_1^2}{2}\ln\left(\frac{r_1}{r_2}\right)\right] \tag{1.8}$$

式中:D 为热量计热不平衡系数,s;c_0 为标准圆柱体的比热容,J・g^{-1}・K^{-1};m_0 为标准圆柱体的质量,kg;k 为热量计常数,K・W^{-1};Q_t 为量热体系总不平衡热,J;ρ_0 为标准圆柱体的密度,kg・m^{-3};r_2 为标准圆柱体(试样药柱)外半径,m;r_1 为标准圆柱体(试样药柱)内半径,m;Q_s 为稳态条件下通过圆筒壁的热流量,J・s^{-1};λ_0 为标准圆柱的热导率,W・m^{-1}・K^{-1}。k 和 D 由已知 λ 值的 4 种标准圆柱体,根据式(1.8)用最小二乘法求得。

量热体系总不平衡热(或稳态条件下通过圆筒壁热流量,或试样药柱比热容)的标准偏差为

$$\sigma = \sqrt{\dfrac{\sum\limits_{i=1}^{n}(x_i - \bar{x})^2}{n-1}} \tag{1.9}$$

式中:σ 为量热体系总不平衡热的标准偏差;x_i 为每次测量的量热体系总不平衡热 Q_i(或稳态条件下通过圆筒壁热流量 Q_{si},或试样药柱比热容 c_i);$\bar{x}$ 为量热体系总不平衡热 Q(或稳态条件下通过圆筒壁热流量 Q_s,或试样药柱比热容 c)的平均值;n 为实验次数($n=1,2,\cdots,9$)。

试样药柱的热导率为

$$\lambda = \dfrac{c\rho}{Q/Q_s - cmk - D}\left[\dfrac{r_2^2 - r_1^2}{4} + \dfrac{r_1^2}{2}\ln\left(\dfrac{r_1}{r_2}\right)\right] \tag{1.10}$$

式中:λ 为试样药柱热导率,W・m^{-1}・K^{-1};c 为试样比热容,J・g^{-1}・K^{-1};ρ 为试样密度,kg・m^{-3};r_2 为标准圆柱体(试样药柱)外半径,m;r_1 为标准圆柱体(试样药柱)内半径,m;Q_s 为稳态条件下通过圆筒壁热流量,J・s^{-1};m 为试样质量,g;D 为热量计热不平衡系数,s;k 为热量计常数值。

试样药柱的热扩散率为

$$h = \dfrac{\lambda}{c\rho} \tag{1.11}$$

式中:h 为试样药柱热扩散率,m^2・s^{-1};λ 为试样热导率,W・m^{-1}・K^{-1};c 为试样比热容,J・g^{-1}・K^{-1};ρ 为试样密度,kg・m^{-3}。

试样热导率的相对标准偏差的计算公式如下,相对标准偏差应小于 $\pm 1\%$:

$$\delta_c = \dfrac{\sigma_\lambda}{\bar{\lambda}} \times 100\% \tag{1.12}$$

$$\sigma_\lambda = \left[\left(\dfrac{\partial\lambda}{\partial r_1}\right)^2\sigma_{r_1}^2 + \left(\dfrac{\partial\lambda}{\partial r_2}\right)^2\sigma_{r_2}^2 + \left(\dfrac{\partial\lambda}{\partial Q}\right)^2\sigma_Q^2 + \left(\dfrac{\partial\lambda}{\partial Q_s}\right)^2\sigma_{Q_s}^2 + \left(\dfrac{\partial\lambda}{\partial c}\right)^2\sigma_c^2 + \right.$$
$$\left. \left(\dfrac{\partial\lambda}{\partial m}\right)^2\sigma_m^2 + \left(\dfrac{\partial\lambda}{\partial\rho}\right)^2\sigma_\rho^2 + \left(\dfrac{\partial\lambda}{\partial k}\right)^2\sigma_k^2 + \left(\dfrac{\partial\lambda}{\partial D}\right)^2\sigma_D^2\right]^{1/2} \tag{1.13}$$

$$\dfrac{\lambda}{r_1} = \dfrac{c_0\rho_0}{Q/Q_s - c_0 m_0 k - D} \cdot r_1 \cdot \ln\left(\dfrac{r_1}{r_2}\right) \tag{1.14}$$

$$\frac{\lambda}{r_2} = \frac{c_0\rho_0}{Q/Q_s - c_0 m_0 k - D} \cdot \frac{r_2^2 - r_1^2}{2r_2} \tag{1.15}$$

$$\frac{\partial\lambda}{\partial Q} = \frac{c_0\rho_0}{(Q/Q_s - c_0 m_0 k - D)Q_s}\left[\frac{r_2^2 - r_1^2}{4} + \frac{r_1^2}{2}\ln\left(\frac{r_1}{r_2}\right)\right] \tag{1.16}$$

$$\frac{\partial\lambda}{\partial Q_s} = \frac{c_0\rho_0 Q}{(Q/Q_s - c_0 m_0 k - D)Q_s^2}\left[\frac{r_2^2 - r_1^2}{4} + \frac{r_1^2}{2}\ln\left(\frac{r_1}{r_2}\right)\right] \tag{1.17}$$

$$\frac{\partial\lambda}{\partial C} = \frac{(Q/Q_s - D)\rho}{(Q/Q_s - cmk - D)^2}\left[\frac{r_2^2 - r_1^2}{4} + \frac{r_1^2}{2}\ln\left(\frac{r_1}{r_2}\right)\right] \tag{1.18}$$

$$\frac{\partial\lambda}{\partial m} = \frac{\rho c^2 k}{(Q/Q_s - cmk - D)^2}\left[\frac{r_2^2 - r_1^2}{4} + \frac{r_1^2}{2}\ln\left(\frac{r_1}{r_2}\right)\right] \tag{1.19}$$

$$\frac{\partial\lambda}{\partial\rho} = \frac{c}{(Q/Q_s - cmk - D)}\left[\frac{r_2^2 - r_1^2}{4} + \frac{r_1^2}{2}\ln\left(\frac{r_1}{r_2}\right)\right] \tag{1.20}$$

$$\frac{\partial\lambda}{\partial k} = 0 \tag{1.21}$$

$$\frac{\partial\lambda}{\partial D} = 0 \tag{1.22}$$

式中：δ_c 为试样热导率值的相对标准偏差；σ_λ 为热导率测试结果的标准偏差；$\bar{\lambda}$ 为试样药样热导率平均值，$W \cdot m^{-1} \cdot K^{-1}$；$\frac{\partial\lambda}{\partial r_1}$ 为标准圆柱体内半径误差传递系数；σ_{r_1} 为标准圆柱体内半径标准偏差（按所用器具最小分度值 $\frac{1}{\sqrt{3}}$ 倍计算），m；$\frac{\partial\lambda}{\partial r_2}$ 为标准圆柱体外半径误差传递系数；σ_{r_2} 为标准圆柱体外径标准偏差（按所用器具最小分度值 $\frac{1}{\sqrt{3}}$ 倍计算），m；$\frac{\partial\lambda}{\partial Q}$ 为量热体系总不平衡热的误差传递系数；σ_q 为量热体系总不平衡热标准偏差，J；$\frac{\partial\lambda}{\partial Q_s}$ 为稳态条件下通过圆筒壁热流量的误差传递系数；σ_{Q_s} 为稳态条件下通过圆筒壁热流量的标准偏差，$J \cdot s^{-1}$；$\frac{\partial\lambda}{\partial c}$ 为试样药柱比热容的误差传递系数；σ_c 为试样药柱比热容标准偏差，$J \cdot g^{-1} \cdot K^{-1}$；$\frac{\partial\lambda}{\partial m}$ 为试样药柱质量的误差传递系数；σ_m 为试样药柱质量的标准偏差（按所用天平最小分度值 $\frac{1}{\sqrt{3}}$ 倍计算），g；$\frac{\partial\lambda}{\partial\rho}$ 为试样药柱密度的误差传递系数；σ_ρ 为试样药柱密度的标准偏差（按所用器具最小分度值 $\frac{1}{\sqrt{3}}$ 倍计算），$kg \cdot m^{-3}$；$\frac{\partial\lambda}{\partial k}$ 为热量计常数的误差传递系数；σ_k 为热量计常数标准偏差，$K \cdot W^{-1}$；$\frac{\partial\lambda}{\partial D}$ 为热不平衡系数的误差传递系数；σ_D 为热不平衡系数标准偏差，s；D 为热量计热不平衡系数，s；c_0 为标准圆柱体比热容，$J \cdot g^{-1} \cdot K^{-1}$；$m_0$ 为标准圆柱体质量，kg；k 为热量计常数值，$K \cdot W^{-1}$；Q 为量热体系总不平衡热，J；ρ_0 为标准圆柱体密度，$kg \cdot m^{-3}$；r_2 为标准圆柱体（试样药柱）外半径，m；r_1 为标准圆柱体（试样药柱）内半径，m；Q_s 为稳态条件下通过圆筒壁热流量，$J \cdot s^{-1}$；c 为试样比热容，$J \cdot g^{-1} \cdot K^{-1}$；$m$ 为试样质量，g。

1.4　线膨胀系数:热机械法

1.4.1　测试原理

线膨胀系数,亦称线胀系数。固体物质的温度每改变 1 ℃时,其长度的变化和它在原温度(不一定为 0 ℃)时长度之比,叫作"线膨胀系数",单位为 ℃$^{-1}$。线膨胀系数可以用来计算材料在不同温度下的长度。热机械法适用于推进剂在规定温区内线膨胀系数的测定:先将已知原始长度的试样按设置的程序升温、降温、再升温,然后记录试样随温度变化的长度形变,绘出温度-形变曲线,最后计算出某温区的线膨胀系数。

1.4.2　测试装置及材料

采用热机械法测定推进剂的线膨胀系数需要用到标准铝柱、蓝宝石、线膨胀系数标准物质、热机械分析仪(见图 1.8)、游标卡尺、普通小型车床等,各组成部分规格应满足以下条件。

(1)标准铝柱:直径为 6.33 mm,高度为 7.60 mm。

(2)蓝宝石:直径为 6.37 mm,高度为 1.04 mm。

(3)线膨胀系数标准物质:《火炸药用热导率、比热、线膨胀系数标准物质规范》(GJB/J 5128—2002),直径为 3.56 mm,高度为 3~6 mm。

(4)热机械分析仪:测温精度为±0.5 ℃,测量形变范围不大于 2.5 mm,测量形变的灵敏度为±0.01 mm。

(5)测试探头:探头直径大于 3 mm,但小于试样直径(见图 1.8)。

(6)游标卡尺:分度值为 0.01 mm。

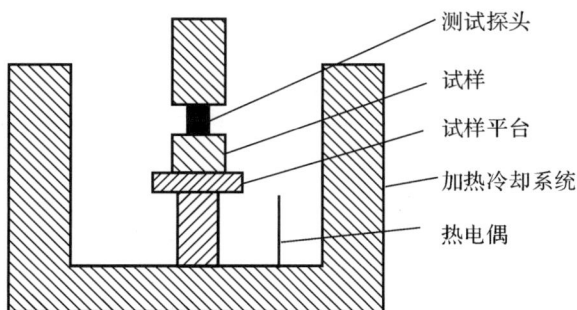

图 1.8　热机械分析仪基本结构示意图

1.4.3　测试方法

在进行热机械法测定推进剂的线膨胀系数测量中,试样高度为 4~6 mm,直径为 3~5 mm,上、下两端面应平行、光滑、无裂痕,质量控制在 0.13 g 以下,且应便于放入样品平台。

1. 仪器的标定

采用标准物质的线膨胀系数对仪器进行校正时,标准物质的标准值与测定值之差应符合表 1.1 的要求。

表 1.1 标准物质的线膨胀系数标准值与测定值的差值

标准物质	温度区间/℃	标准值/℃$^{-1}$	两次结果的差值/℃$^{-1}$
铝柱	$-50\sim20$	21.8×10^{-6}	$\leqslant1.0\times10^{-6}$
	$20\sim100$	23.6×10^{-6}	$\leqslant1.5\times10^{-6}$
推进剂线膨胀系数标准物质	$-50\sim50$	82.3×10^{-6}	$\leqslant1.5\times10^{-6}$

2. 热机械法测定线膨胀系数步骤与数据处理

采用热机械法测定线膨胀系数时,要求测试温区为 $T_0\sim T_1$ 且 $T_0<T_1$,但测试温区应在标准物质的温区范围内,程序升、降温速率约为 3 ℃·min^{-1},负载为零。测量试样原始高度,精确至 0.01 mm,将试样置于室温下的样品平台,使探头自由垂直接触试样。设置实验程序,试样以 10 ℃·min^{-1} 的速率由室温升至 $T_1\pm5$ ℃,恒温 10 min 对试样进行预处理,然后以 3 ℃·min^{-1} 的速率降温至 $T_0\pm5$ ℃恒温,再以 3 ℃·min^{-1} 的速率升温至 $T_1\pm5$ ℃,结束实验,实验重复两次。

以实验温度为横坐标,以试样形变量为纵坐标绘制温度-形变曲线(见图 1.9)。

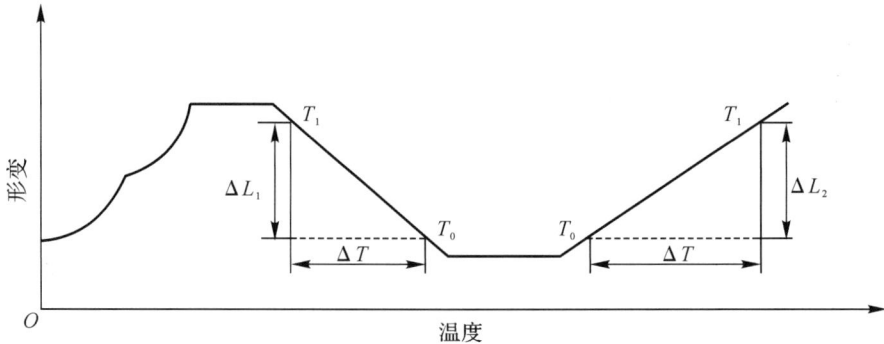

图 1.9 温度-形变曲线示意图

线膨胀系数计算方法为

$$\alpha=\frac{|\Delta L_1|+|\Delta L_2|}{2L_0\Delta T} \tag{1.23}$$

式中:α 为线膨胀系数,℃$^{-1}$;ΔL_1 为 $T_1\sim T_0$ 降温区试样形变量,mm;ΔL_2 为 $T_0\sim T_1$ 升温区试样形变量,mm;L_0 为试样在室温下的原始长度,mm;ΔT 为实验温差,$\Delta T=T_1-T_0$,℃。每份试样平行测定两个结果,平行结果差值要求小于 0.07×10^{-4}℃$^{-1}$,取平均值,平均值至少保留 3 位有效数字。

1.5　热导率:差示扫描量热法

1.5.1　测试原理

差示扫描量热法(DSC)是一种用于确定受控温度范围内被测样品与参考样品之间热流率差异的技术。该分析过程是在一个封闭的系统中进行的,该封闭系统与周围环境之间通过边界隔离,只有热量和能量可以流动,而质量不能通过边界流动。差示扫描量热法可以在恒定压力或恒定体积下进行。利用差示扫描量热法测定样品热导率的原理:在程序温度控制下,维持两个不同长度的均匀圆柱体端面间有同一温度差所需的热流,比较已知热导率标准圆柱体和待测试样的稳定信号差,计算出试样的热导率。

1.5.2　测试装置及材料

采用差示扫描量热法测定推进剂的热导率所需的材料与仪器设备包括对硝基甲苯、苯甲酸、铟、铬酸钾、有机玻璃、差示扫描量热仪、记录仪、超级恒温器、天平、游标卡尺、热导率测量装置(见图 1.10)。各部分规格应满足以下条件。

(1)对硝基甲苯:GBW 13231a(熔点标准物质对硝基甲苯)。

(2)苯甲酸:GBW(E) 130035(苯甲酸标准物质)。

(3)铟:GBW(E) 130182(热分析标准物质铟)纯度不低于 99.99%。

(4)铬酸钾:纯度不低于 99.99%。

(5)差示扫描量热仪:测温精度为 ±0.1 K,量热精度为 ±1%。

(6)记录仪:量程为 0.001～10 mV。

(7)超级恒温器:控温精度为 ±0.1 K。

(8)天平:分度值为 0.01 mg。

(9)游标卡尺:分度值为 0.02 mm。

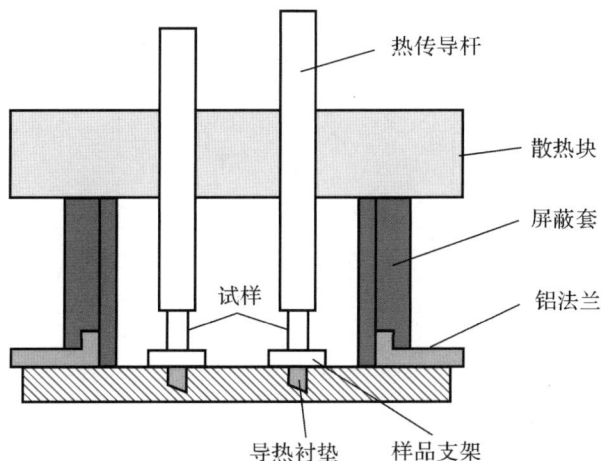

图 1.10　热导率测量装置结构示意图

1.5.3　测试方法

采用差示扫描量热法测定推进剂的热导率时，样品通过车削或模铸制成直径约为 6 mm、长度分别为 3~4 mm 和 7~8 mm 的正圆柱体，端面应光洁、平滑、无裂痕，每种样品至少制备 3 组试样，每组应有长、短两种长度。用车床将有机玻璃制成尺寸端面与试样相同的 3 组热导率标准圆柱体。

1. 差示扫描量热法测定推进剂的热导率实验步骤

按仪器说明书调节基线，用测温标准物质校正温度，使测定值与标准值之差值符合表 1.2 的要求。

表 1.2　标准物质的标准值与测定值的允许差值

标准物质	熔化温度/K	允许差值/K	熔融热/(J·g^{-1})
铟	429.8	≤0.2	28.45
铬酸钾	943.7±0.5	≤0.5	

用铟对仪器量热进行校正，使得铟熔融热的测定值与标准值误差不大于 2%。测定一组有机玻璃标准圆柱体的直径和长度（精确至 0.01 mm），将其分别置于 DSC 两个样品支架中央，与热传导杆紧密接触。控制样品支架和散热块平衡在预定温度 T_1(K)，记录获得的稳定信号 H_1(mV)。控制样品支架平衡在预定温度 T_2(K)，记录获得的稳定信号 H_2(mV)，如图 1.11 所示。将左、右样品支架上的有机玻璃标准圆柱体交换位置，重复以上操作，测量 3 组有机玻璃标准圆柱体。将待测试样也重复以上操作，分别获得稳定信号 H_3 和 H_4。

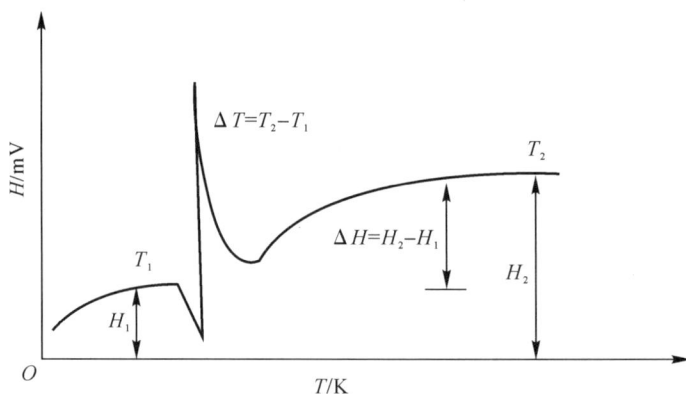

图 1.11　实验数据采集示意图

2. 差示扫描量热法测定推进剂的热导率数据处理

仪器常数的计算公式为

$$K = \frac{\lambda_a \Delta T (A_1 L_2 - A_2 L_1)}{\Delta H_1 L_1 L_2} \tag{1.24}$$

式中:K 为仪器常数,W·mV^{-1};λ_a 为有机玻璃标准圆柱体热导率,W·m^{-1}·K^{-1};ΔT 为温度差,K;A_1、A_2 为有机玻璃标准圆柱体横截面积,m^2;L_1、L_2 为有机玻璃标准圆柱体长度,m;ΔH_1 为有机玻璃标准圆柱体稳定信号差,mV。用 3 组标准物质圆柱体获得的数据计算仪器常数,取平均值。

待测试样的热导率为

$$\lambda = \frac{\bar{K} \Delta H_2 L_3 L_4}{\Delta T (A_3 L_4 - A_4 L_3)} \tag{1.25}$$

式中:λ 为试样的热导率,W·m^{-1}·K^{-1};$\bar{K}$ 为仪器常数的平均值,W·mV^{-1};ΔH_2 为试样的稳定信号差($\Delta H_2 = H_4 - H_3$),mV;L_3、L_4 为试样的长度,m;ΔT 为温度差,K;A_3、A_4 为试样的横截面积,m^2。每份试样平行测定两个结果,平行结果的差值与平均值的百分比应不大于 5%,取其平均值,实验结果应保留 3 位小数。

1.6　吸湿性:干燥器平衡法

1.6.1　测试原理

吸湿性是材料物理性能的指标之一,通常把材料从气态环境中吸收水分的能力称为吸湿性,这种性质与材料的化学组成和结构有关。对于无机非金属材料,除与材料表面的化学性质有关外,还与材料的微结构有关,如果材料多毛细孔,其吸湿能力就比较强。除此之外,材料的吸湿性还与毛细孔的直径和结构相关。

干燥器基于热传递原理,通过控制加热元件的功率和时间来调节空气温度,从而保持箱内温度的稳定。通常情况下,采用电阻丝或者电热管等材料作为加热元件,将其置于箱内,并通过温度传感器测量箱内温度,将测量结果反馈给智能控制器,根据设定的温度要求来自动控制加热元件的功率,以达到恒温的目的。干燥器平衡法将定量试样置于规定的温度和湿度下,当试样中的水分达到平衡时,测量试样吸收水分的质量,计算出试样的吸湿性。

1.6.2　测试装置及材料

采用干燥器平衡法测定推进剂的吸湿性需要用到硫酸、硝酸钾、氯化钠、硫酸铵、蒸馏水、称量瓶、干燥器、烘箱、真空烘箱等试剂和仪器。各部分规格应满足以下条件。

(1)硫酸:《化学试剂　硫酸》(GB/T 625—2007)。

(2)硝酸钾:《化学试剂　硝酸钾》(GB/T 647—2011)。

(3)氯化钠:《化学试剂　氯化钠》(GB/T 1266—2006)。

(4)硫酸铵:《肥料级硫酸铵》(GB/T 535—2020)。

(5)蒸馏水:《分析实验室用水规格和试验方法》(GB/T 6682—2008)。

(6)称量瓶:直径为 60 mm、高为 30 mm 或直径为 70 mm、高为 40 mm,带磨口玻璃盖。

(7)干燥器Ⅰ:容积为 1 L,内盛 1 L 选定的湿度控制剂溶液。

(8)干燥器Ⅱ:内装指示型干燥剂。

(9)烘箱:控温精度为 ±1 ℃。

(10)真空烘箱:控温精度为±1 ℃,真空度小于10.7 kPa。

1.6.3　测试方法

采用干燥器平衡法测定推进剂的吸湿性时,实验温度控制在30 ℃±2 ℃,试样质量为10~15 g,精确至0.000 2 g。根据测试目标特点按表1.3选择实验时的相对湿度,通过选择适当的湿度控制剂来保证其相对湿度。湿度控制剂的选择和使用要求:湿度控制剂一般采用不同浓度的硫酸水溶液或饱和盐溶液,使用中应定期检查硫酸水溶液的浓度和饱和盐溶液的饱和度。

表1.3　不同试样吸湿性实验的相对湿度

试样类型	相对湿度/(%)									
推进剂	20	52	75	90	—	—	—	—	—	—

30 ℃下产生一定相对湿度所需硫酸水溶液的浓度见表1.4,常用的饱和盐溶液的相对湿度见表1.5。在配制饱和溶液时,在溶液中应有多余的固体盐,以确保其处于饱和状态。当使用饱和盐溶液时,凡能产生对实验样品有害的腐蚀性气体的盐类均不应使用。

表1.4　硫酸水溶液的浓度与相对湿度对应表

相对湿度/(%)	硫酸水溶液的浓度/(%)	相对湿度/(%)	硫酸水溶液的浓度/(%)
10	65.2±0.5	60	39.5±0.5
20	59.2±0.5	65	36.2±0.5
25	56.2±0.5	70	33.4±0.5
35	51.2±0.5	75	30.6±0.5
50	43.7±0.5	90	18.6±0.5

表1.5　常用的饱和盐溶液的相对湿度

饱和盐溶液	温度/℃									
	5	10	15	20	25	30	35	40	50	60
	相对湿度/(%)									
硫酸钾	98	98	97	97	97	96	96	96	96	96
磷酸二氢钾	—	—	—	—	—	—	—	—	—	—
硝酸钾	96	95	94	93	92	91	89	88	85	82
氧化钾	88	88	87	86	85	85	84	82	81	80
硫酸铵	82	82	81	81	80	80	80	79	79	78
氯化钠	76	76	76	76	75	75	75	75	75	75
亚硝酸钠	—	—	—	65	656	3	62	62	59	59
硝酸铵	—	73	69	65	62	59	55	53	47	42

续表

饱和盐溶液	温度/℃									
	5	10	15	20	25	30	35	40	50	60
	相对湿度/(%)									
重铬酸钠	59	58	56	55	54	52	51	20	47	—
硝酸镁	58	57	56	55	53	52	50	49	46	
碳酸钾	—	47	44	44	43	43	43	42	—	—
氯化镁	34	34	34	33	33	33	32	32	31	30
醋酸钾	—	21	21	22	22	22	21	20		
氯化锂	14	14	13	12	12	12	12	11	11	11

1. 测定推进剂的吸湿性实验步骤

试样应在 55 ℃±1 ℃、真空度不大于 10.7 kPa 的真空烘箱内干燥 2 h。称量瓶在装有湿度控制剂溶液的干燥器Ⅰ内恒温后,盖上盖子,再置于内装指示型干燥剂的干燥器Ⅱ内放置 30 min 后称量备用。

将内盛湿度控制剂溶液的干燥器Ⅰ置于烘箱内,在 30 ℃±1 ℃下恒温 30 min,准确称取试样置于已知质量的称量瓶内。将装有试样的称量瓶置于在烘箱中恒温的盛有湿度控制剂溶液的干燥器内,将称量瓶和称量瓶盖子分开放入干燥器Ⅰ内恒温 24 h,将称量瓶移入内装指示型干燥剂的干燥器Ⅰ内放置 30 min 后称量。重复以上操作,直至连续两次的称量差不大于 0.000 3 g 为止。

2. 干燥器平衡法测定推进剂的吸湿性数据处理

试样的吸湿性参数为

$$W_i = \frac{m_i - m_{i=0}}{m} \times 100\% \tag{1.26}$$

式中:W_i 为试样在规定湿度下吸收水分的质量分数,%;m_i 为第 i 次称量时试样和称量瓶的质量,g;$m_{i=0}$ 为恒温放置前试样和称量瓶的质量,g;m 为试样质量,g。每个湿度下每份试样平行测定两个结果,平行结果的差值应不大于 0.05%,取其平均值,实验结果应保留两位小数。最后报出结果时应注明试样量、相对湿度、加热温度和时间。

1.7　硬度:硬度计法

1.7.1　测试原理

硬度是材料抵抗更硬物体压入其表面的能力,也可以说是抵抗局部变形,特别是抵抗塑性变形、压痕或划痕的能力。它是材料的重要性能之一,与其他强度指标和塑性指标之间有着内在联系。硬度值(如布氏硬度 HBS)可以间接反映材料强度及其在化学成分和热处理工艺上的差异等。

材料的硬度可以通过硬度计直接在原材料表面进行测试,硬度计是用具有一定形状的钢压制的,在实验力作用下垂直压入试样表面,当压足表面与试样表面完全贴合时,压针尖端面相对压足平面有一定的伸出长度 L,以 L 值的大小来表征邵氏硬度的大小,L 值越大,表示邵氏硬度越小,反之越大。

1.7.2　测试装置及材料

采用硬度计法测推进剂硬度需要用到温度计、秒表、FXHS 型橡塑硬度计或 LX-A 型橡胶硬度计。硬度计压针的结构和尺寸参数如图 1.12 和表 1.6 所示。温度计精度为 0.1 ℃。

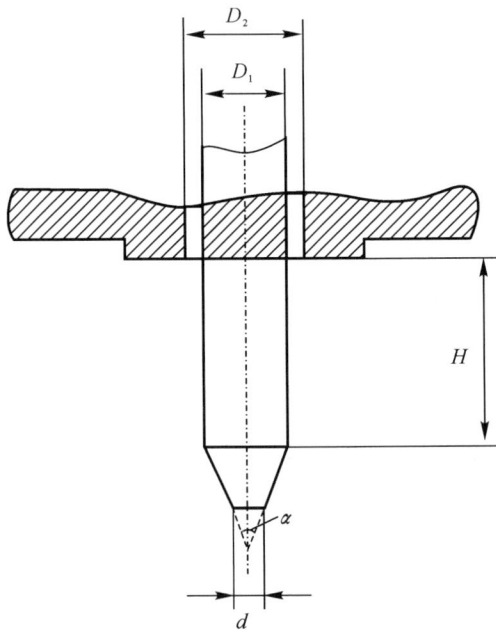

图 1.12　硬度计压针结构示意图

表 1.6　硬度计压针尺寸参数

符　号	D_1/mm	d/mm	H/mm	$\alpha/°$	D_2/mm
尺　寸	1.30±0.05	0.80±0.05	2.50±0.05	35±15	2.5～3.2

1.7.3　测试方法

1. 推进剂硬度测试实验步骤

将试样置于 25 ℃±2 ℃环境下恒温 1 h。调节硬度计在自由状态时指针指"0",然后将硬度计平压于硬度计底板上或玻璃板上,使压针端面与硬度计底面同时严密接触于硬度计底板上或玻璃板上,检查这时指针是否指"100",若未指"100",则不能使用。将试样置于硬度计底板上,硬度计平压于试样上,使硬度计底面与试样完全接触并记录时间,30 s 时记录指针所指的刻度数,即为试样邵氏 A 硬度的测定值,试样上的每个点只准测量一次,测量点间的距离和测量点到边缘的距离不小于 10 mm。

2.硬度计法测推进剂硬度实验结果

以硬度计指针所指的刻度数为测定值。表示每批试样性能的测量点不得少于 3 个,按《硫化橡胶物理实验方法的一般要求》(HG/T 2198—1991)的规定,取其中值为实验结果,实验结果精确到整数位。

参 考 文 献

[1]　中国兵器工业标准化研究所.火药试验方法:GJB 770B—2005[S].北京:国防科工委军标出版发行部,2005.

[2]　江苏省燃料化学工业局.液体石蜡:SH/T 0417—1992[S].北京:中国石油化工总公司,1992.

[3]　中国航天工业总公司第七〇八研究所.复合固体推进剂及衬层、绝热材料的密度测定方法:QJ 917A—1997[S].西安:中国航天工业总公司第七〇八研究所,1997.

[4]　轻工业部塑料加工应用科学研究所.聚四氟乙烯棒材规范:GJB 3025—1997[S].北京:国防科学技术工业委员会,1997.

[5]　航天工业部七〇八所.复合固体推进剂硬度测定方法:QJ 1360—1988[S].北京:中国航天标准化研究所,1988.

第2章 力学性能测试

2.1 拉伸力学性能：单轴拉伸法

2.1.1 测试原理

推进剂的拉伸力学性能是指在受到拉力时，推进剂的承受能力以及变形和破坏情况。该性能可以用拉伸实验来评价。

拉伸实验是将推进剂样品放置在拉伸实验机上，施加拉力，测量推进剂样品的应变和应力，从而得出推进剂的拉伸力学性能。通常，该性能指标包括拉伸强度、弹性模量、断裂应变和断裂应力等。

推进剂的拉伸强度是指在推进剂断裂前所承受的最大拉伸应力，其计算公式为

$$\sigma_m = F_f / A_0 \tag{2.1}$$

式中：σ_m 为拉伸强度，$N \cdot m^{-2}$；F_f 为最大施加力，N；A_0 为样品的横截面积，m^2。

推进剂的弹性模量指推进剂在受力形变后能够恢复的能力，其计算公式为

$$E = \sigma_\varepsilon / \varepsilon \tag{2.2}$$

式中：E 为弹性模量，$N \cdot m^{-2}$；σ_ε 为应力，$N \cdot m^{-2}$；ε 为应变。

推进剂的断裂应变和断裂应力指的是当推进剂样品承受最大施加力时的应变和应力，其计算公式为

$$\varepsilon_f = \delta_f / L \tag{2.3}$$

$$\sigma_f = F_f / A_0 \tag{2.4}$$

式中：ε_f 为断裂应变；δ_f 为最大形变，m；L 为原始长度，m；σ_f 为断裂应力，$N \cdot m^{-2}$；F_f 为最大施加力，N；A_0 为样品的横截面积，m^2。

单轴拉伸实验是一种常用的材料力学性能测试方法，其通过在材料的纵向施加恒定载荷、观察和测量材料在载荷作用下产生的应变情况，得到应力-应变曲线，进而计算材料力学性能参数，如弹性模量、屈服强度、抗拉强度和断裂延伸率等。在单轴拉伸实验中，试样置于拉伸实验机中央的夹具内，以防试样在拉伸过程中偏移。通过拉伸实验机的动作活动臂施加拉伸载荷来拉伸试样，变形传感器用于记录试样的伸长量和试样的粗细尺寸以计算试样的应力。

2.1.2 测试装置及材料

使用单轴拉伸法测试复合固体推进剂的拉伸力学性能实验用到的仪器为材料实验机，其组成部分及规格要求如下。

（1）自动对中装置的专用夹具示意图如图 2.1 所示。

（2）保温箱：箱内温度均匀,温度的波动小于±2 ℃。

（3）载荷传感器：应使试样测量值在其满刻度的 20%～90% 范围内。

（4）载荷值和形变量误差小于指示值的±1%。

（5）横梁：速度满足实验要求,加载时可以保持匀速。

（6）长度量具：分度值为 0.02 mm。

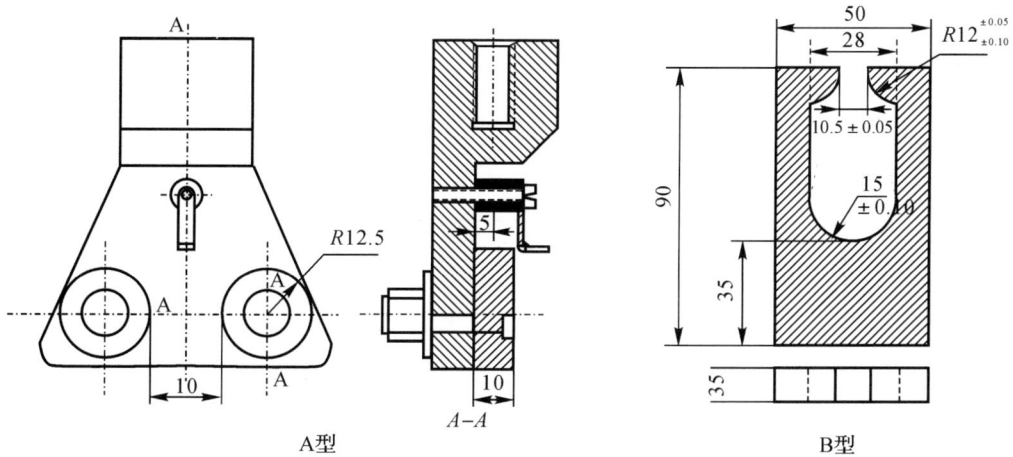

图 2.1　专用夹具示意图(单位:mm)

2.1.3　测试方法

通过单轴拉伸法测推进剂力学性能时,采用哑铃形状的复合固体推进剂试样,其形状及尺寸示意图如图 2.2 所示,同一个试件受拉部分的宽度和厚度的均匀性允许偏差为±0.01 mm(包含测量误差),浇注成型的试样的尺寸允许偏差为±0.3 mm。试样的取样方向应与浇注方向一致,将方坯四周表面至少切除 10 mm 后方可用作试样,通过浇注成型的试样工程标距为 70 mm±0.5 mm,厚度为 10 mm±0.5 mm(B 型)。试样表面应平整、光滑,无气孔、杂质、裂纹和机械损伤等缺陷,每组试样不少于 5 个。吸湿性试样应在相对湿度不大于 50% 的干燥器(内装氯化锂饱和溶液)内存放,6 d 内测试完毕,对于含易挥发组分的试样,应在 3 d 内测试完毕。

1. 实验条件

常温测试的测试温度为 20 ℃±2 ℃,相对湿度不大于 70%,拉伸速度为 100 mm·min^{-1};高温测试的测试温度为 70 ℃±2 ℃,拉伸速度为 2 mm·min^{-1};低温测试的测试温度为 −40 ℃±2 ℃,拉伸速度为 100 mm·min^{-1}。

2. 测试步骤

取测量试件受拉部分上、中、下 3 个截面面积中的最小值作为试样初始横截面积,标定实验机系统,调节控温系统,试样恒温至少 40 min 后方可进行实验。将恒温好的试样装在夹具上,使试样的纵轴与上、下夹具中心连线重合后再进行实验。

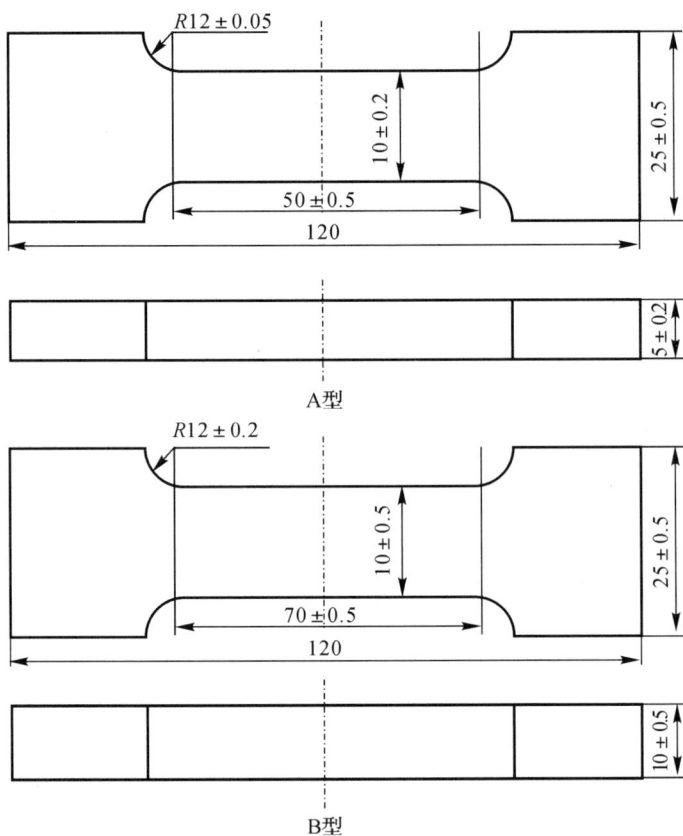

图 2.2　试样的形状和尺寸示意图(单位:mm)

3.实验数据处理

拉伸曲线取值示意图如图 2.3 所示,采集最初出现的最大拉力 F_m 和断裂时的载荷 F_b,及对应的长度增量 ΔL_m 和 ΔL_b。

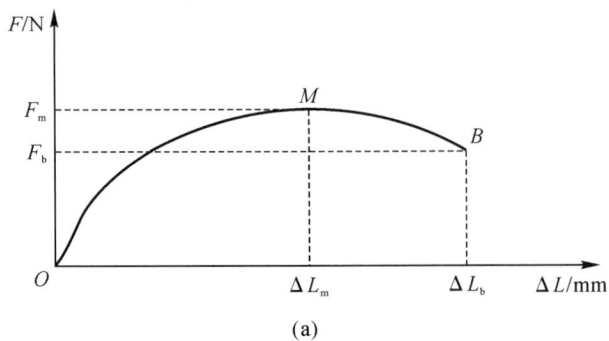

(a)

图 2.3　拉伸曲线取值示意图

(a)典型情况 1

最大抗拉强度为

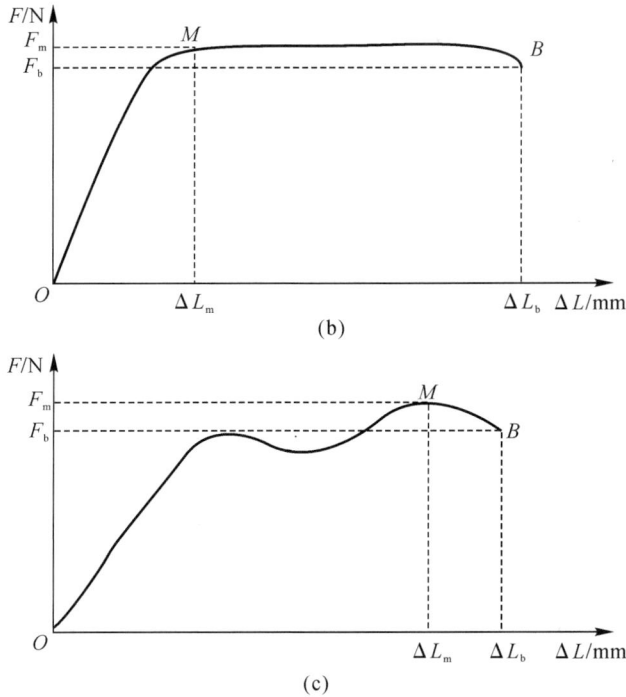

续图 2.3　拉伸曲线取值示意图
(b)典型情况 2;(c)典型情况 3

$$\sigma_{\max} = \frac{F_m}{A_{01}} \tag{2.5}$$

式中:$\sigma_{\max}$ 为最大抗拉强度,MPa;A_{01} 为试件受拉部分的初始截面积,mm^2。

最大抗拉强度下的伸长率(简称伸长率)为

$$\varepsilon_m = \frac{\Delta L_m R_1}{L_{01} R_2} \times 100\% \tag{2.6}$$

式中:ε_m 为伸长率,%;ΔL_m 为在拉伸曲线图上对应于最大应力的试件长度增量,mm;L_{01} 为试件受拉部分的原长,mm;R_1 为下夹具位移速度,$mm \cdot min^{-1}$;R_2 为记录纸速度,$mm \cdot min^{-1}$。

断裂伸长率为

$$\varepsilon_b = \frac{\Delta L_b R_1}{L_0 R_2} \times 100\% \tag{2.7}$$

式中:ε_b 为断裂伸长率,%;ΔL_b 为在拉伸曲线图上,断裂时试件的长度增量,mm。通常用拉格布斯准则判断实验是否有异常数据(见附录 A),若一个试件的 ε_m 和 $\sigma_{\max}$ 中有一个是异常数据,则试件的 ε_m、$\sigma_{\max}$ 和 ε_b 全部舍弃。经舍取后,代表同一批实验的试件数应该不少于原试件数的 80%。

2.2 应力松弛模量主曲线:单向拉伸法

2.2.1 测试原理

应力松弛模量主曲线是材料学中的重要概念,它描述材料在外界施加一定应力后随着时间的流逝而逐渐减小应力值的过程。在工程实践中,应力松弛模量主曲线的研究对材料的使用寿命、性能稳定性等方面都有着重要意义。应力松弛的本质是由于材料内部存在应力,这些应力在时间的作用下会发生变化。材料的微观结构决定了应力松弛曲线的形态,其中影响最大的因素是材料的组成和结构。不同的材料在相同的应力作用下会表现出不同的应力松弛曲线。

时间-温度等效原理是指同一个力学松弛现象,既可以在较高的温度下、在较短的时间内观察到,也可以在较低的温度下、在较长的时间内观察到。因此,升高温度与延长观察时间对分子运动是等效的,对复合固体推进剂的黏弹行为也是等效的(这个等效性可以借助于一个转换因子 α_T 来实现,即借助于转换因子可以将在某一温度下测定的力学数据变成另一温度下的力学数据),这就是时温等效原理,其在科学研究中具有重要的实用意义。利用时间和温度的这种对应关系,可以对不同温度或不同频率下测得的复合固体推进剂力学性质进行比较或换算,从而得到一些无法从实验直接测量得到的结果。例如,要得到低温下某一指定温度下推进剂的应力松弛行为,由于温度太低,所以应力松弛进行得很慢,要得到完整的数据,可能需要几个世纪甚至更长时间,这实际上是不可能的。为此,利用时温等效原理,在较高温度下测得应力松弛数据,然后换算成所需要的低温下的数据。

单向拉伸法适用于满足时间-温度等效原理的固体推进剂的应力松弛模量主曲线的测定。采用单向拉伸实验方法,在恒定应变下测量试样应力随时间的变化关系,求出应力松弛模量。用折合变量的数据处理方法,把在规定的时间范围和若干温度下所得到的模量-时间曲线叠加成某一参比温度下的长时间范围的模量-时间曲线,这一叠加曲线即为应力松弛模量主曲线。

2.2.2 测试装置及材料

使用单向拉伸法获得应力松弛模量主曲线实验中用到的仪器为材料实验机,其组成部分及规格要求如下。

(1)自动对中装置的专用夹具如图 2.1 所示。

(2)保温箱:箱内温度均匀,温度的波动小于±2 ℃。

(3)载荷传感器:应使试样测量值在其满刻度的 20%～90% 范围内。

(4)载荷值和形变量误差小于指示值的 ±1%。

(5)横梁:速度满足实验要求,加载时可以保持匀速。

(6)长度量具:分度值为 0.02 mm。

2.2.3　测试方法

1. 实验准备

单向拉伸法获得应力松弛模量主曲线实验中试样准备方法同 2.1 节,在一般情况下实验规定条件如下。

(1)拉伸速度:500 mm·min^{-1}。

(2)实验温度:70 ℃、50 ℃、25 ℃(或 20 ℃)、5 ℃(或 0 ℃)、—20 ℃、—40 ℃,特殊情况可增加温度点。

(3)预载荷:最大载荷的 2%。

(4)初始恒定应变:5%。

(5)松弛应力测试时间:2 s、4 s、8 s、20 s、40 s、80 s、200 s、600 s、1 000 s、10 000 s(仅 50 ℃时)。

2. 实验步骤

调整好初始恒定应变,测量试件受拉部分上、中、下 3 个截面的面积,取其中最小值作为试样初始横截面积,标定实验机系统,使其达到稳定的工作状态,调节控温系统,试样恒温至少 40 min,方可进行实验。将恒温好的试样装在夹具上,松紧要适当,使试样的纵轴与上、下夹具中心连线重合,防止产生偏心拉力和试样扭曲。

3. 数据处理

根据记录的松弛力-时间曲线,求出规定时间点的松弛力值。将时间和对应的松弛力值填入表 2.1 中。

应力松弛模量为

$$E(t) = \frac{F(t) \cdot (1 + \varepsilon_0)}{A_{01}\varepsilon_0} \tag{2.8}$$

式中:$E(t)$ 为 t 时刻的应力松弛模量,MPa;$F(t)$ 为 t 时刻的松弛力,N;ε_0 为松弛实验初始恒定应变;A_{01} 为试样工程标距段初始横截面积,mm^2。将 $E(t)$ 值填入表 2.1 中。

选定参比温度 $T_s = 25$ ℃(或 20 ℃),计算 $\lg[\bar{E}(t) \cdot T_s/T]$ 值为

$$\lg[\bar{E}(t) \cdot T_s/T] = b + k \cdot \lg t \tag{2.9}$$

式中:$\bar{E}(t)$ 为 t 时刻的应力松弛模量的平均值,MPa;T_s 为参比温度,K;T 为实验温度,K;b 为截距;k 为斜率;t 为松弛应力测试时间,s。

若试样断在圆弧部位或断面上有可见杂质、气孔等缺陷时,则应重新测试。异常数据的判断按照附录 B 处理,实验数据中,若一个试样的抗拉强度或伸长率是异常数据,则该试样的最大抗拉强度、最大伸长率、断裂强度、断裂伸长率数据全部舍弃,经取舍后,同一组实验有效试样数不少于 4 个,当有效试样数少于 4 个时,允许补做 2 个。若仍异常,应重复试验两组。

表 2.1 应力松弛模量及主曲线数据处理表

试样编号:
实验条件: 实验温度: 定应变: $T_s/T=$ $\lg\alpha_{T_r}=$

试样编号		$T_s/T=$ 0.301	0.602	0.903	1.301	1.602
	$\lg t$	0.301	0.602	0.903	1.301	1.602
	$\lg(t/\alpha_{T_r})$					
1	$F(t)$					
	$E(t)$					
2	$F(t)$					
	$E(t)$					
3	$F(t)$					
	$E(t)$					
4	$F(t)$					
	$E(t)$					
5	$F(t)$					
	$E(t)$					
平均值	$\bar{E}(t)$					
	$\lg[\bar{E}(t)\cdot T_s/T]$					
试样编号	$\lg t$	1.903	2.301	2.778	3.000	4.000
	$\lg(t/\alpha_{T_r})$					
1	$F(t)$					
	$E(t)$					
2	$F(t)$					
	$E(t)$					
3	$F(t)$					
	$E(t)$					
4	$F(t)$					
	$E(t)$					
5	$F(t)$					
	$E(t)$					
平均值	$\bar{E}(t)$					
	$\lg[\bar{E}(t)\cdot T_s/T]$					

计算松弛模量主曲线温度转换因子对数值 $\lg\alpha_{T_s}$ 时,将规定时间点的应力松弛模量 $E(t)$、$\lg[\bar{E}(t)\cdot T_s/T]$ 计算值填入表 2.1 中;在 $\lg[\bar{E}(t)\cdot T_s/T]$-$\lg t$ 坐标系中,选择适宜的坐标分度,描出散点图,利用回归分析法或工程曲线拟合法,将各温度下的散点图拟合成实验曲线,并在每条拟合曲线的右端标出实验温度;在 $\lg[\bar{E}(t)\cdot T_s/T]$-$\lg t$ 图中,利用作图法求取松弛模量主曲线温度转换因子的对数值 $\lg\alpha_{T_r}$,填入表 2.1 中,同时选取适宜的坐标分度,将 $\lg\alpha_{T_r}$ 随温度 T 变化的关系描出散点图,并利用工程曲线拟合方法绘出曲线图。

作图方法具体步骤:根据实验数据,利用回归分析法,给出不同温度下 $\lg[\bar{E}(t)\cdot T_s/T]$ 随 $\lg t$ 变化的等温曲线族,如图 2.4 所示。此处所列举的参比温度 T_s 为 25 ℃(或 20 ℃)。

在曲线族中确定并标明参比温度下的特性曲线,则 $\lg\alpha_{T_r}$ 的求法如下。

(1)在每相邻温度下特性曲线等模量点能叠加的线段部分取三点,例如图 2.4(a)所示的 a、b、c 三点和 a'、b'、c' 三点。

(2)求出使各个点与另一曲线上对应点平移至重叠所需在水平轴上移动的距离,例如图 2.4(a)的 $\overline{aa'}$、$\overline{bb'}$、$\overline{cc'}$。

(3)求出三点平移所得三段距离的平均值 $(\overline{aa'}+\overline{bb'}+\overline{cc'})/3$。

(4)若使两相邻温度(如 70 ℃ 和 50 ℃)特性曲线重叠,则在水平方向所需移动的平均距离为 $\overline{AB}$。

两相邻曲线的平均水平移动距离,如图 2.4(b)所示。

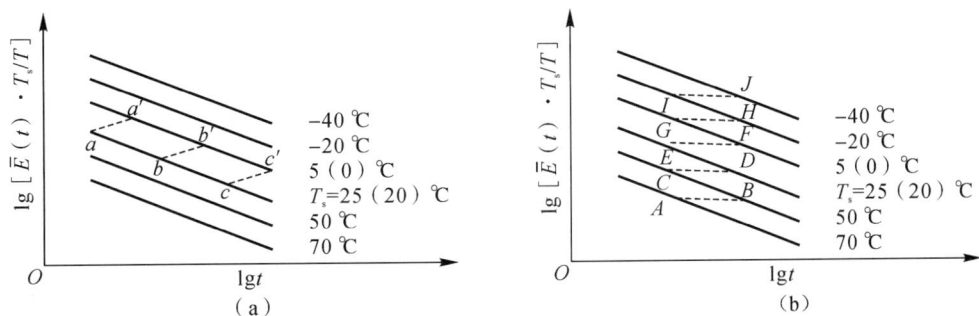

图 2.4　不同温度下 $\lg[\bar{E}(t)\cdot T_s/T]$ 随 $\lg t$ 变化的等温曲线

(a)相邻温度下特征曲线重叠移动示意图;(b)相邻温度下特征曲线等强度点叠加示意图

按照表 2.2 求得各实验温度下的 $\lg\alpha_{T_r}$ 值。

表 2.2　各温度下的 $\lg\alpha_{T_r}$ 值

实验温度/℃(K)	$\lg\alpha_{T_r}$
70(343.15)	$-(\overline{AB}+\overline{CD})$
50(323.15)	$-(\overline{CD})$
25(298.15) 或 20(293.15)	0
5(278.15) 或 0(273.15)	$\overline{FE}$
−20(253.15)	$\overline{FE}+\overline{HG}$
−40(233.15)	$\overline{FE}+\overline{HG}+\overline{JI}$

注：当 $T > T_s$ 时，$\lg\alpha_{T_r} < 0$；当 $T < T_s$ 时，$\lg\alpha_{T_r} > 0$；当 $T = T_s$ 时，$\lg\alpha_{T_r} = 0$。

根据 $\lg\alpha_{T_r}$ 的实验值，计算不同温度、不同时间下应力松弛模量主曲线中的折合时间 $\lg(t/\alpha_{T_r})$ 填入表 2.1，选取适宜的坐标分度，以 $\lg(t/\alpha_{T_r})$ 为横坐标、相应的 $\lg[E(t) \cdot T_s/T]$ 为纵坐标描出散点图，拟合成光滑的曲线，即为应力松弛模量主曲线。不同温度下的数据，描点时应以不同符号标记，在坐标图的适当地方标明各符号所代表的实验温度。应力松弛模量实验结果用规定时间点的 $E(t)$ 和 $\lg[\overline{E(t) \cdot T_s/T}]$ 表示，应力松弛模量主曲线实验结果用应力松弛模量主曲线和松弛模量主曲线温度转换因子的对数值 $\lg\alpha_{T_r}$ 随温度变化的曲线表示。

2.3　拉伸力学性能：双轴拉伸法

2.3.1　测试原理

大型火箭发动机常采用贴壁浇注式装药结构，复合固体推进剂既是发动机的能量来源，也是发动机结构的承力构件。在火箭发动机全寿命过程中，推进剂药柱会承受贮存过程中温度变化的热应力、运输时的周期性振动、重力、点火增压以及加速度等各种载荷，此时推进剂药柱在不同位置上承受的应力大小和方向往往不同，甚至某些位置上会承受多向应力，精确表征推进剂药柱在复杂应力应变状态下的力学性能和断裂极限，是装药结构完成性分析的重要内容。

单轴拉伸实验是表征固体推进剂力学性能的最常用方法，通过在单一方向上对推进剂施加拉伸应力，可以获取抗拉强度、延伸率等参数，但其应力状态单一，难以真实反映药柱内部的应力状态，对药柱结构的失效判定可能造成较大的误差。例如，在点火压力载荷下，固体推进剂药柱的内孔往往是安全系数较低的部位，此时该部位的受力状态可近似为双轴拉伸状态，为此，研究固体推进剂在双轴拉伸载荷下的力学响应和断裂机制，对正确理解固体推进剂的断裂行为及保证推进剂结构完整性具有重要意义。

双轴拉伸法能够同时施加水平和垂直方向的拉伸载荷（见图 2.5），我国目前尚无推进剂双轴拉伸测试的相关标准，现阶段大多采用单轴拉伸试验机对板条试

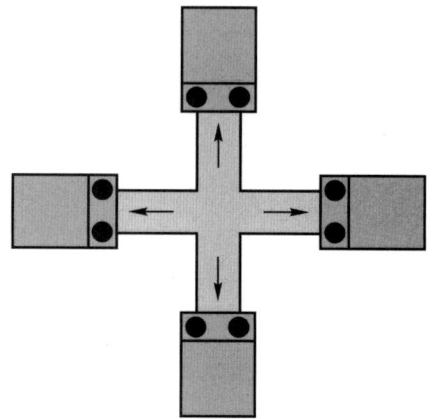

图 2.5　双轴拉伸装置示意图

验件进行单向拉伸，或采用双轴拉伸机对十字形试件进行双轴拉伸试验来研究推进剂的力学性能。其中，板条试验件只能得到 1:2 的拉伸比，具有一定的局限性，而双轴拉伸机设有 4 个驱动轴，它们可以单独控制和调节或两个驱动轴分别处于主从操作，通过控制每个驱动器的载荷或位移，可实现不同双轴加载比的测试，因此更为常用。

2.3.2　测试装置及材料

1.准双轴板条拉伸实验

板条试件由于自身结构特性,在受拉伸载荷作用下呈平面应变状态,因此在单轴拉伸作用下可实现推进剂应力比 1:2 的双轴拉伸。实验组成部分及规格要求如下。

(1)推进剂试样:用于准双轴板条拉伸的推进剂试样,其加载方向上的长度必须是其厚度的 10 倍左右,在横向上至少是其长度的 1/5,常见的尺寸如图 2.6 所示。

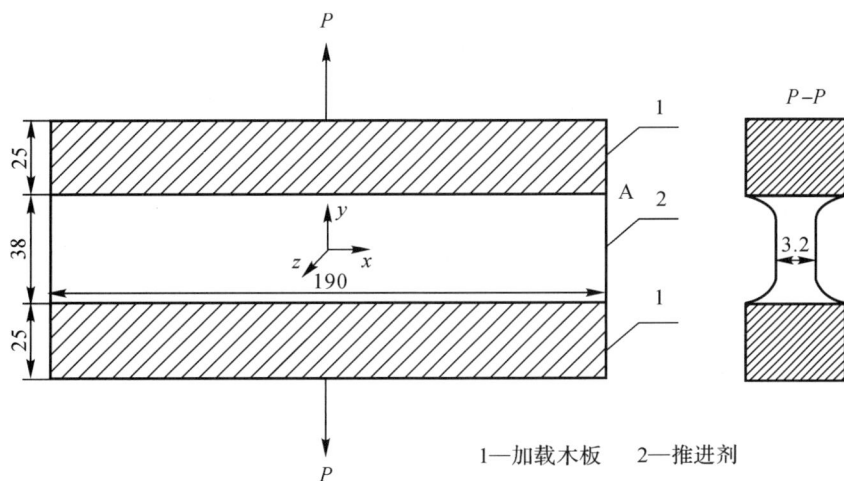

1—加载木板　　2—推进剂

图 2.6　板条试验件尺寸图(单位:mm)

(2)专用夹具:准双轴板条形推进剂拉伸大多参考单轴哑铃型试件,采用夹具将加载臂卡住,在实验过程中通过卡口带动试件加载臂运动,其尺寸根据推进剂试样进行设计,板条试验件夹具示意图如图 2.7 所示。

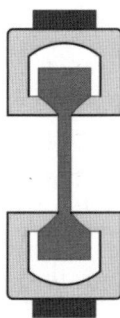

图 2.7　板条试验件夹具示意图

(3)拉伸试验机:参见 2.1 节单轴拉伸法要求。

(4)游标卡尺:分度值为 0.02 mm。

2. 双轴拉伸实验

双轴实验拉伸机可实现两个拉伸方向上不同的应力比，常采用双轴拉伸实验机和十字形试样进行固体推进剂双轴拉伸测试。

（1）推进剂试样：推进剂常制为十字形试样，由于受到两个方向的加载作用，所以在试样拐角处会出现特别高的材料应力导致应力集中，称为缺口应力，其示意图如图2.8所示。

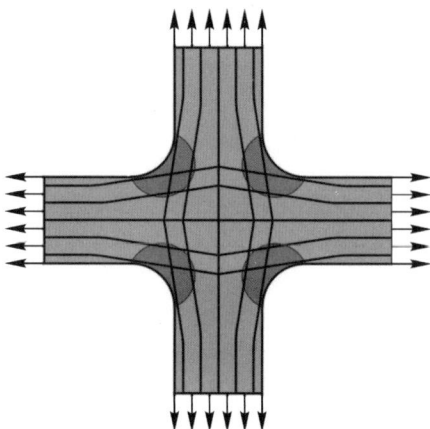

图 2.8　十字形试样受载荷示意图

测试所用的推进剂试样应具备：①拉伸试件非中心区应力集中低且面积小，中心区域能够产生较大的应变；②加载后两个方向同时发生变形，中心区域的应力和应变分布是均匀的，且分布均匀的区域较大；③推进剂试件形状不可太复杂，可用实验夹具和实验机组装后便于进行双轴拉伸实验。①、②大多通过改变十字形试件圆弧区域半径和形状、减薄中心区域来实现，常采用圆形减薄方式；③往往会加长加载臂或臂上开槽便于拉伸。推进剂试样尺寸通常基于有限元分析软件，图2.9～图2.11所示为多种形式组合的推进剂拉伸试件典型尺寸。

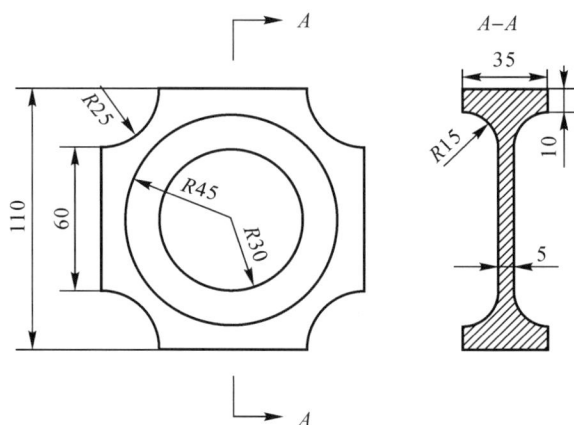

图 2.9　圆弧过渡倒角的中心减薄十字形试件（单位：mm）

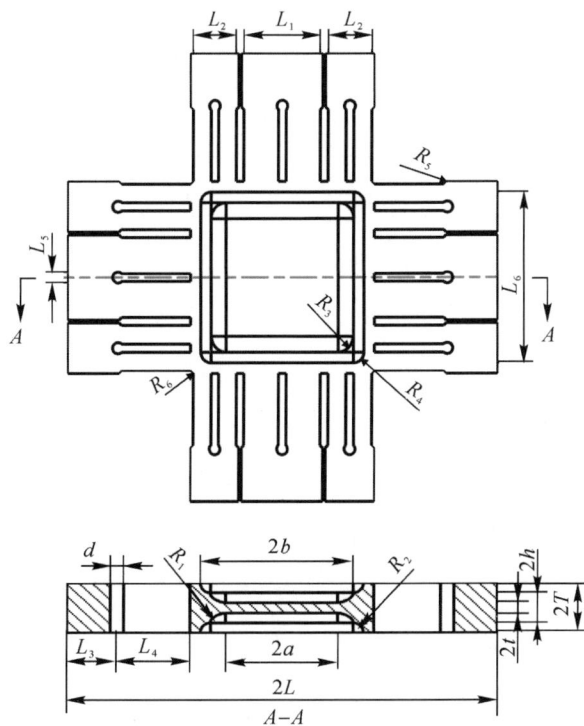

图 2.10 中心区域减薄与加载臂开槽相结合的十字形试件

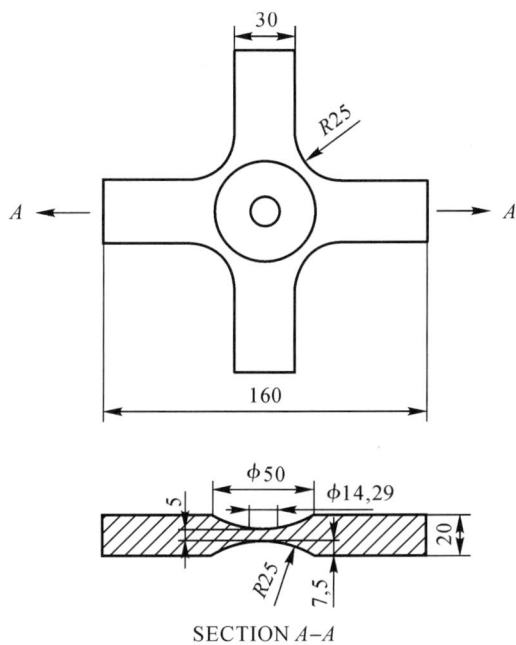

SECTION *A–A*

图 2.11 中心区域减薄与加载臂加长相结合的十字形试件(单位:mm)

(2)专用夹具:十字形试件常采用夹持式或开孔挂载式进行连接,其示意图见图 2.12 和

图 2.13。夹持式连接操作简单,但对夹持力的精准控制要求较高。开孔挂载式有两种形式:一种是在加载臂上设有圆柱形加载孔,夹具与试件通过加载孔用销钉进行连接;另一种则是在试件制备过程中预先埋入销钉制为一体,将带销钉的实验件与实验机进行连接。

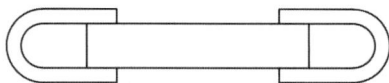

图 2.12　夹持式夹具

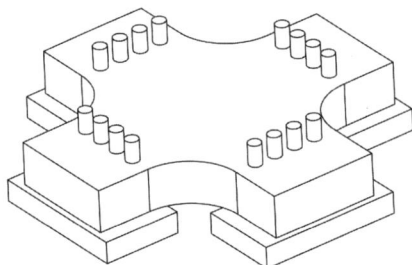

图 2.13　挂载式夹具

（3）双轴拉伸实验机:具有 4 个驱动轴的实验机。

（4）游标卡尺:分度值为 0.02 mm。

2.3.3　测试方法

1.试样预处理

准双轴板条拉伸实验中为了抑制推进剂试样在横向(见图 2.6 中 x 方向)上的变形,通常采用环氧树脂将推进剂的上下边缘(见图 2.6 中 A 界面)黏结在细木条上,并将黏合后的推进剂试样放入 50 ℃烘箱下固化 48 h 备用。

十字形试件则需设计相应的模具并采用浇注方式制备,开孔挂载式推进剂试样需要对推进剂进行打孔或在浇注过程中将销钉预埋在试件中,以获取实验所需试件。

2.双轴拉伸测试

首先标定实验机系统,待系统稳定后,将试样装在夹具上,调整好松紧程度,使得试样处于夹具中心。双轴拉伸实验同样是在恒定位移速率下进行的,4 个制动器均设有位移传感器和载荷传感器,可通过沿每个方向的两个载荷传感器测得载荷的平均值来确定十字形试样的应力。

制动器的位移数据往往会存在误差,双轴拉伸实验也常采用视频引伸计跟踪测试区四周标记点或标记线,并根据其位移计算测试区变形,但这种方法不能获得测试区内的位移和变形分布状态。此外,数字图像相关(DIC)技术也被引入双轴测试中,由于固体复合推进剂属于异质推进剂,所以可以提供其所需的天然散斑,测试时通过光扩散片将光均匀分布在测量区域内,使用 DIC 相机对推进剂试样表面进行图像采集,分析图像可获得应变和位移场分布。

2.4　平衡模量:定载实验

2.4.1　测试原理

平衡模量是指应力松弛足够长的时间后,应力不随时间变化时的松弛模量,此时松弛模量基本保持恒定,故称为平衡模量。固体推进剂在长期贮存过程中,由于热应力及药柱自重产生的载荷将伴随发动机装药整个寿命周期,所以发动机对推进剂的持久承载能力提出了较高的要求。长期载荷下的平衡模量是固体火箭发动机装药结构完整性分析的重要参数。

定载法是获取平衡模量的主要方法,其测试是基于恒定变应作用、在不同温度下测试模量并绘制成松弛模量主曲线,对主曲线进行拟合得到平衡模量值。

2.4.2　测试装置及材料

复合固体推进剂定载实验及平衡模量测定方法使用到的装置或仪器要求如下。

(1)温度计:测量范围为 0～100 ℃,分度值不大于 1 ℃。

(2)湿度计:测量范围为 10%～95%,分度值不大于 1%。

(3)游标卡尺:测量范围为 0～150 mm,分度值不大于 0.02 mm。

(4)天平:量程为 0～3 kg,分度值不大于 0.1 g。

(5)夹持器:夹持器用于固定试样,包括支架、下夹具、固定螺丝、紧固螺母、挂钩共 5 个组件,夹持器的结构图如图 2.14 所示。

(6)配重组件:配重组件用于给试样施加不同的载荷,包括挂钩和配重块,配重组件的结构图如图 2.15 所示。

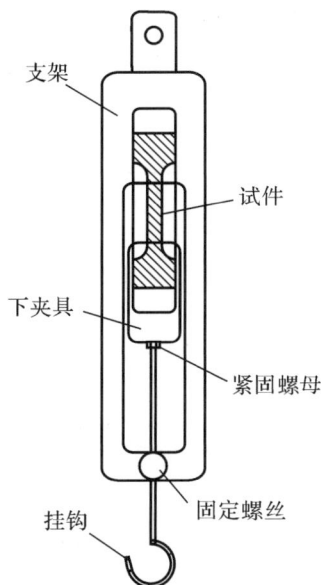

图 2.14　夹持器结构图

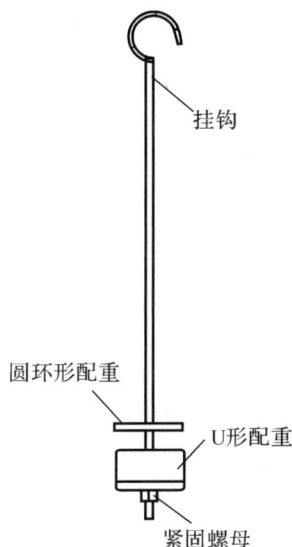

图 2.15　配重组件结构图

2.4.3 测试方法

1. 实验前期准备

按照《炸药实验方法》(GJB 770A—1997)中方法 413.1 试样准备中的 B 型哑铃形试件的形状及尺寸制作试件,检查试件无肉眼可见损伤及疵点。实验前将试件裸放在定载实验间的时间不小于 24 h。在哑铃形试件的一个表面画左、中、右 3 条线,左、中、右 3 条线应相互平行且与轴向线垂直,左、右线距中线各 25 mm,如图 2.16 所示。在试件左、中、右 3 条线处分别测量试件的厚度和宽度,取其平均值计算试件的初始截面积 A_0。在平衡模量测定时,测量试件左、右线中间处的长度,记为试件测量区域初始长度 L_0,定载及平衡模量测定每组应不少于 6 个试件,在每个试件上、下部位作序号标记。

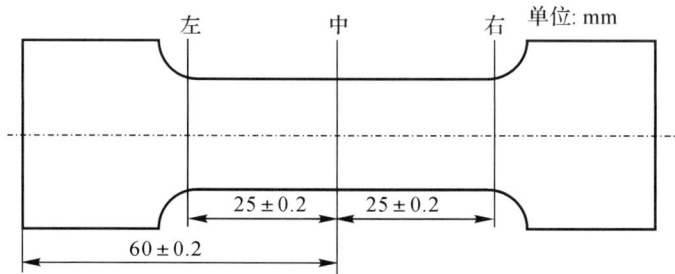

图 2.16　哑铃形试件的标记示意图

定载实验的载荷由测试提出方给定,若无规定推荐采用表 2.3 中载荷序列值,测试时间最长为 90 d(平衡模量测定实验的载荷一般为 0.08 MPa,测试时间为 90 d)。

表 2.3　定载实验推荐载荷序列

推进剂类型	载荷序列/MPa					
HTPB 推进剂	0.35	0.40	0.45	0.50	0.55	0.60
NEPE 推进剂	0.25	0.30	0.35	0.40	0.45	0.50

注:HTPB 为端羟基聚丁二烯;NEPE 为硝酸酯增塑聚醚。

2. 实验步骤

定载实验中试件负载质量为

$$m = \frac{A\sigma_s}{g} \tag{2.10}$$

式中:m 为试件负载质量计算值,kg;A 为试件初始截面积,mm^2;σ_s 为试件给定的定载载荷,MPa;g 为重力加速度,9.8 m·s^{-2}。

配重应使夹持器中的下夹具、紧固螺母、挂钩以及配重组件的质量之和与试件负载的质量计算值(m_0)相等,两者的偏差不大于 8 g。将试件固定在夹持器上,挂上已称量的配重组件,松掉固定螺丝后开始实验。定期观察试件是否断裂并作好记录(应采用人工或视频监控方式进行观察,载荷越大,观察间隔时间越短,人工观察每 12 h 至少一次)。定载 90 d 后对未断裂试件进行卸载处理,结束实验并填写实验报告。

平衡模量的测定中,按照定载实验中的计算方法称量试件的负载质量 m_0 并开始实验。定期观察试件是否断裂并作好记录(应采用人工或视频监控方式进行观察,人工观察每周至少一次,若 90 d 内发生 50% 以上的试样断裂,则实验无效)。在实验 90 d 时,在定载状态下再次测量试件左、右线中间处的长度,精确到 0.1 mm,记为试件 90 d 时的长度 L_{90},测量完成后对试件进行卸载处理。

3. 数据处理

定载测试数据处理中依据实验记录,给出各载荷条件下的定载断裂时间。若某一载荷条件下,存在大于 50% 的样品 90 d 内未断裂,则判定在该载荷及其以下载荷条件下样品 90 d 内不断裂。

不同时刻试件模量的计算公式为

$$E(t) = \frac{\sigma_s L(t)}{L(t) - L_0} \tag{2.11}$$

式中:$E(t)$ 为试件在 t 时刻的模量,MPa;$L(t)$ 为试件在 t 时刻测量区域长度,mm;L_0 为试件测量区域初始长度,mm。

利用式(2.11)计算出每个试件在实验时间为 90 d 时的模量作为平衡模量。按《数据的统计处理和解释正态样本离群值的判断和处理》(GB/T 4883—2008)中格拉布斯(Grubbs)检验法进行异常数据处理,把有效平衡模量的算术平均值记为每组试件的平衡模量 E_p。

2.5　动态力学性能:霍普金森杆实验

2.5.1　测试原理

常规拉伸(或压缩)实验仅研究推进剂处于低应变率下的应力应变情况,然而在火箭导弹武器的运输、贮存及工作过程中,发动机装药往往还会受到颠簸振动、高发射过载、高压燃气冲击、高过载转弯以及跌落撞击等冲击载荷。在这些冲击载荷带来的高应变率作用下,复合固体推进剂中不同组分之间会进行相互挤压,进而导致装药结构变形、药柱产生裂纹及药柱破碎,对药柱力学性能产生显著影响,甚至造成灾难性事故。因此,开展冲击载荷作用下固体推进剂的动态力学性能研究尤为重要。

霍普金森杆(SHPB)可获得材料在 $100\sim10\,000\ \mathrm{s}^{-1}$ 高应变率范围下的力学响应,是研究材料在高应变率下力学性能的一种较为有效的实验方法。其基本原理为:将试样放置在入射杆和透射杆中间,当撞击杆或子弹以某一速度撞击入射杆时,在杆内产生一个入射脉冲 ε_i,应力波通过入射杆到达试样,试样在应力脉冲作用下发生高速变形。与此同时,在加载杆中分别产生往回的反射脉冲 ε_r 和向前的透射脉冲 ε_t。通过测速器可以获得撞击杆或子弹的打击速度,粘贴在弹性杆上的应变片可以记录应变脉冲,以此可计算出材料的动态应力及应变参数。

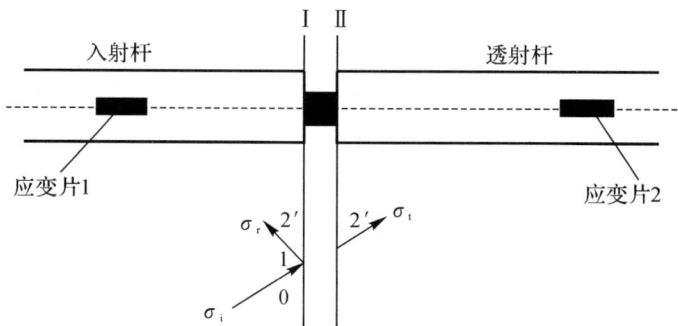

图 2.17 霍普金森杆法原理图

2.5.2 测试装置及材料

SHPB 装置主要由压杆系统和数据采集系统组成,其示意图如图 2.18 所示。

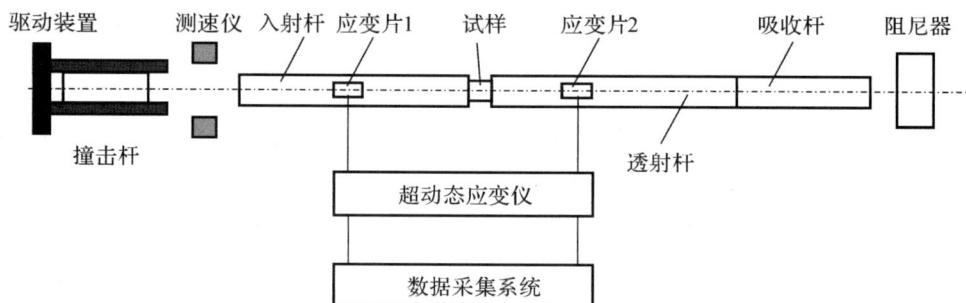

图 2.18 SHPB 装置示意图

压杆系统由驱动装置、撞击杆、入射杆、透射杆、吸收杆和阻尼器组成。驱动装置有爆炸、火药枪及高压气体等多种驱动方式,可控制撞击杆的出口速度。由于压杆所采用的截面尺寸及材料均相同,所以撞击杆的长度 L 决定了入射应力脉冲的宽度 λ,其中 $\lambda = 2L$。为保证获得完整的入射及反射波形,入射杆的长度通常是撞击杆长度的两倍;吸收杆用于吸收来自透射杆的动能,削弱二次波的加载效应。为忽略杆中的惯性效应影响,所有压杆直径应远小于入射应力脉冲的波长。阻尼器可减少杆的振动幅度,使系统达到稳定状态。

SHPB 装置中的压杆常采用波阻抗较高的金属材料,而固体推进剂的波阻抗远低于压杆材料(低 2~3 个数量级),需要考虑阻抗适配和推进剂应力均匀性问题。对于前者,常合理设置波导杆材料及尺寸或选用高灵敏度测试元件来解决,现阶段常采用与推进剂波阻抗更接近的铝合金材料;而采用尺寸合理的推进剂和入射波整形器是解决推进剂应力均匀性的常用手段。

数据采集系统由撞击杆速度的测量系统和应力波信号采集系统组成。撞击杆速度通常采用测速仪、激光测速等方法进行获取,应力波信号采集系统由应变片、超动态应变仪、瞬态波形记录仪和连接导线组成。

2.5.3　测试方法

1. 固体推进剂预处理

在霍普金森压杆测试实验中,惯性效应及推进剂与两杆端的摩擦会导致实验结果不准确,因而应在实验前合理设计试样形状及尺寸。通常情况下,将推进剂加工为圆柱形药柱进行实验,药柱尺寸依据实验装置而定。对于一套给定的实验装置,推进剂药柱的尺寸应与压杆直径相接近(药柱尺寸略小),可避免由于横截面积不匹配引起的应力波波形二维化问题。此外,试样长径比一般在 0.5~1.0 范围内,避免因试样过长引起失稳问题。同时,推进剂药柱与两杆相接触的平面应磨光且保持平行,以减小实验过程中端部摩擦的影响。

2. 动态力学性能测试

按照使用说明组装系统并保证各部分处于正常工作状态,首先通过空打实验调试系统,确保测量得到的入射和透射波形无明显干扰,且形状和幅值较为理想,即可开始实验。正式实验前,将圆柱形推进剂加载到入射杆和透射杆之间,确保两杆与推进剂相接触的平面光滑且保持平行。

控制驱动装置使撞击杆加速至规定速度并撞击入射杆,此时会在入射杆端部产生一个大小不变、延续时间取决于撞击杆长度的压应力脉冲,与此同时,由于反射作用会形成拉伸脉冲,待拉伸脉冲回到撞击面时,撞击杆对入射杆卸载,在入射杆中产生波长为入射杆两倍长度的入射加载波,其脉冲幅值正比于撞击速度,并被应变片记录。当入射杆中的压力脉冲到达推进剂药柱的接触面时,由于波阻抗不匹配,一部分脉冲被界面反射在入射杆中形成反射波,另一部分则通过试样进入透射杆中形成透射波。通过数据采集系统,能够记录入射、反射、透射 3 个应力脉冲的连续应变-时间曲线,再根据应力波基本理论,可确定材料的应力-应变关系。其中,每个应变率条件下应至少进行 3 次重复实验,然后对其取平均作为该应变率下的应力-应变曲线。

3. 数据处理

霍普金森杆实验是基于一维应力波假设和应力均匀假定的基础上的。根据一维应力波假定,可通过理论确定试件材料应变率 $\dot{\varepsilon}(t)$、$\varepsilon(t)$ 和 $\sigma(t)$。

$$\sigma_{\mathrm{I}} = \sigma_2 = \sigma_i + \sigma_r = E(\varepsilon_i + \varepsilon_r) \tag{2.12}$$

$$\sigma_{\mathrm{II}} = \sigma_2' = \sigma_t = E\varepsilon_t \tag{2.13}$$

$$\sigma(t) = \frac{1}{2}(\sigma_{\mathrm{I}} + \sigma_{\mathrm{II}})\frac{A}{A_0} = \frac{AE}{2A_0}(\varepsilon_i + \varepsilon_r + \varepsilon_t) \tag{2.14}$$

$$v_{\mathrm{I}} = v_2 = v_i + v_r = -u(\varepsilon_i - \varepsilon_r) \tag{2.15}$$

$$v_{\mathrm{II}} = v_2' = v_t = -u\varepsilon_t \tag{2.16}$$

$$\dot{\varepsilon}(t) = \frac{v_{\mathrm{II}} - v_{\mathrm{I}}}{L_0} = \frac{u}{L_0}(\varepsilon_i - \varepsilon_r - \varepsilon_t) \tag{2.17}$$

$$\varepsilon(t) = \frac{u}{L_0}\int_0^t (\varepsilon_i - \varepsilon_r - \varepsilon_t)\,\mathrm{d}t \tag{2.18}$$

由式(2.12)~式(2.18)可得试件材料的应力-应变关系,根据应力均匀假定,可得

$\varepsilon_i + \varepsilon_r = \varepsilon_t$,代入式(2.14)及式(2.19)后,可得更为简单的形式如下:

$$\sigma(t) = \frac{A}{A_0} E \varepsilon_t \tag{2.19}$$

$$\varepsilon(t) = -\frac{2u}{L_0} \int_0^t \varepsilon_r \, dt \tag{2.20}$$

式中:u 为杆的弹性波速,$m \cdot s^{-1}$;L_0 为试样的初始长度,mm;A_0 为试样的初始横截面积,mm^2;A 为杆的横截面积,mm^2;E 为杆的弹性模量,$N \cdot m^{-2}$。

试样的真实应力、应变可根据下列公式转换得到

$$\sigma_T = (1-\varepsilon)\sigma \tag{2.21}$$

$$\varepsilon_T = -\ln(1-\varepsilon) \tag{2.22}$$

2.6 抗压强度:压缩法

2.6.1 测试原理

在力学中,抗压强度是材料或结构承受趋于减小尺寸的载荷的能力(与承受趋于伸长的载荷的抗拉强度相反),抗压强度是结构设计的关键值。抗压强度也是复合固体推进剂结构设计的重要参数之一,通常通过压缩法进行测量,该方法适用于推进剂药柱的抗压强度及其相应的压缩率测定,也适用于包覆层和绝热层抗压强度及其相应的压缩率测定。压缩法的原理:在规定的实验温度和加载速度下,对试样在纵轴方向施加静态压缩载荷,以测得抗压强度及相应的压缩率。

2.6.2 测试装置及材料

采用压缩法测量推进剂的抗压强度实验中通过实验机对抗压强度进行测量时,实验采用的实验机与相关仪器应符合下列要求。

(1)实验机加载时应保持恒速。

(2)载荷与形变量的测量精度不大于指示值的±1%。

(3)实验机的上、下压板要互相平行且垂直于受力方向,并具有较高硬度和良好的对中装置,表面粗糙度 Ra 不大于 1.25 μm。

(4)控温精度为±2 ℃。

(5)游标卡尺:分度值为 0.02 mm。

2.6.3 测试方法

1. 实验前期准备

试样取样一般按轴向取样(浇注药浇注方向为轴向),也可根据产品要求的方向取样,但在报告中须注明。试样加工过程不应发生物理、化学性质变化,加工好的试样两端面应平整,表面无气泡、杂质和机械损伤。试样尺寸应符合表 2.4 的要求,如有特殊要求,可根据要求制备特殊形状和尺寸的试样,但也应在报告中说明。

表 2.4 试样尺寸

试样类型	直径 D/mm		高度 H'_0/mm	
	基本尺寸	极限偏差	基本尺寸	极限偏差
试样 1	16	±0.1	20	±0.1
试样 2	D^a	—	$H'_0 = D$	±0.1

注:D^a 指直径小于 16 mm 的原样品直径。

加工好的试样 1 在环境温度为 20 ℃±2 ℃、湿度为 45%～55% 条件下放置 24 h,加工好的试样 2 在环境温度为 20 ℃±2 ℃、湿度为 45%～55% 条件下放置 12 h,若无恒温、恒湿箱时,试样应置于内装硅胶干燥剂的干燥器内室温下存放。试样 1 加载速度为 10 mm·min^{-1}±1 mm·min^{-1},试样 2 加载速度为 50 mm·min^{-1}±2 mm·min^{-1}。一般情况下,高温为 50 ℃±2 ℃,常温为 20 ℃±2 ℃,低温为 -40 ℃±2 ℃,如产品有特殊要求,应按要求选择实验温度,在规定的实验温度下,试样 1 保温 1.5 h,试样 2 保温 1 h。

2. 实验步骤

在相互垂直的位置上测量试样上、下两处的尺寸,以平均值计算试样的横截面积。以相互垂直位置测量试样高度,取平均值作为试样的原始高度。将测量后的试样分组装入样品盒内,按规定的温度和时间进行保温。根据试样和实验温度选择载荷量程,使测定值落在满载荷的 20%～90% 范围内,按规定选择加载速度。取出试样,放在下压板中心位置,当恒温箱的温度恢复到规定的实验温度时,开始施加载荷,直到应力-应变曲线上出现最大载荷点后停止施加载荷。若不出现最大载荷点,则当压缩应变值达到 70% 时或曲线上出现特征点(曲线上最初出现的拐点)时,停止施加载荷。读取最大压缩载荷值(或压缩应变达到 70% 时的压缩载荷值,或特征点对应的压缩载荷值)及相应的形变值。

3. 数据处理

形变值的计算须进行零点修正。修正的方法是延长曲线初始直线段部分与形变轴相交,此交点即为修正后计算压缩形变值($\Delta H'$)的起始零点。

抗压强度为

$$\sigma_c = \frac{P_c}{A_0} \qquad (2.23)$$

式中:σ_c 为抗压强度,MPa;P_c 为最大压缩载荷(或压缩形变值为 70% 点的压缩载荷或特征点压缩载荷),N;A_0 为试样初始横截面积,mm^2。

压缩率为

$$\varepsilon_c = \frac{\Delta H'}{H'_0} \times 100\% \qquad (2.24)$$

式中:ε_c 为压缩率,%;$\Delta H'$ 为压缩形变,mm;H'_0 为试样的原始高度,mm。

平行测定 5 个试样,有效结果不少于 4 个,取其平均值,实验结果保留 3 位有效数字,用试样的抗压强度和压缩率来表示试样的抗压缩性能。

2.7 泊松比:引伸计法

2.7.1 测试原理

泊松比是一种表示材料弹性性质的物理参量,用来描述材料在受到一个轴向应力的拉伸或压缩过程中沿横向体积收缩或扩张的程度。通常使用符号 μ 来表示泊松比,其定义为横向应变(即垂直于应力方向的应变)与轴向应变(即沿着应力方向的应变)之比。

具体计算公式为

$$\mu = -\frac{\varepsilon_x}{\varepsilon_y} \tag{2.25}$$

式中:ε_x 为横向应变;ε_y 为轴向应变。

泊松比的取值范围为 $-1\sim0.5$ 之间,一般来说,弹性体材料的泊松比越接近 0.5,说明其在某个方向上的体积变化越小,其刚度越大。例如,钢铁的泊松比为 0.3 左右,而橡胶的泊松比则在 $0.4\sim0.5$ 之间,因此橡胶具有良好的弹性变形性能。

引伸计是一种用于测量材料在受到剪切或直接扭转时的应变变形的实验仪器。通过充分利用材料的弹性特性,引伸计可以测量很小的形变,并将其转换为可读取的电信号或指针示数。引伸计主要由一根样品支架、两个固定的夹具、两个移动的夹具和一根指针等组成。在实验中,将待测材料夹在两个夹具之间,施加外力引起形变,通过读取引伸计指针在刻度盘上的变化来测量应变。

使用引伸计法测定复合固体推进剂的泊松比的原理:基于固体推进剂在压制形变过程中所受的外力以及形变的关系。在实验中,将固体推进剂样品放置在引伸计上,引入一个轴向挤压力以使样品发生形变。当样品受到轴向挤压力时,由于其具有一定的弹性,所以会沿着轴向方向压缩,同时在垂直于挤压方向的横向上发生膨胀,这就是泊松效应。在规定的加载速度下,在试样纵轴方向施加静态单向载荷,通过引伸计在比例极限内测得横向应变和相应的纵向应变量之比,即泊松比。

2.7.2 测试装置及材料

引伸计法测量固体推进剂的泊松比实验用到的仪器主要有引伸计、分度值为 0.02 mm 的卡尺等。实验机加载时应该保持恒速,载荷值与形变值的测量精度不大于指示值的 $\pm1\%$,应有对中装置。引伸计的规格应满足如下要求。

(1)纵向引伸量程为 ±0.625 mm,线性度为 $\pm0.25\%$,标距为 50 mm,电校准精度小于 $\pm0.1\%$。

(2)横向引伸量程为 ±0.5 mm,线性度为 $\pm0.4\%$,电校准精度小于 $\pm0.1\%$。

2.7.3 测试方法

使用引伸计法测量固体推进剂的泊松比的实验温度为环境温度($20\sim25$ ℃);实验过程中,实验机的加载速度应该保持在 1 mm·min^{-1},预加载荷所加的应力为试样应力-应变曲线上比例极限(σ_p,N)的 10%。实验所用的试件的要求:试样表面无可见裂纹、气孔和加工损伤。试样安装引伸计部位的平行度不大于 0.05 mm。本实验需要将固体推进剂按成型方案取样加工成长方形试样,其详细尺寸如图 2.19 所示。

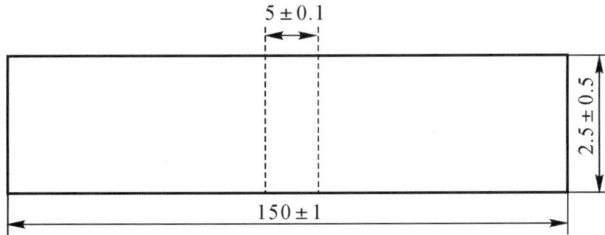

图 2.19　试样的形状和尺寸(单位:mm)

1. 测试步骤

通过单向拉伸实验测得试样的比例极限(σ_p),测量每个试样的宽度,即横向标距。将安装引伸计的试样装在实验机的上、下夹具间,校准载荷系统和应变系统,给试样施加预载荷,加载速度为 1 mm·min^{-1},并记录 ΔL_x 和 ΔL_y 图线,当载荷值达到试样的比例极限的 70% 时,停止实验。

2. 数据处理

泊松比的计算公式为

$$\mu = \frac{\varepsilon_x}{\varepsilon_y} = \frac{\Delta L_x / L_x}{\Delta L_y / L_y} \tag{2.26}$$

式中:μ 为泊松比;ε_x 为横向应变;ε_y 为纵向应变;ΔL_x 为横向变形,mm;L_x 为横向标距(即试样宽度),mm;ΔL_y 为纵向变形,mm;L_y 为纵向标距,mm。每个试样测定 3 个结果,平行测定 3 个试样,实验结果应保留小数点后 3 位有效数字。

2.8　玻璃化转变温度:动态热机械法

2.8.1　测试原理

固体推进剂的玻璃化转变温度是指在加热或降温过程中,由固体状态转变为高弹态的温度,它是衡量高分子聚合物不同状态的重要参数之一。在燃烧过程中,由于固体推进剂需要持续在高温下作用,所以玻璃化转变温度的高低会对推进剂的热稳定性能产生重要影响。

固体推进剂玻璃化转变温度计算方法为

$$T_g = \frac{1}{2(\theta_E - \theta_m)} \tag{2.27}$$

式中:T_g 为玻璃化转变温度,K;θ_E 为推进剂的弹性模量温度依赖关系中的微分斜率,Pa·K^{-1};θ_m 为推进剂的热膨胀系数温度依赖关系中的微分斜率,K^{-1}。在实验中,加热固体推进剂,并通过测量推进剂的弹性模量和热膨胀系数计算出 T_g,从而评估推进剂的热稳定性能。

推进剂的玻璃化转变温度与材料的化学结构、分子量、交联密度、分子取向以及热处理等因素都有很大关系。因此,在实验中需要针对不同的材料结构和性质,采用适当的测试方法和条件。

动态热机械法(Dynamic Mechanical Analysis,DMA)是一种用来研究材料热力学性能的实验分析技术之一。它基于热力学原理,通过对不同温度、不同频率下材料力学响应的监测,探索材料在不同温度下的性能和特性。

使用动态热机械法测量固体推进剂的玻璃化转变温度的具体计算公式为

$$T_g = \frac{E''(T_g)}{\tan\delta(T_g)} \tag{2.28}$$

式中:$E''(T_g)$为推进剂样品在玻璃化转变温度下的储能模量,Pa;$\tan\delta(T_g)$为推进剂样品在玻璃化转变温度下的内耗角正切值;T_g为玻璃化转变温度,K。

动态热机械法测试的原理为试样在一定的压缩载荷下,等速升温,使试样从玻璃态转变为高弹态,试样的温度及形变量分别通过热电偶和形变传感器转换成电信号,绘出温度-形变曲线,由曲线的转折处可得到试样的玻璃化转变温度。

相较于其他测量方法,动态热机械法的优势如下。

(1)所需样品量较少,需要的样品量比差示扫描量热法(DSC)等小很多。

(2)测试速度较快,测试时间较短,且具有良好的可重复性和可靠性。

(3)能够测量材料的动态机械性能,包括弹性模量、弛豫模量、内耗、玻璃化转变温度等特性,对于推进剂的热力学性能研究十分重要。相比于静态热机械分析仪,动态热机械法可测定黏弹性材料在不同频率、不同温度、不同载荷下动态的力学性能。

2.8.2 测试装置及材料

动态热机械法测量固体推进剂的玻璃化转变温度所需的试剂和材料如下。

(1)丙酮:《化学试剂 丙酮》(BT 686—2008),熔点为 -95.35 ℃。

(2)汞:《汞》(GB 913—2012),熔点为 -38.72 ℃。

(3)蒸馏水:冰点为 0 ℃。

(4)偶氮苯:GBW(E)130133(偶氮苯熔点标准物质),熔点为 69 ℃(置于干燥处,避光保存)。

使用到的仪器、设备和实验装置有热机械分析仪、记录仪或绘图仪和分度值为0.02 mm的游标卡尺等。其中,热机械分析仪的结构示意图如图2.20所示,其主要技术要求如下。

(1)炉子可使用温度能满足所涉及玻璃化温度的测定,一般温度范围为$-120\sim500$ ℃。

(2)升温装置应有程序控温系统,具有 1 ℃·min^{-1}、2 ℃·min^{-1}、5 ℃·min^{-1}、10 ℃·min^{-1}、20 ℃·min^{-1}各挡,控温精度为±0.5 ℃。

(3)加载装置可对压头施加需要的载荷。

(4)量程包括 20 μm、40 μm、100 μm、200 μm、400 μm、1 000 μm。

(5)形变测量装置的形变量测量范围小于 2.5 mm,灵敏度为 0.01 mm。

(6)测温热电偶(镍铬硅-镍硅热电偶)。

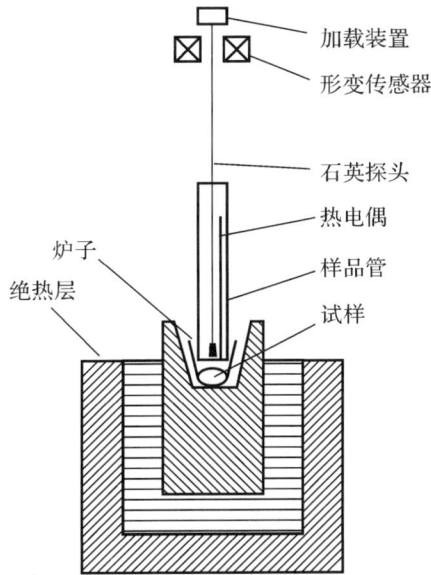

图 2.20　热机械分析仪结构示意图

2.8.3　测试方法

动态热机械法测量固体推进剂的玻璃化转变温度实验时升温速率通常设为 2 ℃·min^{-1} 或 5 ℃·min^{-1},实验时施加载荷的大小应根据试样的种类和强度而定,一般采用 0.5 MPa 或 1.0 MPa,升温起始点比试样预估的玻璃化温度低 20～30 ℃,加载后的平衡时间不少于 5 min。对于易吸潮的试样,在实验过程中应用干燥氮气保护。

实验对推进剂试样的准备要求:浇注成型的推进剂取浇注方向。试样高为 2～4 mm,横向尺寸为 4～5 mm,横截面形状不作具体规定。试样受检的两端面应平行,平行度不大于 0.2 mm,并与轴线相垂直。表面应无气孔、杂质、油污及明显的机械损伤。制成的试样应放在干燥器内,存放时间不少于 12 h。

仪器校正包括温度点校正和力的校正,其中温度点校正为在炉子设定的使用温度范围内,按实验程序分别测定丙酮、汞、蒸馏水和偶氮苯的熔点,直至符合要求,完成仪器的温度校正。实验升温速率为 2 ℃·min^{-1} 或 5 ℃·min^{-1},施加的载荷不大于 0.5 MPa。通过仪器提供的砝码进行力的校正。

1. 测试步骤

首先开启热机械分析仪,预热时间不少于 20 min,设定升温速率、施加载荷、形变量程和温度范围等参数。然后将试样装于石英样品台上,使石英探头处于试样中心位置。选择适当的冷却剂降温,试样温度降至升温起始点,将石英探头小心地压在试样中心位置施加载荷,保温 15 min。在达到平衡后,开始升温,记录温度-形变曲线后停止实验。

2. 数据处理

实验完成后,在温度-形变曲线的转折处作两条切线,切线交点处对应的温度即为玻璃化温度,其示意图如图 2.21 所示。每份试样平行测定两个结果,平行结果的差值应不大于 4 ℃,取其平均值,实验结果应保留 1 位小数。

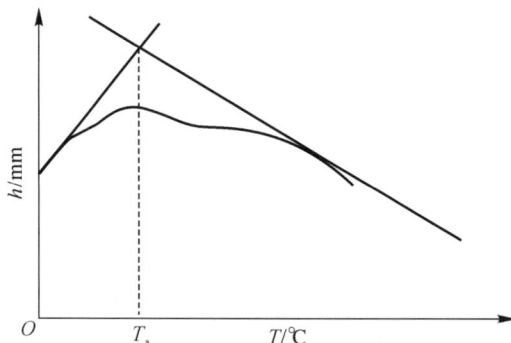

图 2.21　温度-形变曲线示意图

2.9　抗冲击强度:简支梁法

2.9.1　测试原理

固体推进剂的抗冲击强度是指在外界冲击作用下,推进剂样品所能承受的最大冲击力的大小。它是衡量推进剂耐受外界冲击作用能力的参数之一,对保证发动机正常工作十分重要。测量固体推进剂的抗冲击强度的公式主要涉及荷载的计算和抗冲击强度的计算两个方面。

固体推进剂在受到冲击作用时,会在一瞬间承受一定的力,从而形成应变。根据牛顿第二定律,物体所受的力与物体的质量和加速度成正比,可以用如下公式计算荷载 F_s:

$$F_s = ma_0 \tag{2.29}$$

式中:m 为推进剂样品质量,g;a_0 为推进剂受到冲击作用时的加速度,$m \cdot s^{-2}$。在计算荷载时需要考虑推进剂样品允许的最大应变,以保证测试的可靠性和安全性。

推进剂样品在受到冲击作用后,会发生一定的挠度,通过测量挠度可计算出推进剂的抗冲击强度。简支梁法是一种常用的测量材料属性的方法,其端部固定,只在两端支承的梁,支座与梁的连接点称为支点,梁在支点之间是自由的。在工程实践中,简支梁常用于支撑悬臂结构,用于测量材料的力学性能,也可用于测量固体推进剂的抗冲击强度。

在简支梁法中,将推进剂放置在简支梁的中央,然后施加荷载,导致梁产生一定程度的挠度,通过测量挠度来确定推进剂的强度。这种方法将荷载分布在整个推进剂样品的面积上,能够有效避免实验中的局部失效。简支梁法测量固体推进剂的优势:能够通过模拟冲击实现样品的快速断裂;不需要太大的样品体积;控制冲击力的方向与大小具有较高的灵活性;可以确保实验的重复性和可比性。简支梁法对于推进剂在外部冲击环境下的性能评估具有重要意义。

在测试过程中,推进剂样品被放置在两个支点之间的梁上,梁会产生一定的挠度。将试样平放在支座的两个支撑点上,用一定质量的摆锤,在试样的中间部位施加一定速度的冲击载荷,以测得试样断裂时的冲击强度。推进剂样品的抗冲击强度 α_{nk} 为

$$\alpha_{nk} = \frac{F_s L^3}{48 E_L I'} \tag{2.30}$$

式中:F_s 为荷载,N;L 为梁的长度,m;E_L 为梁的弹性模量,Pa;I' 为梁的惯性矩,kg·m²。

可见,推进剂的抗冲击强度与材料的弹性模量、梁的几何形状以及荷载的大小等参数密切相关。需要注意的是,计算出的角度必须为小角度近似值,否则要用复杂的微分方程进行计算。

2.9.2　测试装置及材料

固体推进剂的抗冲击强度实验中主要使用到的实验仪器和装置有摆锤式简支梁冲击实验机、分度值为 0.02 mm 的游标卡尺以及控温精度在 ±2 ℃ 以内的保温装置。摆锤式简支梁冲击实验机的各组成部分和规格应满足的要求如下。

(1)实验机总的能量损耗小于总能量的 1%,摆锤能量有 7.5 J、4 J、1 J、0.5 J 4 种。

(2)摆锤的冲击刀刃应是锥形,其夹角为 30°±1°,刀缘的半径为 2 mm±0.5 mm,刀刃应通过试样支撑点的中心线,其偏差在 ±0.2 mm 以内。

(3)支座的角度规定为 75°,端部半径为 1 mm,支座跨距可调;当摆锤垂直时,刀刃与试样打击面为线接触,其接触线应与试样纵轴垂直平分线重合,夹角不大于 ±2°;刀刃中点与试样打击面中点重合,摆锤摆动面应垂直于试样的轴线。

(4)摆锤刀、支座和试样三者关系如图 2.22 所示。

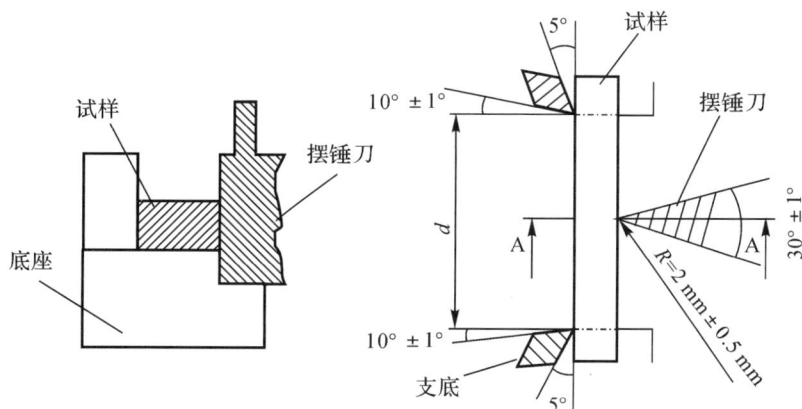

图 2.22　摆锤刀、支座和试样的相互关系

2.9.3　测试方法

简支梁法测试复合推进剂抗冲击强度的实验中温度通常可分为高温、低温和常温 3 个条件(如有特殊要求时,应按要求选择实验温度)。保温时间的选择:当试样厚度不大于 4 mm 时,保温 0.5 h;当试样厚度大于 4 mm 时,保温 1 h。支座跨距应根据试样的尺寸按表 2.5 选定,而摆锤的能量在 7.5 J、4 J、1 J、0.5 J 中选定,使实验结果在选定的摆锤能量的

10%～85%范围内,每组 5 个有效试样。

试样的形状如图 2.23 所示,试样的尺寸见表 2.5。复合固体推进剂长度试样厚度小于 4 mm 的,长度和宽度按表 2.5 中试样 1 的要求,所测得的数据只作参考。对于浇注成型的推进剂样品,轴向取样,按表 2.5 中试样 2 的尺寸制备。对于非标准尺寸试样,可按要求截取规定长度。试样表面应平整,不允许有气泡、裂纹、分层、杂质和加工损伤等缺陷。加工好的试样应放在干燥器内,并在室温下存放不少于 12 h。

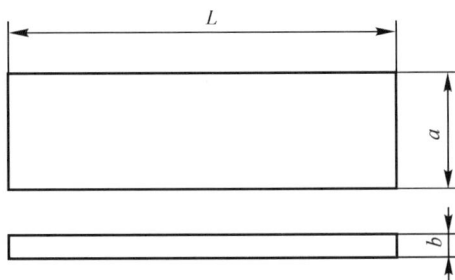

图 2.23　试样尺寸

表 2.5　试样尺寸和支座跨距　　　　　　　(单位:mm)

试样类型	试样长度(L)		试样宽度(a)		试样厚度(b)		支座跨距(d)
	基本尺寸	极限偏差	基本尺寸	极限偏差	基本尺寸	极限偏差	
试样 1	60	±2	6	±0.3	4	±0.3	40
试样 2	120		10	±0.5	10	±0.5	70

1. 测试步骤

待测试的复合固体推进剂试样中心位置的厚度和宽度精确至 0.02 mm,计算其横截面积。将试样按要求进行保温,调节实验机底座水平和支座跨距,在支座上划出放置试样的限位线,进行空白实验时,使指针指零,每做完一组实验检查一次零点。预估试样断裂时所需能量,选择摆锤大小,戴手套将保温好的试样取出,迅速放在实验机的支座上进行实验,放置试样时,端面对准限位线宽面应紧贴支座垂直支撑面,实验时间不应超过 10 s。小心释放摆锤,从度盘上读取试样断裂所消耗的冲击能。最后凡出现破裂在试样中间(1/3 试样长度)部位以外、断口部位有杂质、气孔等缺陷或实验时间超过 10 s,实验结果作废并补做实验。

2. 数据处理

实验完成后,试样的抗冲击强度的进行计算公式为

$$\alpha_{nk} = \frac{A_{nk}}{ab} \times 10^3 \tag{2.31}$$

式中:α_{nk} 为抗冲击强度,kJ·m^{-2};A_{nk} 为试样断裂所消耗的冲击能,J;a 为试样中部 1/3 试样长度段的宽度,mm;b 为试样中部 1/3 试样长度段的厚度,mm。

每份试样平行测定 5 个结果,有效结果不少于 4 个,取其平均值,实验结果应保留 3 位

有效数字。试样的抗冲击强度实验以抗冲击强度的平均值、标准偏差报出结果,当试样出现部分或全部不断裂时,应加以说明。

参 考 文 献

［1］　航天工业部七○八所.复合固体推进剂单向拉伸试验方法:QJ 924—1985［S］.北京:中国航天标准化研究所,1985.

［2］　中国兵器工业标准化研究所.火药试验方法:GJB 770B—2005［S］.北京:国防科工委军标出版发行部,2005.

［3］　WANG Z J,QIANG H F,WANG G,et al. A new test method to obtain biaxial tensile behaviors of solid propellant at high strain rates［J］. Iranian Polymer Journal,2016,25(6):515 – 524.

［4］　王广,代李菀,王学仁,等.复合固体推进剂双轴拉伸试验件研究进展［J］.火箭军工程大学学报(自然科学版),2020,34(4):93 – 100.

［5］　WANG Q Z,WANG G,WANG Z J,et al. Biaxial tensile test and meso damage numerical simulation of HTPB propellant［J］. Scientific Reports,2022,12(1):17635.

［6］　MONVY A,CASTRO O,BERGGREEN C. Cruciform specimen designs for planar biaxial fatigue testing in composites ［C］//22nd International Conference on Composite Materials ［S. l. ］:ICCM,2019:4480 – 4487.

［7］　RANJAN R,MURTHY H,BHOWMIK D,et al. Behaviour of composite solid propellant under biaxial tensile loading［J］. Polymer Testing,2023,124:108054.

第3章 安全性能测试

3.1 热感度:5 s延滞期爆发点测试

3.1.1 测试原理

复合固体推进剂在受到热作用时,不会立即发生燃烧或爆炸反应,而是逐渐升温至环境温度,在此过程中伴随着推进剂的热分解反应,会导致体系热量积累升高,热加速现象显著,最终造成燃烧或爆炸。推进剂在热作用下发生燃烧或爆炸的难易程度称为热感度,测定热感度的经典方法是爆发点法。

爆发点是指推进剂在一定条件下的指定时间内,由于加热作用而发生燃烧或爆炸的最低温度,而试样开始受热到发生燃烧或爆炸所经历的时间称为延滞期,常采用5 s延滞期爆发点表征推进剂的热感度。推进剂的5 s延滞期爆发点越低,其热感度越高,其具体操作:在一定实验条件下,对定量推进剂试样进行加热,经过一定延滞期后推进剂会发生燃烧或爆炸,根据爆发延滞期与爆发温度的关系式可求出试样5 s延滞期的爆发点。

3.1.2 测试装置及材料

复合固体推进剂5 s延滞期爆发点测试实验所要用的仪器设备主要包括伍德合金浴、小型油压机、真空烘箱等,图3.1所示为实验装置示意图,各组成部分及规格如下。

(1)伍德合金:凝固点为70~72 ℃。

(2)雷管壳:采用8号平底铝(或铜)雷管壳,长度为$60_{-0.15}$ mm,外径为$6.60^{+0.03}_{-0.05}$ mm,内径为6.10 mm±0.03 mm,端厚为0.75 mm±0.007 mm。

(3)黄铜塞:铜塞表面应光滑,无锈蚀、变形及明显划痕,其具体尺寸如图3.2所示。

(4)伍德合金浴:采用电阻丝加热,功率为800~1 000 W,适用温度测量范围为80~400 ℃,控温精度为±1 ℃,伍德合金质量不少于5 kg。

(5)控温仪器:15~400 ℃,控温精度为±1 ℃。

(6)测温仪器:15~400 ℃,控温精度为±1 ℃。

(7)计时仪:量程不小于1 000 s,分度值为0.01 s。

(8)小型油压机:0.5 t,压力表分度值为0.05 MPa。

(9)天平:分度值为0.001 g。

(10)真空烘箱:温度范围为15~150 ℃,控温精度为±1 ℃。

(11)夹子:竹制试管夹。

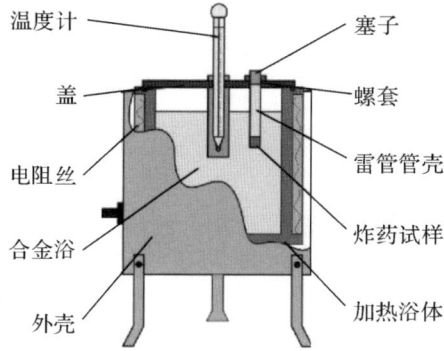

5 s 爆发点实验装置

图 3.1　5 s 延滞期爆发点实验装置示意图

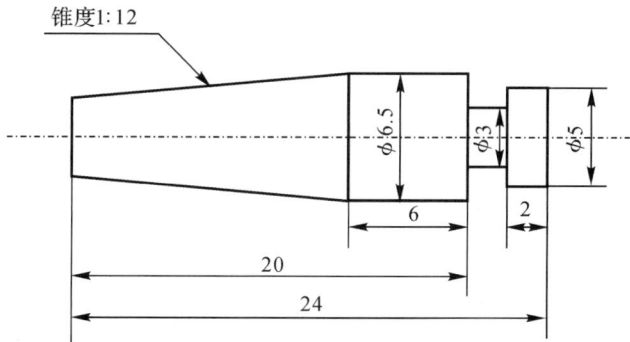

图 3.2　黄铜塞尺寸图(单位:mm)

3.1.3　测试方法

1.实验准备

复合固体推进剂需预先粉碎,选取 1～3 mm 的颗粒作为试样,随后称取一定质量的试样置于温度为 55 ℃±2 ℃,真空压力为 9～12 kPa 的烘箱中烘干 2 h,以去除水分,最后放置在装有硅胶的干燥器中,冷却至室温备用。准备 30 支雷管壳,每支雷管壳中装入 45 mg±5 mg 的推进剂试样,将雷管壳塞上黄铜塞,并采用小型油压机加压 0.15 MPa 进行密封处理。

2.试样爆发点预测

新研制的推进剂在进行实验前应先进行爆发点预测,其操作步骤:调节加热温度,待伍德合金浴受热熔化后,用夹子将试样放入伍德合金浴中,以 3～5 ℃/min 的加热速率持续升温,记录试样发生爆炸的温度,重复 3～5 次可预测出试样的爆发温度。

3.实验步骤

选择高于试样预测爆发温度 40～50 ℃的某一温度,控制伍德合金浴温度达到此值并保持恒温,将装有推进剂的试件插入加热介质中,插入深度为 30 mm。在试样发生爆炸后,记录试件插入加热介质到发生爆炸的时间(爆发延滞期)和温度。随后将伍德合金浴温度升高或降低 5~10 ℃进行恒温,重复上述操作,复合固体推进剂试样在 2~20 s 的爆发延滞期内应至少选择 4~5 个温度点进行实验。

4. 数据处理

爆发延滞期 t 与爆发温度 T 的关系式及其对数形式为

$$t = C e^{\frac{E_a}{R_0 T}} \tag{3.1}$$

$$\ln t = \frac{E_a}{R_0 T} + \ln C \tag{3.2}$$

式(3.1)和式(3.2)中:t 为爆发延滞期,s;C 为与试样成分有关的常数;E_a 为试样的表观活化能,$J \cdot mol^{-1}$;R_0 为普适气体常数,$8.314\ J \cdot mol^{-1} \cdot K^{-1}$;$T$ 为爆发温度,K。

根据实验数据,按照式(3.1)和式(3.2),用最小二乘法求出试样的爆发点,所得结果表示至整数位。

3.2 热感度:局部热感度测试

3.2.1 测试原理

局部热感度用来表征复合固体推进剂试样在局部热源作用下发生燃烧或爆炸的难易程度,将高温钢珠坠落于盛有试样的试样池中,测定从钢珠加热试样到其发生燃烧或爆炸的延滞时间作为试样的局部热感度。

3.2.2 测试装置及材料

复合固体推进剂热感度测试实验所用到的仪器主要为加热炉、燃烧室等。复合固体推进剂局部热感度实验装置如图 3.3 所示,各组分规格应满足以下条件。

(1)加热炉:上限温度不低于 800 ℃,精度为±2 ℃。

(2)燃烧室:材料为不锈钢,规格为 $\Phi 600\ mm \times 600\ mm \times 300\ mm$,具有视窗和通风装置。

(3)试样池:材料为不锈钢。

(4)托盘:材料为不锈钢,托盘位于燃烧室底部中心。

(5)钢珠:材料为不锈钢,规格为 $\Phi 6.0\ mm$,实心,钢珠距试样池底部为 420 mm。

(6)光电管:工作电压为 15 V,暗电流小于 30 nA,灵敏度为 0.5 $\mu A \cdot \mu W^{-1}$,上升时间为 50 ns,下降时间为 50 ns,光电流不小于 $50\mu A$,光敏区面积为 3.0 mm×3.0 mm。光电管位于燃烧室侧壁垂直中心线上,距燃烧室底面为 90 mm,距托盘中心的水平距离为 300 mm。

(7)计时仪:精度优于 1 ms。

(8)温度测试仪:量程为 0~1 000 ℃,精度优于 1 ℃。

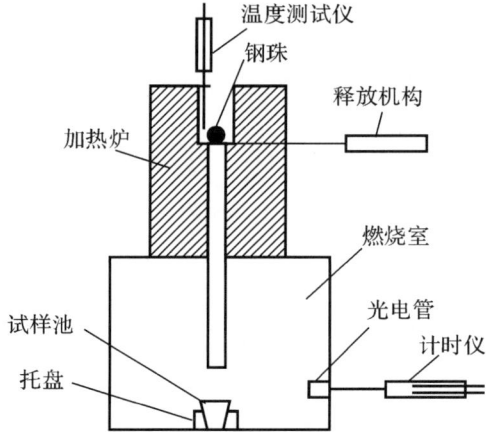

图 3.3 复合固体推进剂局部热感度实验装置示意图

3.2.3 测试方法

1.试样制备

将复合固体推进剂方坯切制成直径为 18.08 mm、厚度为 1.2 mm±0.1 mm 的试样,放入试样池中并置于干燥器中备用,复合固体推进剂试样的质量要求遵循《复合固体推进剂性能测试用试样》(QJ 1113—1987)。当对未固化药浆进行测试时,将样品填充至试样池中,厚度为 1.0 mm,材料表面应平整,放入干燥器中备用。对于推进剂用固相填料,称取 1.0 g±0.1 g 置于试样池中,轻轻振动使之平整地铺满试样池底部,放入干燥器中备用。

2.实验步骤

启动加热装置,使炉温稳定在 720 ℃±2 ℃;将盛有试样的试样池置于燃烧室内的托盘上,关闭燃烧室视窗,防止燃烧物喷出。将清洗干净的钢珠(仅能使用一次)放入加热炉中,待钢珠温度达到 720 ℃±2 ℃且稳定 1 min 后,使其自动坠落至试样池中,同时启动计时仪计时。试样点燃后,光电管触发,计时停止,记录点火延滞时间 t_d,每组试样进行 5 次实验。实验过程中,应采用镊子放置、取出试样池,以防止烫伤。实验结束后,若实验结果中存在可疑值,则应首先查明原因:若确认是操作失误或实验条件不符所致,则应进行剔除,然后补充相应次数的实验,否则,采用格拉布斯(Grubbs)检验法(见附录 A)进行检验;若检验后存在异常值,则最多可补充两次实验;若补充实验后仍然存在异常值,则该组实验结果作废,应重新进行实验。实验结果的变异系数 C_s 应不大于 15%,否则,应重新进行实验。

3.数据处理

平均点火延滞时间 $\bar{t}_d$ 为

$$\bar{t}_d = \frac{1}{n} \sum_{i=1}^{n} t_{d(i)} - \sqrt{\frac{2}{g} \frac{h_0}{1\ 000}} \tag{3.3}$$

标准差 S 为

$$S = \sqrt{\frac{1}{n-1} \sum_{i=1}^{n} \left[\bar{t}_d - t_{d(i)} \right]^2} \qquad (3.4)$$

变异系数 C_s 按下式计算

$$C_s = \frac{S}{\bar{t}_d} \times 100\% \qquad (3.5)$$

式(3.3)~式(3.5)中: $\bar{t}_d$ 为平均点火延滞时间,s; i 为试样个数($i=1,2,3,4,5$); $t_{d(i)}$ 为第 i 个试样的点火延滞时间,s; h_0 为钢珠从加热炉中自由落体至试样池的距离,mm; g 为重力加速度,9.8 m·s^{-2}; S 为标准差,s; C_s 为变异系数; n 为试验次数。

采用标准试样进行系统校准。标准试样的平均点火延滞时间 $\bar{t}_d$ 应在 0.450 0~0.500 0 s 范围内,标准差 S 应不大于 0.035 s,变异系数 C_s 应不大于 8%。

3.3　火焰感度:点火延滞期测试

3.3.1　测试原理

火焰感度反映的是在一定面积的含能材料表面受到瞬时很高温度和压力的火焰及质点作用后发生燃烧或爆炸的难易程度。就一般条件下的规律而言,发火点较低的含能材料火焰感度较敏感。但是发火点主要与含能材料的成分有关,此外与含能材料的粒度、密度等工艺因素关系也密切。因此,测定不同组分、不同工艺条件下的含能材料火焰感度的高低,对评价含能材料性能的优劣具有重要的实际意义。

对于复合固体推进剂试样,其火焰感度可以通过点火延滞期测试方法获得,通常在定温火焰加热条件下,测定试样从开始加热到发生燃烧或爆炸的延滞时间作为试样的火焰感度。

3.3.2　测试装置及材料

复合固体推进剂火焰感度测试装置主要由计时仪、温度测试仪、火焰喷头、送样机构、托盘、托架、试样池、衡器、游标卡尺、液化石油气、光电管和燃烧室等构成,各组成规格应满足以下条件。

(1)燃烧室:材料为不锈钢,规格为 400 mm×400 mm×300 mm,具有视窗和通风装置。

(2)火焰喷头:材料为不锈钢,内径为 5.0 mm,位于燃烧室底部中心。

(3)送样机构:送样速度不小于 30 mm·s^{-1},具有防翻转功能。

(4)托盘、托架和试样池:材料均为不锈钢,试样池安装于托架上,托架放置于托盘上,托盘位于送样机构中。

(5)光电管:工作电压为 15 V,灵敏度为 0.5 μA·μW^{-1},上升时间为 50 ns,下降时间为 50 ns,光电流不小于 50 μA,光敏区面积为 3.0 mm×3.0 mm。光电管位于燃烧室侧壁垂直中心线上,距燃烧室底面为 50 mm,距火焰中心的水平距离为 200 mm。

(6)计时仪:精度优于 1 ms。

(7)温度测试仪:量程为 0~1 000 ℃,精度优于 1 ℃。

(8)衡器:分度值为 0.01 g。

(9)游标卡尺:分度值为 0.02 mm。

(10)液化石油气:应符合《液化石油气》(GB 11174—2011)的规定。气瓶表压不低于 0.098 MPa,输出表压不低于 0.04 MPa。

复合固体推进剂火焰感度实验装置示意图如图 3.4 所示。

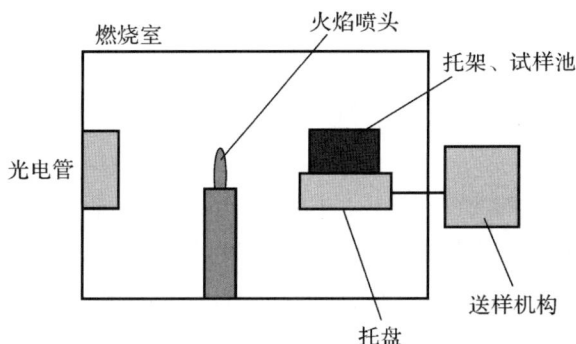

图 3.4　复合固体推进剂火焰感度实验装置示意图

3.3.3　测试方法

1.试样制备

将复合固体推进剂方坯切制成尺寸为 5.0 mm×5.0 mm×22.0 mm 的试样,放入干燥器中备用。若为未固化药浆,则应填充至试样池中,并保证表面平整且充满试样池,放入干燥器中备用。若为推进剂用固相填料,则应将其填充至试样池中压平且充满试样池,放入干燥器中备用。

2.实验步骤

采用温度测试仪测试火焰顶点温度,5 次测试结果均应在 38~48 ℃范围内。复合固体推进剂试样直接装于托架上,复合固体推进剂按要求填充至试样池中,然后安装于托架上,并将装有试样的托架置于送样机构的托盘中,试样托架缺口应垂直朝向光电管。试样表面与光电管中心处于同一水平面,试样中心应与火焰顶点同心。试样安装后,关闭燃烧室视窗防止燃烧物喷出,待火焰温度稳定,通过送样机构使试样表面与火焰顶点接触,同时启动计时仪计时。点燃试样触发光电管,计时停止,记录点火延滞时间 t_d。每组试样进行 5 次实验。

实验过程中,应采用镊子放置、取出试样托架,以防止烫伤。实验结束后,若实验结果中存在可疑值,则应首先查明原因:若确认是操作失误或实验条件不符所致,则应进行剔除,然后补充相应次数的实验,否则,按附录 B(数据的统计处理和解释　正态样本离群值的判断和处理)进行处理,采用格拉布斯(Grubbs)检验法进行检验;若检验后存在异常值,则最多可补充两次实验;若补充实验后仍然存在异常值,则该组实验结果作废,应重新进行实验。实验结果的变异系数 C_s 应不大于10%,否则,应重新进行实验。

3. 数据处理

平均点火延滞时间 $\bar{t}_d$ 为

$$\bar{t}_d = \frac{1}{n}\sum_{i=1}^{n}t_{d(i)} \tag{3.6}$$

标准差 S 为

$$S = \sqrt{\frac{1}{n-1}\sum_{i=1}^{n}\left[\bar{t}_d - t_{d(i)}\right]^2} \tag{3.7}$$

变异系数 C_s 为

$$C_s = \frac{S}{\bar{t}_d}\times 100\% \tag{3.8}$$

式(3.6)~式(3.8)中: $\bar{t}_d$ 为平均点火延滞时间,s; i 为试样个数($i=1,2,3,4,5$); $t_{d(i)}$ 为第 i 个试样的点火延滞时间,s; S 为标准差,s; C_s 为变异系数; n 为试验次数。

采用标准试样进行系统校准,标准试样的平均点火延滞时间 $\bar{t}_d$ 应在 0.200 0~0.230 0 s 范围内,标准差 S 应不大于 0.01 s,变异系数 C_s 应不大于 5%。

3.4　撞击感度:落锤法

3.4.1　测试原理

撞击感度指在机械撞击作用下,含能材料燃烧或爆炸的难易程度,用以表征其在装药工艺、吊装运输过程及各种复杂环境中的安全性。撞击感度一般通过落锤法进行测定,测定时以自由落体撞击复合推进剂或其他含能材料,观察其受撞击后的反应。撞击感度通常用爆炸百分数和特性落高表示,爆炸百分数是指在一组(25发)试验中,试样发生爆炸(或燃烧)的百分数;特性落高(发生50%爆炸的落高)一般由升降法确定。

3.4.2　测试装置及材料

复合固体推进剂撞击感度的实验装置主要由撞击装置和其他辅助工具组成。撞击装置由击柱、击柱套和底座组成,如图3.5所示。其他各组分规格应满足以下条件。

(1)水烘箱:控温精度为±2 ℃。

(2)天平:分度值为 0.1 mg。

(3)切片机:厚度为 0.1~25 mm 且可调。

(4)退柱器一台。

(5)干燥器、称量瓶数个。

(6)游标卡尺:精度为 0.02 mm。

(7)超声波洗涤器一台。

(8)打孔器:Φ8 mm。

(8)标准特屈儿:JBWY 45901(特屈儿感度标准物质)。

(10)标准黑索金:JBWY 45902(黑索金感度标准物质)。

(11)无水乙醇:《化学试剂　乙醇(无水乙醇)》(GB/T 678—2002)。

(12)脱脂棉[《光学零件清洁用脱脂棉规范》(WJ/T 408—2014)]和细纱布。

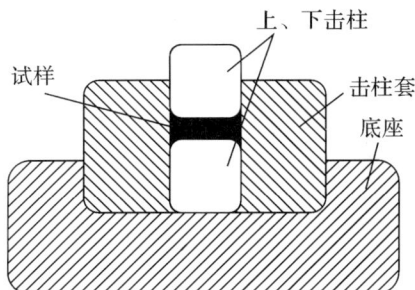

图 3.5　撞击装置示意图

3.4.3　测试方法

1. 实验方法

实验采用勃罗西登升降法测定特性落高 H_{50},再根据落锤质量计算 50% 爆发的撞击能 I_{50}。升降法的落高 H 以厘米计,其对数值为 y,实验步长 Δy 一般取 0.05。落高升降的对数值见表 3.1,有效实验数不少于 25 发,当使用 5 kg 锤时初始落高在 63.0 cm 处不发生爆发,应换 10 kg 落锤,重新实验;若在 19.9 cm 处仍发生爆发,则应换 2 kg 落锤,重新实验;当使用 10 kg 落锤时,若在落高达 63.0 cm 处不爆发,则停止采用升降法,以固定落高 50.0 cm,实验 25 发,求得爆发百分数。

表 3.1　落高对数值对照表

H/cm	8.89	9.98	11.2	12.6	14.1	15.8	17.7	19.9	22.3	25.1
y	0.949	0.999	1.049	1.099	1.149	1.199	1.249	1.299	1.349	1.399
H/cm	28.1	31.6	35.4	39.7	44.6	50.0	56.1	63.0	70.6	79.3
y	1.449	1.499	1.549	1.599	1.649	1.699	1.749	1.799	1.849	1.899

2. 实验步骤

检查落锤仪和撞击装置,擦去导轨的灰尘和污物,涂抹润滑油,已洗净的撞击装置各部分用脱脂棉或细纱布擦干后将击柱套放入底座内,最后将下击柱放入击柱套内。两者配合的要求:击柱能靠自重下落至击柱套底部,将标准药装入撞击装置的下击柱端面,轻轻放入上击柱,旋转上击柱 1～2 周,使标准药均匀分布在两个击柱的端面之间,将装好试样的撞击装置小心地放入落锤仪的撞击钢砧上,确定起始点,以增加一个 Δy(0.05)试样爆发、减小一个 Δy(0.05)试样不发的落高处作为升降法实验的起始点 y_0。从起始点开始,进行 25 发实验。若试样出现爆发,则下一发实验落高降低一个 Δy;若试样不爆发,则下一发实验落高提高一个 Δy;爆发记作"0",不爆发记作"×"。

25 发实验中,首、尾两发的符号应与相邻的符号相反,否则,增加实验发数。爆发与不爆发的判据:实验中发生分解、燃烧或爆炸现象之一者判为爆发,否则,判为不爆发;分解包括试样变色、有气味、有气体产物等;燃烧包括试样冒烟、有痕迹、有一定声响、有火花,爆炸包括冒烟、有痕迹、声响明显等。

3. 数据处理

统计各实验对数落高下的爆发数 $n_i(0)$ 与不爆发数 $n_i(\times)$,并得到爆发总数 $N(0)=\sum n_i(0)$ 与不爆发总数 $N(\times)=\sum n_i(\times)$;选取 $N(0)$ 与 $N(\times)$ 中较小者进行计算,若 $N(0)=N(\times)$,则可任意选取进行计算;将实验对数落高 $Y_j=Y_0+j\Delta y$ 递增排列,令 $j=0,1,2$,计算 $jn_i(0)$ 或 $jn_i(\times)$ 及 $j^2n_i(0)$ 或 $j^2n_i(\times)$ 值,并累计得到和式 $A=\sum jn_i(0)$ 或 $A=\sum jn_i(\times)$ 及 $B=\sum j^2n_i(0)$ 或 $B=\sum j^2n_i(\times)$,对数特性落高的计算公式如下:

$$y_{50}=y_0+\left(\frac{A}{N}\pm\frac{1}{2}\right)\Delta y \tag{3.9}$$

式中:y_{50} 为 50%爆发特性落高对数值;y_0 为实验最低落高对数值;Δy 为实验步长对数值(0.05);N 为 $N(0)$ 与 $N(\times)$ 中的较小者。实验结果精确至小数点后第 2 位。符号选取原则为按 $N(0)$ 计算取"-"号;按 $N(\times)$ 计算取"+"号。

特性落高为

$$H_{50}=10^{y_{50}} \tag{3.10}$$

标准偏差 σ(对数值)为

$$\sigma=S\Delta y \tag{3.11}$$

式中:S 由 M 值决定。M 值的计算公式为

$$M=\frac{NB-A^2}{N^2} \tag{3.12}$$

当 $M>0.3$ 时,S 值为

$$S=1.620(M+0.029) \tag{3.13}$$

当 $M\leqslant0.3$ 时,由表 3.2 按 M 和 b 选出 S 值。

表 3.2 $M\leqslant0.3$ 时,M 和 b 对应的 S 值

M	b					
	0.0	0.1	0.2	0.3	0.4	0.5
0.15	k	0.111	0.222	0.309	0.347	0.358
0.16	k	0.119	0.237	0.322	0.358	0.368
0.17	k	0.128	0.254	0.336	0.369	0.378
0.18	k	0.139	0.273	0.350	0.380	0.388
0.19	k	0.152	0.294	0.363	0.391	0.399

M	b					
	0.0	0.1	0.2	0.3	0.4	0.5
0.20	k	0.168	0.316	0.377	0.402	0.410
0.21	k	0.191	0.339	0.392	0.414	0.421
0.22	k	0.223	0.361	0.406	0.426	0.432
0.23	k	0.272	0.383	0.421	0.438	0.443
0.24	k	0.333	0.405	0.436	0.451	0.455
0.25	0.173	0.379	0.425	0.451	0.464	0.468
0.26	0.388	0.415	0.446	0.466	0.477	0.480
0.27	0.430	0.444	0.465	0.481	0.490	0.493
0.28	0.461	0.469	0.484	0.496	0.504	0.506
0.29	0.487	0.492	0.503	0.512	0.518	0.520
0.30	0.510	0.514	0.521	0.528	0.533	0.534

注: b 值由 b' 值确定, b' 值为 $Am \times A/N - 0.5m$, 计算结果保留 1 位小数。当 $b' \leqslant 0.5$ 时, $b = b'$; $b' > 0.5$ 时, $b = 1 - b'$。

实验标准偏差 σ (对数值) 应在 $\Delta y/2 \sim 2\Delta y$, 即 $0.025 \sim 0.10$ 范围内。

50% 爆发撞击能的计算公式为

$$I_{50} = H_{50} mg \tag{3.14}$$

式中: I_{50} 为 50% 爆发的撞击能, J; H_{50} 为 50% 爆发的特性落高, m; m 为落锤质量, kg; g 为重力加速度, $9.8\ \mathrm{m \cdot s^{-2}}$。

3.5　摩擦感度:摩擦摆法

3.5.1　测试原理

摩擦感度是指复合固体推进剂和火工品等含能原材料在摩擦作用下, 发生分解燃烧或爆轰的难易程度, 用以表征推进剂及含能原材料在加工、制造、贮存和使用过程中的安全性。测定摩擦感度的装置有多种类型, 我国常采用摩擦摆法测定摩擦感度。

实验中, 将定量的被测试样限制在两个表面光滑的滑柱间, 从一定角度释放一定质量的摆锤, 通过击杆, 从摩擦装置滑柱的侧面撞击滑柱, 使其下面的被测试样经受滑动摩擦作用, 观察其发火情况, 计算发火概率, 作为试样的摩擦感度。

3.5.2　测试装置及材料

复合固体推进剂摩擦感度实验主要装置为摆式摩擦感度仪及其压力控制台等, 各组成部分规格应满足以下条件。

(1)天平:最大称量为 200 g,分度值为 0.000 1 g。

(2)水浴(或油浴)烘箱:控温精度为±2 ℃。

(3)水平仪:一级。

(4)压力表:量程为 0~6 MPa,0.4 级。

(5)游标卡尺:分度值为 0.02 mm。

(6)工业酒精:《工业酒精》(GB/T 394.1—2008)。

(7)丙酮:《化学试剂 丙酮》(GB/T 686—2008)。

(8)汽油:航空汽油或不含金属离子的工业汽油。

(9)绸布。

(10)脱脂棉。

(11)20 号或 30 号液压油。

3.5.3 测试方法

1. 测试步骤

将摆锤抬升到选定的角度,将一发未装试样的空载摩擦装置装入摩擦感度仪的爆炸室内,接通开关,调节实验选定的压力后再依次关闭加载开关和油泵开关,打开卸载开关,对仪器卸压,取出空载导向套,使控制台的压力旋扭固定在实验压力上。将装有导向套的摩擦装置装入摩擦感度仪的爆炸室内,关好防护罩;加压后将实验用击杆推到位,顶住上滑柱的侧面,释放摆锤,打击击杆,观察试样发火情况,并做好记录。抬起摆锤到原定位置,并挂牢,同时将击杆从导向孔内推出 2 cm。将摩擦感度仪卸压,取出摩擦装置,并擦拭干净,瞎火的试样倒入废药杯。若爆炸室或上顶柱上有残留物,则应及时用蘸有少许工业酒精的脱脂棉球擦拭,并用干棉球擦干净。重复以上操作,直至完成 25 发试样实验。

2. 试样发火与瞎火判别原则

实验发火包括全爆、半爆、燃烧和分解,其判别原则如下。

(1)全爆:有明显的爆炸声、冒烟、有火光、试样爆炸完全,滑柱面留有爆炸物残渣。

(2)半爆:有爆炸声、冒烟、有火光,试样盂内有爆炸物残渣和少量的试样。

(3)燃烧:有火焰、冒烟、试样燃烧完全或不完全,试样盂内有燃烧物残渣。

(4)分解:试样变色、有气味、有气体产物。

实验瞎火包括实验中无爆炸声、无火光、不冒烟。

3. 数据处理

25 发实验中试样爆炸的概率为

$$P_E = \frac{X}{25} \times 100\% \tag{3.15}$$

式中:P_E 为 25 发实验中试样爆炸概率,%;X 为 25 发实验中试样产生爆炸的次数。

对于两组实验结果,只要其中一组实验的计算结果落在另一组实验结果的置信区间内,就判定这两组实验结果可信。计算两组实验结果的算术平均值,作为实验结果。

3.6　爆轰波感度:卡片实验

3.6.1　测试原理

爆轰波感度指含能材料对起爆药爆轰产生的爆轰波能量的敏感程度,通常用最小起爆药量来表示,即在一定实验条件下,能引起所实验的含能材料完全爆轰所需要的最小起爆药量。最小起爆药量越小,表明含能材料对起爆药的爆轰波敏感度越大,反之,则表明含能材料对起爆药的爆轰波敏感度越小。因此,该指标对含能材料的安全贮存和运输有着重要意义。

复合固体推进剂的爆轰波感度通常采用卡片实验(又称隔板实验)进行测试,在该实验中,采用雷管引爆主发药柱,使其产生的冲击波通过卡片衰减后作用于复合固体推进剂试样,根据验证板的穿孔情况判断复合固体推进剂试样爆轰与否,采用 50% 爆轰的卡片厚度表征复合固体推进剂的爆轰波感度。

3.6.2　测试装置及材料

复合固体推进剂爆轰波感度卡片实验用到的仪器主要为电引爆器、雷管等。复合固体推进剂爆轰波感度实验装置示意图如图 3.6 所示,主要由以下各部分构成。

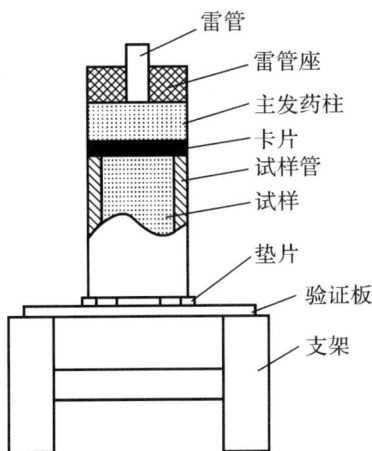

图 3.6　复合固体推进剂爆轰波感度实验装置示意图

(1)试样管:精拔 45 - Φ48×Φ37BK《冷拔或冷轧精密无缝钢管》(GB/T 3639—2000),长度为 139.7 mm±0.1 mm。

(2)验证板:材料为碳素结构钢 Q235 - A[《碳素结构钢》(GB/T700—2006)],规格为 152 mm×152 mm×10 mm。

(3)雷管:工业电雷管 8 号雷管[《工业电雷管》(GB 8031—2005)]。

(4)雷管座:材料为木质,规格为 50 mm×50 mm×20 mm,中心为 Φ8 mm 通孔。

(5)卡片:材料为醋酸纤维素,规格为 Φ50.80 mm×0.19 mm,外观无皱折、凹缘和裂纹。

（6）主发药柱：彭特里特炸药（TNT∶PETN＝1∶1），铸装，规格为 Φ50.8 mm×50.8 mm，密度为 1.600 g·cm^{-3}±0.005 g·cm^{-3}。

（7）支架：材料为木质，规格为 170 mm×170 mm×150 mm。

（8）垫片：聚四氟乙烯或类似材料，规格为 15.2 mm×15.2 mm×1.6 mm。

（9）电引爆器：电压不小于 2 000 V。

（10）水平器：分度值为 0.02 mm·m^{-1}。

（11）游标卡尺：分度值为 0.02 mm。

3.6.3 测试方法

1. 试样制备

将复合固体推进剂药浆真空浇注至试样管中（不少于 12 个），在规定的工艺条件下固化成型。固化后的推进剂试样不应含有气孔或裂纹等。

2. 实验步骤

先将验证板置于支架上，通过水平器调节验证板水平。在验证板上放置 4 个垫片，垫片以 90°均布在 Φ42 mm 的圆周上，圆心位于验证板中心。自下而上，将复合固体推进剂试样、卡片、主发药柱、雷管座逐次放置在验证板上，通过垫片使验证板与试样管之间形成 1.6 mm 的空气间隙。确认各个部件同心后插入雷管。检查无误后，连接雷管引线和点火线，撤离至安全隐蔽处，将点火线连接至电引爆器。进行两次无卡片实验，若复合固体推进剂试样均未发生爆轰，则停止实验；否则，根据验证板的破坏程度估计复合固体推进剂试样50%爆轰的卡片厚度 L（一般情况下可选择 $L=12$ mm）。若复合固体推进剂试样在卡片厚度 L 时发生爆轰，则将卡片厚度加倍继续进行实验，直至复合固体推进剂试样不发生爆轰；若复合固体推进剂试样未发生爆轰，则将卡片厚度减少一半继续进行实验，直至复合固体推进剂试样发生爆轰。当相邻两次实验出现相反结果时，取其卡片厚度的平均值进行实验，直至两次相反实验结果的卡片厚度之差小于或等于 0.76 mm（约 4 片），停止实验，记录复合固体推进剂试样发生爆轰的最大卡片厚度 L_{max} 和未发生爆轰的最小卡片厚度 L_{min}。若验证板出现与试样管直径相当的清晰圆孔，则判定为"爆轰"；否则，判定为"未爆轰"。

3. 数据处理

复合固体推进剂试样发生 50%爆轰的卡片厚度按下式计算：

$$L_{50}=\frac{L_{max}+L_{min}}{2} \qquad (3.16)$$

式中：L_{50} 为复合固体推进剂试样发生 50%爆轰的卡片厚度，mm；L_{max} 为复合固体推进剂试样发生爆轰的最大卡片厚度，mm；L_{min} 为复合固体推进剂试样未发生爆轰的最小卡片厚度，mm。

3.7 枪击感度：7.62 mm 步枪法

3.7.1 测试原理

现代战场环境复杂多变，武器系统的生存条件较差，推进剂装药在运输及使用过程中可能遭遇枪弹或破片等高速抛射体的碰撞或摩擦。这种异常环境的刺激作用不仅会对武器系统作战效能的稳定发挥构成巨大威胁,甚至会引发推进剂意外燃烧或爆炸事故。枪击实验是评价推进剂受到子弹或金属破片高速撞击环境下安全性的重要方法。

复合固体推进剂常采用 7.62 mm 步枪法表征其枪击感度,其原理如下:用规定形式的步枪与枪弹射击置于一定距离的推进剂试样,在枪弹的高速撞击及摩擦等因素作用下,机械能迅速转化为热能,推进剂受热可能会发生热分解甚至点火、燃烧和爆炸反应。通过观测和计算试样发生燃烧、爆炸的概率,可得到推进剂的枪击感度。

3.7.2　测试装置及材料

复合固体推进剂枪击感度采用 56 式 7.62 mm 半自动步枪或性能相当的步枪进行枪击实验,各组件规格应满足以下条件。

(1)实验用枪:56 式 7.62 mm 半自动步枪或性能相当的步枪。

(2)实验用枪弹:56 式 7.62 mm 半自动步枪普通弹。

(3)木槽:木槽及其圆弧用于放置推进剂药柱试样使其稳固不转动,按照需求自行加工。

(4)防护装置或掩体:能防护爆炸产生的冲击波等对人体的不良影响或伤害,根据实验场地情况自行设计、加工。

(5)精密脉冲声级计:频率范围为 0.020~18 kHz,频响为 ±0.5 dB。

(6)其他用品:牛皮纸、塑料管、绝缘胶布带。

3.7.3　测试方法

1.试样制备

推进剂通常制为直径为 60 mm 的圆柱形试样,其高度不小于 1 倍直径。药柱不加外壳,若有需要,可设置纸质或塑料外壳,亦可在药柱侧面缠绕几层绝缘胶带。当样品直径过小时,可将数根药柱捆扎成较大尺寸的"药柱"试样。对于空心药柱,同样按上述尺寸制备试样,实验时采用侧面为射击面。每种实验样品应准备不少于 10 发药柱,并对试样进行编号。

将准备好的试样放置于木槽上进行固定,调节木槽与枪口间距为 25 m,保证药柱与枪口端面相齐平,且药柱端面正对枪口(空心药柱使其侧面正对枪口)。调节脉冲声级计的计权开关处于声压级位置,功能开关置于"脉冲保持"位置,量程为记录的枪声(试样不爆炸、不燃烧)声级靠近下限一端。将声级计与弹道呈 30° 放置,声级计距离枪口与地面距离分别为 10 m 和 1.2 m,并将传声器对准试样。

2.实验步骤

整个实验在无雨、无雪、无大风天气下进行。按步骤布置好测试装置后,将声级计读数归零,待人员撤离至安全区域后,解除步枪保险机构进行实验,并观察药柱是否被击中以及击中后发生的现象。若枪弹仅擦过药柱一角或外侧不能视为击中,则此时应继续进行射击实验。将观察到的实验现象及声级数据记录在表 3.3 中,并对现象特征进行判定。按照上述操作依次进行其他各发试样射击实验,实验完毕后及时清理实验用枪,记录射击发数与消耗枪弹数,并清理实验场地。

3.试样被击中情况判别原则

根据试样被击中后是否发生反应、反应特征和属项,可分为不燃不爆、局部燃烧、完全燃烧、局部爆炸和全爆 5 种情况,其判别原则如下。

a.不燃不爆:推进剂仅被穿透或破碎,无反应证据。

b_1.局部燃烧:出现发光、冒烟现象,推进剂发生部分燃烧,但可回收到部分未反应试样。

b_2.完全燃烧:推进剂反应完全,并进行激烈燃烧,无残存未反应试样。

c_1.局部爆炸:推进剂发生部分爆炸,但可回收到部分未反应试样。

c_2.全爆:推进剂爆轰或全部爆炸。

利用记录的声级数据作为辅助判据,结合观察到的实验现象,对试样是否发生燃烧和爆炸作出最后判断,以"＋"号表示该项现象特征并标记于表 3.3 内。

4.数据处理

根据判定规则,分别统计试样发生燃烧的总发数 X_1(b_1、b_2 两种现象特征之和)和试样发生爆炸的总发数 X_2(c_1、c_2 两种现象特征之和),并计算试样的燃烧概率及爆炸概率,计算结果精确至小数点后第 2 位,计算公式为

$$P_F = \frac{X_1}{10} \times 100\% \tag{3.17}$$

$$P_E = \frac{X_2}{10} \times 100\% \tag{3.18}$$

式中:P_F 为试样的燃烧概率,%;X_1 为发生燃烧的总发数;P_E 为试样的爆炸概率,%;X_2 为发生爆炸的总发数。

表 3.3 试验现象特征记录及结果统计表

试样编号	a 不燃不爆 仅被穿透或破碎,无反应证据	b_1 局部燃烧 发光,冒烟,部分燃烧,可回到部分未反应试样	b_2 完全燃烧 完全,激烈燃烧,无残存未反应试样	c_1 局部爆炸 部分爆炸,可回收到部分未反应试样	c_2 全爆 爆轰或全部爆炸	声级/dB
1						
2						
3						
4						
5						
6						
7						
8						

续表

试样编号	a 不燃不爆	b₁ 局部燃烧	b₂ 完全燃烧	c₁ 局部爆炸	c₂ 全爆	声级/dB
	仅被穿透或破碎,无反应证据	发光,冒烟,部分燃烧,可回到部分未反应试样	完全,激烈燃烧,无残存未反应试样	部分爆炸,可回收到部分未反应试样	爆轰或全部爆炸	
9						
10						
统计数		燃烧总发数 X_1		爆炸总发数 X_2		
燃烧概率						
爆炸概率						

实验结果应包含燃烧概率、爆炸概率及置信区间(置信水平 0.95),并注明试样的尺寸、成型方式及密度等特征,0.95 置信水平的置信区间可查表 3.4 得到。

表 3.4　n 为 10 时二项分布参数置信区间(置信水平 0.95)

发生概率 P	置信区间 $(P_1、P_M)$	发生概率 P	置信区间 $(P_1、P_M)$
0.00	(0.00,0.31)	0.60	(0.26,0.88)
0.10	(0.00,0.44)	0.70	(0.35,0.93)
0.20	(0.02,0.56)	0.80	(0.44,0.98)
0.30	(0.07,0.65)	0.90	(0.56,1.00)
0.40	(0.12,0.74)	1.00	(0.69,1.00)
0.50	(0.19,0.81)		

3.8　燃烧转爆轰实验:金属管法

3.8.1　测试原理

复合固体推进剂自身包含氧化剂和燃料,在成功点火后会进行规律性燃烧,而在燃烧过程中,当发动机内的能量积累持续大于能量释放或受到外界冲击波作用时,推进剂会发生异常起爆,此时推进剂由燃烧转变为爆轰形式进行能量释放,这种现象称为燃烧转爆轰(DDT)。DDT 是固体推进剂危险性能中的一项重要指标,开展 DDT 过程、规律及机理性研究对固体推进剂的燃烧性能调控及安全使用具有重要意义。

研究燃烧转爆轰的实验方法主要包含 DDT 管法和动态压缩法,其中 DDT 管法是研究推进剂燃烧转爆轰的最常用方法,而动态压缩法则用于 DDT 的机理研究。DDT 管法根据约束强度不同可分为金属管法和有机玻璃/塑料管法。金属管法一般采用厚壁金属,具有强度大、约束力强等优点,容易实现推进剂燃烧到爆轰的转变。有机玻璃/塑料管法由于采用透明物体作为管壁,其可视性较好,便于观察整个DDT过程燃烧波的传播规律,但其强度差、易变形,仅适用于容易发生燃烧转爆轰的材料,故通常采用金属管法开展实验研究。

3.8.2 测试装置及材料

现阶段,我国尚无燃烧转爆轰实验条件与方法的统一化标准,推进剂类型及装填方式不同也会对结果产生较大的影响。通常采用观察见证板及样品管的破坏程度来判断是否发生燃烧转爆轰,常见的金属管法示意图如图3.7所示,主要由试样管、点火头、推进剂样品和见证板组成。各零部件规格如下。

(1)金属管:采用无缝钢管,其内径、长度、壁厚分别为40 mm、1 200 mm、4 mm,钢管两端采用螺帽进行密封,螺纹高度为32 mm,螺帽壁厚为4 mm。其中一只螺帽中央设有直径为2 mm的孔,用于穿过点火线。

(2)黑火药:《黑火药规范》(GJB 1056A—2004),通常为5 g。

(3)点火头:雷管用电点火头。

(4)见证板:长1 020 mm、宽80 mm、厚8 mm的铝板。

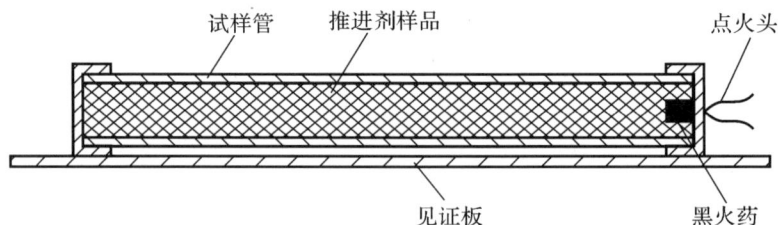

图3.7　金属管法示意图

由于见证板法缺乏明显判据,且主观判断较强,所以还可以采用高速摄影技术或DDT管内置传感器对推进剂燃烧转爆轰进行精细化研究,通常采用压力传感器和电探针(电离探针与光纤法结合)记录DDT过程中的压力波形和波阵面的波形,从而对燃烧转爆轰过程进行判断,其示意图如图3.8所示。

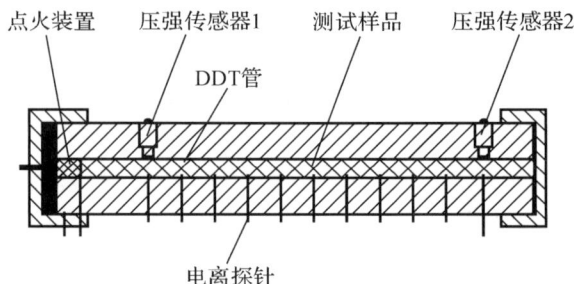

图3.8　带探针的金属管法示意图

3.8.3　测试方法

1. DDT 管约束强度计算

DDT 管的约束强度 P_b 可由下式计算:

$$P_b = \frac{[\sigma](k^2-1)}{\sqrt{3}\,k^2} \tag{3.19}$$

式中:k 为管外径与内径比值;σ 为材料的抗拉强度。

2. 试验操作过程

用黑火药包围点火头制成点火药包。将推进剂试样按正常体积密度装入金属管中:对于推进剂药柱,在其中间预制 $\Phi 20\ mm \times 20\ mm$ 的孔放置点火药及点火头;对于粒状推进剂,装填试样至距管口 20 mm 并压实后,空出 $\Phi 20\ mm \times 20\ mm$ 的空间放置点火药及点火头,然后将试样的剩余部分装满,并拧紧盖。将装好的金属管水平安装在铝板上,连接点火线进行推进剂试样的引燃。

3. 数据处理

由于推进剂的密度对试验结果有重要影响,所以应确定其密度。每次试验样品的质量和密度也应记录下来,整个试验在环境温度下进行(当推进剂遇到可能改变其物理状态或密度的环境条件时可进行调整)。

每次成功点火后,应对金属管进行检查,记录金属管破裂特征(管道破裂、钢管内部是否平整、破碎成大碎片或小碎片、有无高温冲蚀变形痕迹),并配合见证板的破坏程度来作为燃烧转爆轰判据,每个样品进行 3 次平行试验。

参 考 文 献

[1] 中国航天科技集团公司.复合固体推进剂安全性能试验方法:QJ 20019—2011[S].北京:中国航天标准化研究所,2011.

[2] 中国航天工业总公司第七〇八研究所.复合固体推进剂落锤撞击感度试验方法:QJ 3039—1998[S].西安:中国航天工业总公司第七〇八研究所,1998.

[3] 中国航天工业总公司第七〇八研究所.复合固体推进剂摩擦感度测定方法:QJ 2913—1997[S].西安:中国航天工业总公司第七〇八研究所,1997.

[4] 中国兵器工业标准化研究所.火药试验方法:GJB 770B—2005[S].北京:国防科工委军标出版发行部,2005.

第4章 能量特性测试

4.1 比冲:弹道摆法

4.1.1 测试原理

总冲量,简称总冲,单位为 kg·s 或 t·s,是指发动机推力的总冲量,是推力对工作时间的积分,可以使飞行器获得一定的速度、射程或者高度。总冲与推进剂的总质量有关,因此不能直观地反应出发动机性能的优劣。故引入比冲的概念对发动机的优劣作出评价,比冲表示燃烧 1 kg 质量的推进剂所产生的冲量,用 I_{sp} 表示,可通过下式计算:

$$I_{sp} = \frac{I_t}{M_P} \tag{4.1}$$

式中:I_t 为总冲,kg·s;M_P 为装药总质量,kg。

比冲是火箭发动机的重要质量指标之一,它一方面与推进剂本身能量的高低有关,另一方面与发动机工作过程的完善程度有关。推进剂的能量越高、工作过程的完善程度越好,比冲就越大。若发动机的总冲已给定,比冲越大,则所需的推进剂质量越小。因此,整个发动机的尺寸和质量都可以减小。反之,若推进剂的质量给定,发动机的比冲越大,则发动机的总冲越大,因此测量和提高发动机的比冲是一个相当重要的问题。

弹道摆法作为发动机比冲的一种测量方法,是根据能量守恒定律,将固定在摆锤上的装药发动机点燃,推进剂的化学能转变为弹道摆的动能,使摆锤摆动一个角度。根据摆角、发动机工作时间、摆锤当量重力计算出装药发动机的推力总冲量,再用总冲量除以推进剂的质量计算比冲量。

4.1.2 测试装置及材料

比冲测试用到的试剂和仪器设备主要有丙酮、黑火药、变压器油、绸布、硝基油漆布、双铅—2 标准物质Ⅱ类、弹道摆测试系统、发动机(直径为 36 mm、50 mm 或 64 mm)、数字采集系统、传感器、量具和衡器(游标卡尺、钢板尺、温度计、天平、精密压力表、标准压力计)等,以上各组成规格应满足以下条件。

(1)丙酮:《工业用丙酮》(GB/T 6026—2013)。

(2)黑火药:《黑火药规范》(GJB 1056A—2004)。

(3)变压器油:《变压器油》(GB 2536—1990)。

(4)绸布:《特种工业用丝绸》(FZ 66201—1995)。

(5)硝基油漆布:包覆用黏结剂为硝基油漆布的丙酮黏胶液。配比:硝基油漆布 20%,丙酮 80%。

(6)双铅—2 标准物质:Ⅱ类《双铅—2 标准物质规范》(WJ 2508—1998)。

(7)弹道摆测试系统:比冲测试总误差不超过 1.0%,压强测量的总误差不超过 3.0%,非线性不大于 4.0%,滞后性不大于 1.0%,不重复性不大于 1.5%,标定线不归零度不超过±1.0%。

(8)直径为 36 mm 的发动机:发动机总长度为 300 mm、400 mm,发动机内径为 36 mm±0.1 mm,自由空间长(以挡药板高度计)为 25 mm±1 mm,点火空间长为 25 mm±1 mm,喷管扩张比为 2.3,喷管扩张半角为 15°,喷管喉部过渡段长为 2 mm,喷管收敛段为圆弧状,圆弧半径等于喷管喉径。

(9)直径为 50 mm 的发动机:发动机总长为 490 mm,发动机内径为 50 mm±0.1 mm,自由空间长(以挡药板高度计)为 40 mm±1 mm,点火空间长为 25 mm±1 mm,喷管扩张比为 2.3,喷管扩张半角为 15°,喷管喉部过渡段长为 4.0 mm,喷管收敛段半角为 45°。

(10)直径为 64 mm 的发动机:发动机总长为 425 mm,发动机内径为 64 mm±0.1 mm,点火空间长为 17 mm±1 mm,喷管扩张比为 2.5,喷管扩张半角为 15°,喷管喉部过渡段长为 4.0 mm,喷管收敛段为圆弧状,圆弧半径等于喷管喉径。

(11)传感器:精度不小于 0.25 级,基本误差不超过 0.5%FS,固有频率不小于 2 kHz。

(12)量具、衡器:游标卡尺分度值为 0.02 mm,钢板尺分度值为 1 mm 和 10 mm,温度计分度值为 1 ℃,天平分度值为 0.1 g 和 0.5 g,精密压力表[《精密压力表》(GB/T 1227—2002)],精度 0.4 级量程为 0~25 MPa,标准压力计压力范围为 0~60 MPa,精度不低于 0.05 级。

4.1.3　测试方法

弹道摆法测试比冲的实验中要求发动机工作时间应小于弹道摆自由摆动周期的 1/4,实验时最大摆角小于 12°,弹道摆当量重力不小于理论计算值,装药质量应不大于计算值,选择适当的点火药及其点火药量以满足出现初始压力峰时间不大于 0.05 s,常温下峰值比不大于 125。弹道摆当量重力的最小理论计算值和装药质量的最大理论计算值的计算公式为

$$Q_g = \left(2F_0\frac{L_a}{l}\right)\sin\frac{K_a}{2}\left(t_1+\frac{1}{2}t_2\right)\times\frac{180}{\pi} \tag{4.2}$$

$$m_c = \frac{Q_a\left(t_1+\dfrac{1}{2}t_2\right)\sin\dfrac{l}{2L_a}\times\dfrac{180}{\pi}}{I_{sp}\sin\dfrac{K_a}{2}\left(t_1+\dfrac{1}{2}t_2\right)\times\dfrac{180}{\pi}} \tag{4.3}$$

式中:Q_g 为推进剂在弹道摆上测比冲时,所需弹道摆重力的最小理论计算值,N;F_0 为推导比冲计算式时,假设弹道摆所承受的恒推力,N;L_a 为弹道摆悬轴轴心到摆弧的距离,mm;l 为摆弧长,m;K_a 为常数,K^{-1};t_1 为发动机恒推力作用时间,s;t_2 为发动机减推力作用时间,s;m_c 为推进剂在弹道摆上测比冲时,装药质量的最大理论计算值,kg;Q_a 为摆锤当量重力,N;I_{sp} 为 1 kg 推进剂所产生的推力冲量,N·s·kg^{-1}。

1.弹道摆法测试试样准备

测试比冲的试样外观应无气泡、油道、裂缝和弯曲。用游标卡尺测量内外直径,测量时

在装药两端以十字方向各测两点,取平均值。根据需要的装药参数及实测推进剂药柱内外直径确定推进剂药柱的长度,称量推进剂药柱的质量,对推进剂药柱进行包覆。自由装填的单孔管状装药包覆两个或一个端面,贴壁浇铸工艺的装药包覆部位要通过装药设计计算确定。包覆后的试样应无脱黏、裂纹现象并在环境温度(或室温)条件下放置 12 h 以上。

2.喷管喉径尺寸计算

根据装药参数及推进剂药柱内外直径及长度,计算出所需喷管喉径尺寸。

3.发动机装配

选择发动机,其中,自由装填的固体推进剂比冲用内径为 36 mm 或 50 mm 的发动机,贴壁浇铸的固体推进剂比冲用内径为 64 mm 的发动机(所用发动机及其零部件应符合图纸和技术文件的要求)。装药用干净的棉布擦拭,检查在准备过程中可能产生的瑕疵,根据图纸要求进行发动机装配。

4.保温

保温只控制保温箱温度,以保温箱达到规定温度开始计算时间,每隔 1 h 记录一次温度。装药发动机的恒温时间根据采用的保温方法确定。常用保温方法有如下两种。

(1)第一种保温方法:保温过程中既控制箱温,又控制药温(直接控制箱温和药温)。在不影响装药性能的原则下,保温箱在升(降)温阶段,箱温允许比恒温温度低 10 ℃,但不应超过 ± 65 ℃。恒温时间从箱温和药温均达到恒温范围内算起,装药恒温时间见表 4.1。

表 4.1　装药恒温时间

药柱最大厚度[a]/mm	≤5	>5～≤10	>10～≤15	>15～≤30	>30～≤40	>40～≤50	>50～≤60	>60～≤80	>80～≤120
恒温时间/h	≥3	≥6	≥8	≥12	≥16	≥20	≥24	≥30	≥36

注:a 表示最大厚度包括发动机绝热层和药柱侧面包覆层的厚度。

(2)第二种保温方法:保温过程只控制箱温,不测药温。恒温时间从箱温达到恒温温度 ± 2 ℃范围内算起,恒温时间通过实验或参照类似发动机的恒温时间确定。装药发动机从保温箱中取出到发火的时间间隔按表 4.2 执行,超过规定时间,需立即送回保温箱重新保温 2 h。

表 4.2　发动机出保温箱至点火时间

药柱最大厚度/mm	≤5	>5～≤10	>10～≤15	>15～≤30	>30～≤40	>40～≤50	>50～≤60	>60～≤80	>80～≤120
出保温箱至点火时间/min	≤5	≤7	≤10	≤20	≤25	≤30	≤40	≤50	≤60

5.测试系统静压标定

根据被测压力大小,选择公称值合适的传感器、压力表。数字采集系统根据固体推进剂燃烧时间和性能,选择 A/D 转换器的采样频率及采样点数,选择放大倍数,保证一定的幅度。测压系统各参数和备件应与标定时的各参数和条件一致。

6. 实验步骤与数据处理

实验前将摆锤自由摆动,使其处于正常状态,并检查调整所用仪器。将传感器安装在发动机上并旋紧,将装配好的发动机称其质量并作好记录。将发动机可靠地安装在摆锤上。调整好测弧长的记录装置,稳定摆锤,并在弧形板上作零点标记。

发动机燃烧室典型压力-时间曲线如图 4.1 所示,作曲线上升段切线,与零线交于 o 点,过 o 点向曲线作垂线交于 O 点,作为曲线零时点;作曲线平稳段切线与曲线下降段切线相交,以角平分线与曲线交于 B 点,向零线作垂线交零线于 b 点,作为推进剂终燃时间点;最大压力下降段切线与平稳段切线相交,以交角平分线于曲线交点 C,向零线作垂线交零线于 c 点,作为曲线平衡段起点。发动机工作时间终点有以下两种确定方法。

(1)对于一般曲线,作压力下降段切线,该切线和零线相交于 a 点,以交角平分线和曲线交点 A 为发动机工作时间终点。

(2)对于压力下降缓慢的曲线,取曲线下降至终燃压力的 3% 处为发动机工作时间终点 A。

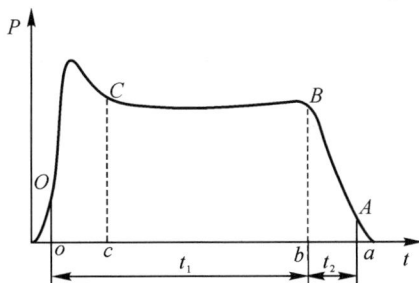

图 4.1 发动机燃烧室典型压力-时间曲线

t_1 定义为推进剂终燃时间($t_b - t_b$),t_2 定义为发动机工作时间与推进剂终燃时间之差($t_a - t_b$)。曲线 C 点至终燃时间 B 点为曲线平衡段,平衡段时间($t_b - t_c$)内对应的压力平均值作为平衡压力,最大压力取压力-时间曲线最高点对应的压力。平衡压力和推力总冲的计算公式如下:

$$P_{eq} = \frac{\int_{t_c}^{t_b} P_i \, dt}{t_b - t_c} \tag{4.4}$$

$$I_F = I_t - I_{ig} \tag{4.5}$$

$$I_t = Q_1 \left(t_1 + \frac{1}{2} t_2 \right) \frac{\sin \frac{l}{2L_a} \times \frac{180}{\pi}}{\sin \frac{K_b}{2} \left(t_1 + \frac{1}{2} t_2 \right) \times \frac{180}{\pi}} \tag{4.6}$$

$$g_1 = Q_a + g' + \frac{W_p + W_{ig}}{2} \tag{4.7}$$

$$l = l_1 + \frac{l_1 + l_2}{4} \tag{4.8}$$

$$K_b = \sqrt{\frac{g}{L}} \tag{4.9}$$

$$I_{ig} = I_{spig} \cdot m_{ig} \tag{4.10}$$

$$I_{sp} = \frac{I_F}{m_p} \tag{4.11}$$

式中：P_{eq} 为平衡压力，MPa；P_i 为曲线上平衡段某点的压力，MPa；t_b 为平衡段终点时间，s；t_c 为平衡段起始时间，s；I_F 为推力总冲，N·s；I_t 为推进剂和点火药总冲之和，N·s；I_{ig} 为点火药总冲，N·s；g_1 为某一摆角下摆锤的当量重力，等于发动机和零件重力与推进剂和点火药重力的一半之和，N；t_1 为发动机恒推力作用时间，s；t_2 为发动机减推力作用时间，s；l 为摆弧长，m；L_a 为悬轴轴心到摆弧的距离，m；K_b 为常数，s^{-1}；Q_a 为摆锤当量重力，N；g' 为实验时发动机及零件重力，N；W_p 为推进剂重力，N；W_{ig} 为点火药重力，N；l_1、l_2 为第一、二摆弧长，m；g 为重力加速度，m·s^{-2}；L 为悬轴轴心到摆锤质量中心的距离，mm；I_{spig} 为点火药比冲的数值（当发动机内平衡压强在 $3 \sim 9.8$ MPa 范围时，采用 HY - 6 点火药时比冲 $I_{spig} = 1\,039$ N·s·kg^{-1}；m_{ig} 为点火药质量，kg；I_{sp} 为所测推进剂比冲，N·s·kg^{-1}；m_p 为推进剂质量，kg。

当曲线不归零时，若后零线平直时，曲线与后零线的切点即为后零线测量点；若后零线变化缓慢，则按图 4.2 确定，即作下降段切线 AD 与前测量点零线延长线 OB 交于 D，以 $DE = CD$（C 为终燃压力对应点），曲线上 E 对应的 E' 点即为后零线的测量点。

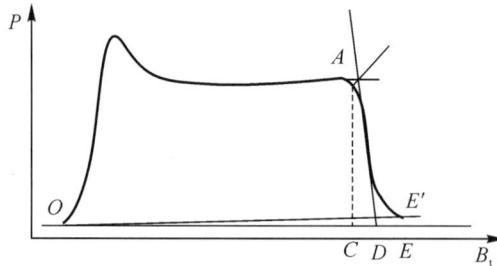

图 4.2　曲线不归零、后零线测量点示意图

曲线不归零度的计算公式为

$$r_0 = \frac{H_{01} - H_{02}}{\Delta H_m} \times 100\% \tag{4.12}$$

式中：r_0 为曲线不归零度，%；H_{01} 为曲线前零线的高度，mm，或数字采集系统的采集值，LSB；H_{02} 为曲线后零线的高度，mm，或数字采集系统的采集值，LSB；ΔH_m 为曲线最值，mm，或数字采集系统的采集值，LSB。

在一组比冲测试中，可疑测试值的取舍按《数据的统计处理和解释　正态样本异常值的判断和处理》(GB 4883—1985)进行判断。若一组 5 发测试结果有效数据少于 4 发，则认为该组实验不合格，查明原因后重新进行实验。

比冲平均值的计算公式为

$$\overline{I}_{sp} = \frac{1}{n}\sum_{i=1}^{n} I_{sp} \qquad\qquad (4.13)$$

式中：$\overline{I}_{sp}$ 为一组比冲测试结果的算术平均值，N·s·kg^{-1}；I_{sp} 为一组比冲测试结果的有效值，N·s·kg^{-1}；n 为一组比冲测试结果的有效发数。

7. 补充要求

摆锤当量重力标定原理及测量图如图 4.3 所示，根据图 4.3 测量出 L、A、H 值。等差改变 H 值，并依次将 L、A、H 值代入如下公式，可得到相应的摆角，再将不同摆角换算成弧长值，在弧形板上作出不同摆角的标记。通过摆锤质量中心引出钢丝绳，经过滑轮悬挂砝码并调整其重力，使摆锤在预定标定处达到平衡，记录砝码重力，摆锤当量重力按下式计算。最少改变 6 次 H 值（即改变 6 次摆角）算出 6 个摆锤当量重力值，取其算术平均值作为该次标定的摆锤当量重力，要求 6 次当量重力的最大偏差相对值符合的要求如下：

$$\tan\frac{\varphi}{2} = \frac{A_L - \sqrt{A_L^2 - H_L(2L_1 - H_L)}}{2L_1 - H_L} \qquad\qquad (4.14)$$

$$Q_a = \frac{M}{\sin\varphi} \qquad\qquad (4.15)$$

$$\left|\frac{Q_i - \overline{Q}_a}{Q_a}\right| \times 100\% \leqslant 0.35\% \qquad\qquad (4.16)$$

式(4.14)～式(4.16)中：φ 为摆角，°；A_L 为摆锤铅直静止时的质量中心到标定支架滑轮轴心铅直位置的水平距离，mm；H_L 为标定支架滑轮顶点与摆锤质量中心的位差，mm；L_1 为悬轴轴心到摆锤质量中心的距离，mm；Q_a 为摆锤当量重力，N；M 为砝码重力（包括钢丝绳重），N；Q_i 为不同摆角时摆锤当量重力标定值，N；$\overline{Q}_a$ 为不同摆角时的摆锤当量重力标定结果的平均值，N。轴承摩擦感量不超过 0.35 kg，长度测量时误差应符合下列要求：$\Delta L/L$ 不超过 $\pm 0.2\%$，$\Delta L_1/L_1$ 不超过 $\pm 0.2\%$，$\Delta A/A$ 不超过 $\pm 0.1\%$，$\Delta H/H$ 不超过 0.15%。

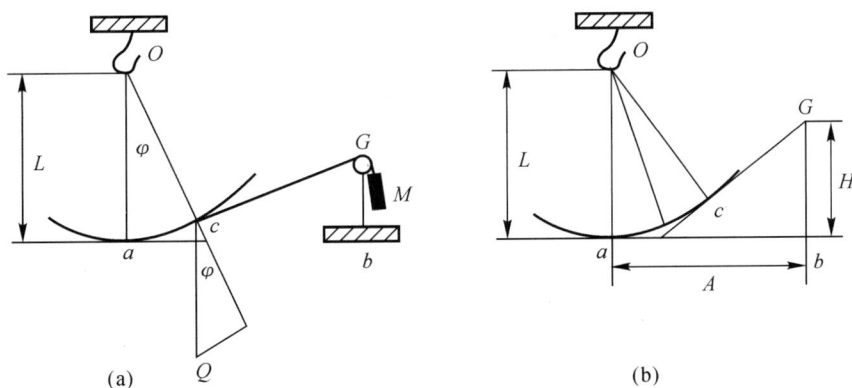

图 4.3　摆锤当量重力标定原理及测量图
(a)摆锤当量重力标定原理；(b)摆锤当量重力测量图

图 4.3 中，a 为摆锤铅直静止时的质量中心点，b 为标定支架滑轮轴心在 a 点水平面上的铅直投影点，G 为标定支架滑轮顶点，O 为悬轴轴心，c 为偏转 φ 角时的摆锤质量中心点位置。

检定弹道摆测试系统的条件如下。

(1)用直径 50 mm 的标准发动机。

(2)标准药用双铅—2 标准物质,其药型尺寸:外径为 45.5 mm±0.3 mm,内径为 8.0 mm±0.3 mm,弧厚差不大于 1 mm,长度根据标准药实测内、外直径及预定的面通比确定。

(3)平衡压力(p_{eq})为 8.82～9.8 MPa,面通比为 160±5,面喉比由标准生产厂提供。

(4)标准药靠近点火端进行包覆,包覆材料用硝基油漆布,厚度为 1.5～2.0 mm。

(5)装药发动机在 20 ℃±1.5 ℃条件下恒温不少于 12 h。

(6)点火药用 HY-6 号黑火药 6.5 g,白绸布包裹。

(7)对压力-时间曲线的要求:从零时点到出现初始压力峰的时间不大于 0.05 s,峰值比不大于 1.25,曲线平稳段压力波动不大于 5%。

按以上的条件测定一组 6 发比冲值。5 发有效数据,结果应符合以下要求:5 发结果的相对标准偏差不超过 0.6%,相对标准偏差和标准偏差分别为

$$S_r = \frac{S}{\overline{I}_{sp}} \tag{4.17}$$

$$S = \sqrt{\frac{\sum_{i=1}^{n} d_i^2}{n-1}} \tag{4.18}$$

5 发比冲算术平均值与比冲标准值的相对偏差值不超过 0.5%,计算式为

$$r_s = \left| \frac{\overline{I}_{sp} - I_{sps}}{I_{sps}} \times 100\% \right| \leqslant 0.5\% \tag{4.19}$$

式(4.17)～式(4.19)中:S_r 为 5 发测试结果的相对标准偏差;S 为标准偏差,N·s·kg^{-1};$\overline{I}_{sp}$ 为 5 发比冲有效结果的算术平均值,N·s·kg^{-1};n 为测试结果的有效发数;d_i 为各发比冲值与比冲平均值之差,N·s·kg^{-1};r_s 为 5 发比冲算术平均值与比冲标准物质的标准值的相对偏差;I_{sps} 为比冲标准物质的标准值,N·s·kg^{-1}。

4.2 比冲:标准发动机法

4.2.1 测试原理

弹道摆法受制于摆角及发动机尺寸限制,往往无法测试大尺寸发动机比冲。标准发动机法是将标准试验发动机安装在试验台上进行实际点火,根据测量得到的推力及推进剂消耗速率计算得到比冲,该方法涵盖了小、中、大型尺寸的发动机,且测试条件更贴近实际应用情况,是测试比冲的普遍方法。

比冲测量实验规定了一系列尺寸的标准试验发动机,其标记方法如图 4.4 所示。

根据发动机尺寸差异,可分为 BSFΦ75、BSFΦ118、BSFΦ127、BSFΦ165 和 BSFΦ315 共 5 种类型的标准试验发动机,其中,BSFΦ75、BSFΦ118、BSFΦ165 和 BSFΦ315 用于发动机比冲测试,下面分别进行介绍。

直径为 75 mm 的标准试验发动机具有 A、B 两种型号,主要区别在于喷管结构不同,其

结构型式图及工作参数表分别如图 4.5 和表 4.3 所示。当测试推进剂燃速大于 20 mm/s 时,选用 A 型;当测试推进剂燃速小于或等于 20 mm/s 时,选用 B 型。

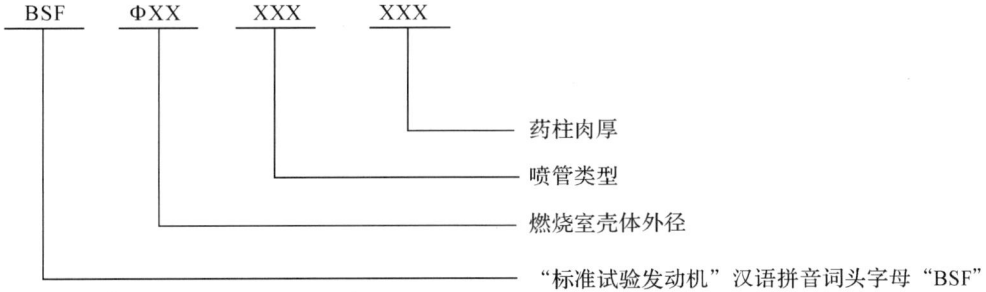

图 4.4　标准试验发动机标记方法示意图

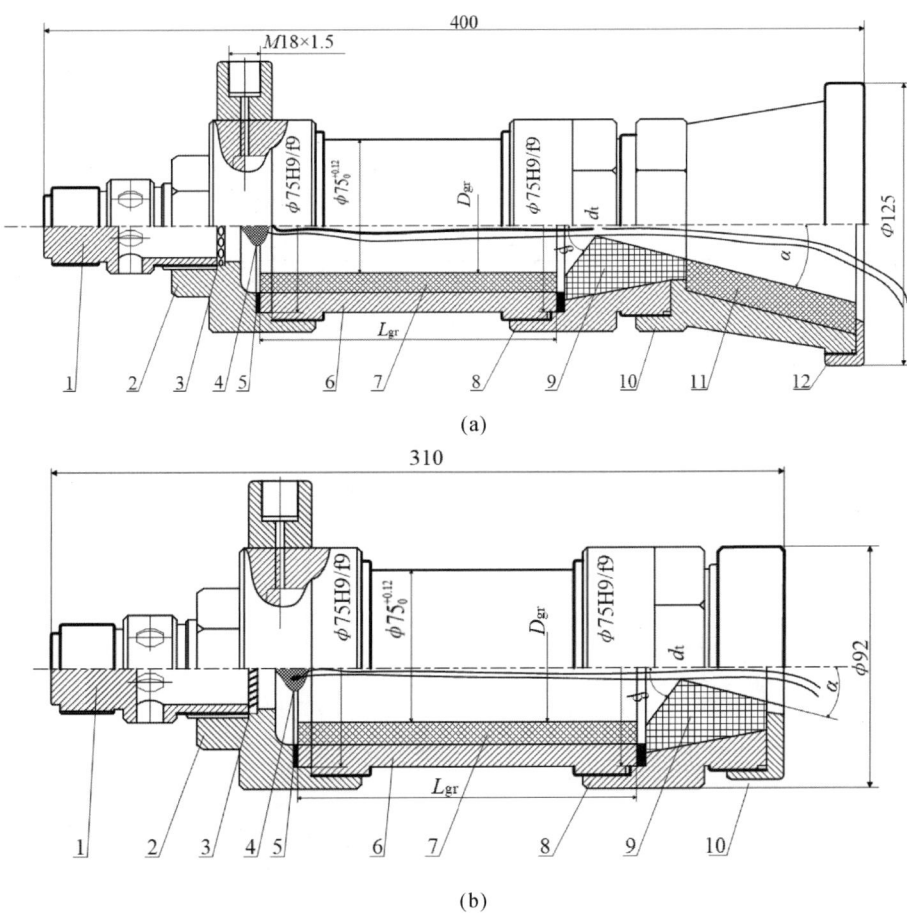

(a)

(b)

图 4.5　BSFΦ75 标准试验发动机结构型式图(单位:mm)

(a)A 型;(b)B 型

1—前接头;2—顶盖;3—保险片;4—点火装置;5—密封圈;6—燃烧室壳体;7—药柱;

8—喷管座;9—喷管喉衬;10—加长喷管座;11—扩张段绝热层;12—喷管盖压环

表 4.3　BSFΦ75 标准试验发动机工作参数表

参数名称	符　号	单　位	参数值
最大压强	$P_{\max}$	MPa	≤20
燃烧室壳体外径	D_c	mm	75
燃烧室壳体内径	D_{gr}		65(允许车修到 66.5)
药柱肉厚	ω		10
药柱长度	L_{gr}		130
药柱平均燃烧面积	$\bar{A}_b$	cm²	224.5
喷管喉部直径	d_t	mm	≤$(D_{gr}-2\omega)/2$
喷管喉部直径段长度	L_t		1.0～3.0
喷管扩张半角	α'	rad 或°	15(仅测燃速时不限)
喷管收敛半角	β'		30～60
喷管入口直径	d_i	mm	≤65
喷管喉部壁面曲率半径	R^*		$(0.75～2)d_t$
喷管扩张比	ε'	—	最佳值的 0.95～1.00 倍(仅测燃速时不限)

直径为 118 mm 的标准试验发动机同样具有 A、B 两种型号,仅 A 型可用于发动机比冲测试。发动机结构型式图及工作参数表如图 4.6 和表 4.4 所示。

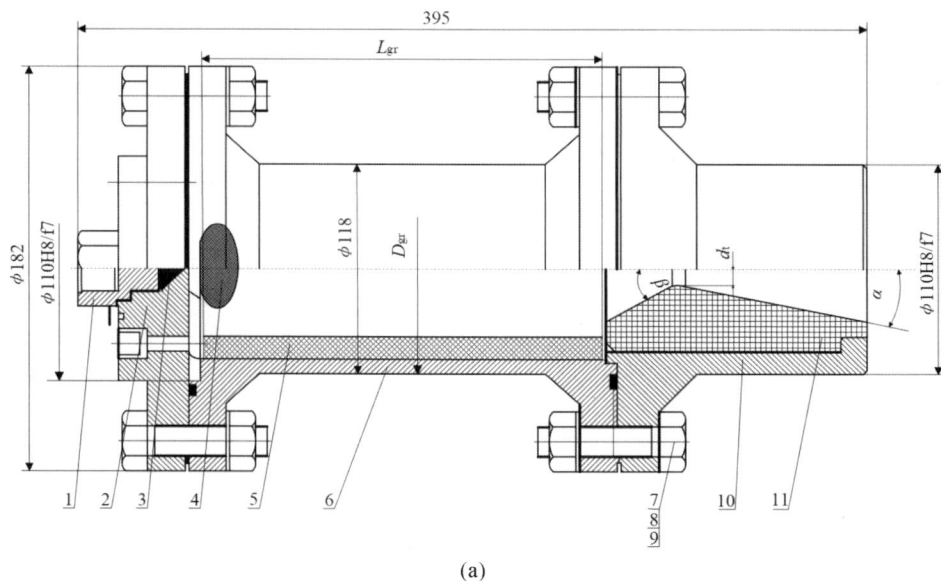

(a)

图 4.6　BSFΦ118 标准试验发动机结构型式图(单位:mm)

(a)A 型

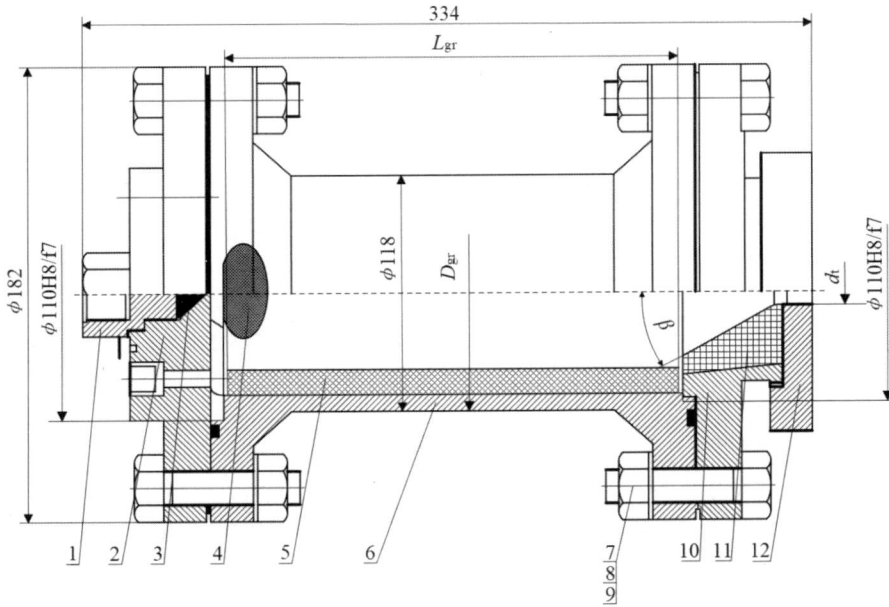

(b)

续图 4.6　BSFΦ118 标准试验发动机结构型式图(单位:mm)

(b)B 型

1—堵帽;2—顶盖;3—密封堵头;4—点火装置;5—药柱;6—燃烧室壳体;

7—螺栓;8—螺母;9—O 形密封圈;10—喷管座;11—喷管喉衬;12—压紧螺母

表 4.4　BSFΦ118 标准试验发动机工作参数表

参数名称	符　号	单　位	参数值	
			A 型	B 型
最大压强	P_{max}	MPa	≤20	
燃烧室壳体外径	D_c		118	
燃烧室壳体内径	D_{gr}	mm	106(允许车修到 108)	
药柱肉厚	ω		9 或 15	
药柱长度	L_{gr}		210	
药柱平均燃烧面积	$\bar{A}_b$	cm²	639.9 或 600.4	
喷管喉部直径	d_t	mm	≤$(D_{gr}-2\omega)/2$	
喷管喉部直径段长度	L_t		2.0～4.0	
喷管扩张半角	α'	rad 或°	15	—
喷管收敛半角	β'		30～60	45
喷管入口直径	d_i	mm	≥$2d_t$	$\Phi 90$
喷管喉部壁面曲率半径	R^*		$(0.75～1)d_t$	d_t
喷管扩张比	ε'	—	最佳值的 0.95～1.00 倍	—

直径为 127 mm 的标准试验发动机采用锥形喷管,仅用于复合推进剂燃速测试,结构型式及工作参数表见图 4.7 和表 4.5。

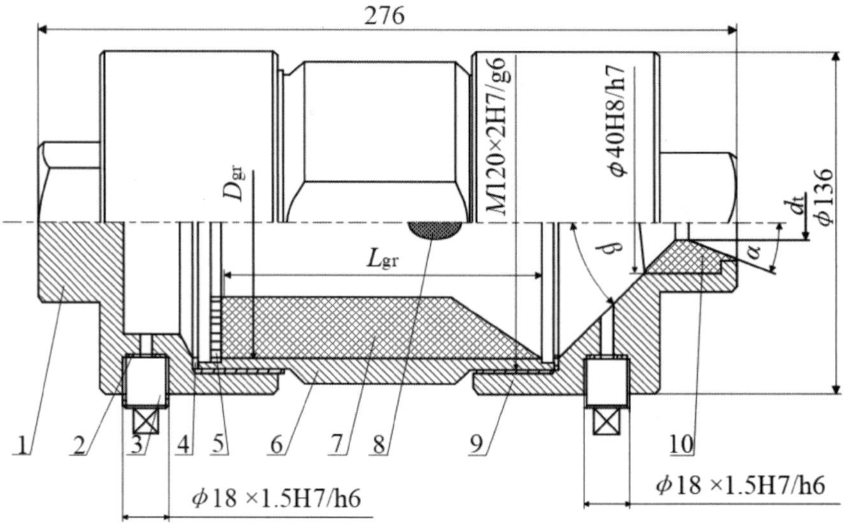

图 4.7 BSFΦ127 标准试验发动机结构型式图(单位:mm)

1—堵帽;2—顶盖;3—密封堵头;4—点火装置;5—药柱;6—燃烧室壳体;7—O 形密封圈;
8—螺栓;9—螺母;10—喷管座;11—喷管喉衬;12—压紧螺母

表 4.5 BSFΦ127 标准试验发动机工作参数表

参数名称	符　号	单　位	参数值
最大压强	P_{max}	MPa	≤20
燃烧室壳体外径	D_c		127
燃烧室壳体内径	D_{gr}	mm	108
药柱肉厚	ω		24
药柱长度	L_{gr}		126
药柱平均燃烧面积	$\bar{A}_b$	cm^2	290
燃速	r	mm·s^{-1}	≤20
喷管喉部直径	d_t	mm	≤19
喷管扩张半角	α'	rad 或°	10~35
喷管收敛半角	β'		45
喷管入口直径	d_i	mm	10

直径为 165 mm 的标准试验发动机具有 A 型和 B 型两种型号,其中仅 A 型含扩张段法兰和扩张段,因此,仅 A 型可用于发动机比冲测试,其结构型式图和工作参数表如图 4.8 和表 4.6 所示。

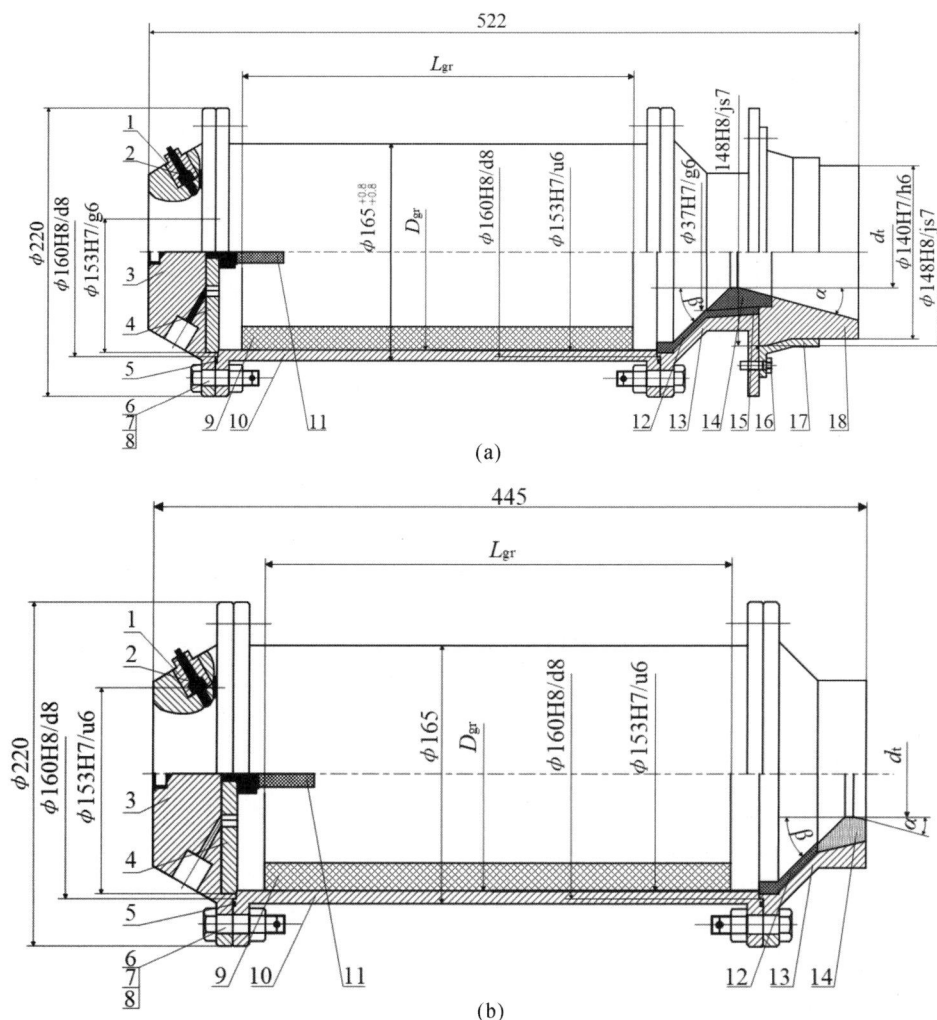

图 4.8　BSFΦ165 标准试验发动机结构型式图(单位:mm)

(a)A 型;(b)B 型

1—堵帽;2—密封塞;3—顶盖;4—隔热板;5—密封圈;6—螺栓;7—螺母;8—垫圈;9—药柱;10—燃烧室壳体;11—点火装置;12—收敛段绝热层;13—喷管座;14—喷管喉衬;15—绝热环;16—螺栓;17—扩张段法兰;18—扩张段绝热层

表 4.6　BSFΦ165 标准试验发动机工作参数表

参数名称	符　号	单　位	参数值	
			A 型	B 型
最大压强	P_{max}	MPa	≤20	
燃烧室壳体外径	D_c		315	
燃烧室壳体内径	D_{gr}	mm	300(允许车修到 302)	
药柱肉厚	ω		44 或 55	
药柱长度	L_{gr}		580	

续表

参数名称	符 号	单 位	参数值	
			A 型	B 型
药柱平均燃烧面积	$\bar{A}_b$	cm²	4 471 或 4 235	
绝热层厚度	δ_i	mm	5	
衬层厚度	δ_{li}		0.5	
喷管喉部直径	d_t	mm	$\leqslant (D_{gr} - 2\omega)/2$	
喷管喉部直径段长度	L_t		3.0～5.0	
喷管扩张半角	α'	rad 或°	15	
喷管收敛半角	β'		45	
喷管入口直径	d_i	mm	$\geqslant 2d_t$	
喷管喉部壁面曲率半径	R^*		$(0.75～1.00)d_t$	
喷管扩张比	ε'	—	最佳值的 0.95～1.00 倍	

　　直径 315 mm 标准试验发动机设有衬层和绝热层,其结构型式图及工作参数表如图4.9和表4.7 所示。

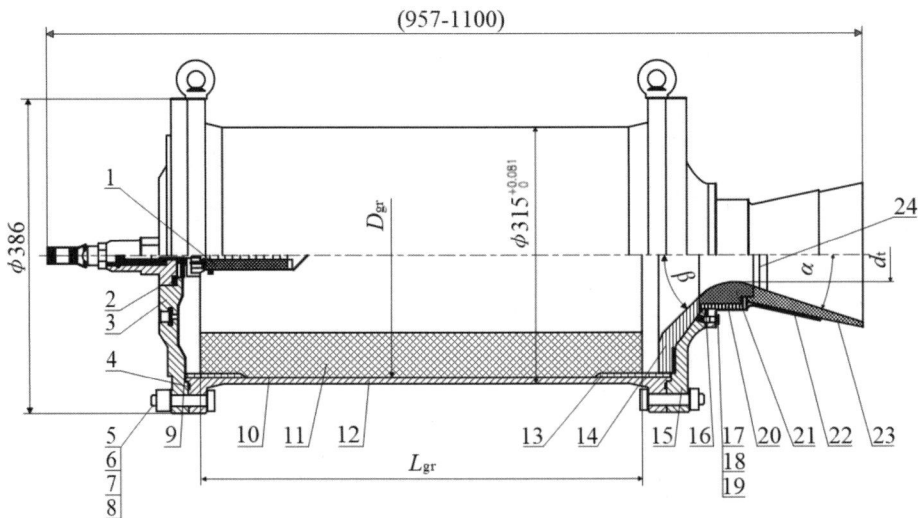

图 4.9　BSFΦ315 标准试验发动机结构型式图

1—点火装置;2—垫片;3—顶盖;4—密封圈;5—螺栓;6—螺母;

7—垫圈;8—弹簧垫圈;9—顶盖绝热层;10—衬层;

11—药柱;12—燃烧室壳体;13—燃烧室壳体绝热层;

14—收敛段绝热层;15—收敛段壳体;16—密封圈;

17—螺栓;18—垫圈;19—弹簧垫圈;20—背壁绝热层;21—喉衬;

22—扩张段壳体;23—扩张段绝热层;24—喷管堵盖

表 4.7　BSFΦ315 标准试验发动机工作参数表

参数名称	符号	单位	参数值
最大压强	P_{max}	MPa	$\leqslant 12$
燃烧室壳体外径	D_c		315
燃烧室壳体内径	D_{gr}	mm	300（允许车修到 302）
药柱肉厚	ω		44 或 55
药柱长度	L_{gr}		580
药柱平均燃烧面积	$\overline{A}_b$	cm²	4 471 或 4 235
绝热层厚度	δ_i	mm	5
衬层厚度	δ_{li}		0.5
喷管喉部直径	d_t	mm	$\leqslant (D_{gr}-2\omega)/2$
喷管喉部直径段长度	L_t		3.0～5.0
喷管扩张半角	α'	rad 或°	15
喷管收敛半角	β'		45
喷管入口直径	d_i	mm	$\geqslant 2d_t$
喷管喉部壁面曲率半径	R^*		$(0.75～1.00)d_t$
喷管扩张比	ε'	—	最佳值的 0.95～1.00 倍

4.2.2　测试装置及材料

标准发动机法测比冲用到的设备材料主要有标准试验发动机、复合固体推进剂、试验架、压强及推力信号采集系统，各组成部分规格应满足如下条件。

1. 标准试验发动机

直径为 75 mm 的标准试验发动机：采用点火药包作为点火装置，并根据喷管喉径调节点火导线引出方式。直径为 118 mm 的标准试验发动机 A 型：采用点火药包作为点火装置，并根据喷管喉径调节点火导线引出方式。直径为 165 mm 的标准试验发动机 A 型：采用篓式点火器或点火药包作为点火装置。

上述发动机各组成零、部件规格应满足《标准试验发动机型式和尺寸》(GJB 96A—2020)要求。

2. 复合固体推进剂

标准试验发动机均采用贴壁浇注式圆柱或圆锥组合内孔燃烧药型，壳体内表面无绝热层及衬层。

3. 压强、推力信号采集系统

采用数字测试系统，参照《固体火箭发动机静止试验测试方法》(GJB 2365—1995)要求进行选用,测定推力、压强不确定度应优于 0.3% 校准满量程。

(4)试验架:比冲测定实验的试验架参照《固体火箭发动机试验架设计制造验收通用要求》(QJ 1118A—1995)进行选取。

4.2.3 测试方法

1. 推进剂药柱制备

标准试验发动机的推进剂药柱均为贴壁浇注式,浇药前将燃烧室壳体内壁清理干净,浇注得到的推进剂药柱不应有裂缝、剥落、疏松、肉眼可见的气孔和异质杂质,并保证药柱和燃烧室壳体之间黏结牢靠。BSFΦ315 燃烧室要求使用衬层和绝热层,也必须保证药柱与衬层、绝热层之间的界面黏结牢靠。

2. 发动机装配

装配前应对发动机顶盖、喷管座、收敛段壳体、螺栓及螺母进行检查,确保螺纹孔及配合面满足使用要求,并根据图纸要求进行发动机装配。

3. 发动机实验

实验前检查所用仪器设备处于工作状态,将发动机安装至试验架上,连接信号采集系统及点火线路,待无关人员撤离实验场地后,接通点火电源并进行压强、推力等参数随时间变化的数据记录。发动机工作完毕后,检查实验现场发动机状态及推进剂燃烧情况,确保无异常现象。

4. 数据处理

实验结束后绘制标准发动机实验压强-时间曲线及推力-时间曲线,其中冲量计算采用梯形积分法进行处理。由于发动机工作过程中会出现不同形状的内弹道曲线,所以需对特征点进行选取,详细选取方法如下。

(1)典型实验曲线中特征点的选取方法(见图 4.10)。

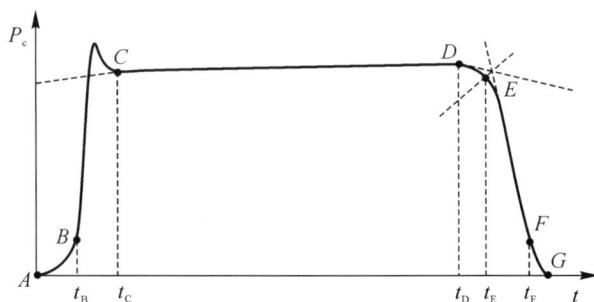

图 4.10 典型实验曲线及特征点的选取方法

A—压强曲线起点;B—燃烧室压强连续上升到初始压强 P_i(0.3 MPa 或 $0.05\bar{P}_{bth}$)的点,其中 $\bar{P}_{bth}$ 为设计燃烧时间平均压强;C—典型实验曲线平稳段的起点;D—典型实验曲线平稳段的止点;E—在肉厚燃完处典型实验曲线上两条切线之间的角平分线与该实验曲线的交点;F—燃烧室压强连续下降到 0.30 MPa 的点;G—压强曲线的结束点

特征点 C、D 选取方法：在压强-时间曲线平稳段中选取不少于 200 个数据点，采用最小二乘法拟合出一条曲线，该曲线与实验曲线的平稳段基本重合，其延伸部分与实验曲线的平稳段分离，两端分离处的点即确定为 C、D 点。

特征点 E 点求解方法：在 D 点处选取拟合曲线前、后相邻的若干点，通过最小二乘法拟合出另一条直线作为平稳段切线；求出压强-时间曲线下降段二阶导数为零的点，该点前、后二阶导数符号改变的点即为切点，选择该点前、后相邻的若干点通过最小二乘法进行拟合作为下降段切线；平稳段与下降段两条切线相交的夹角平分线与压强-时间曲线上的交点为 E 点。

(2)非典型实验曲线中特征点的选取方法。

当压强-时间曲线连续上升段无明显台阶，但爬升缓慢且减压时间($t_{0.7}$)大于或等于 60 ms 时，可通过上升段 $0.7\bar{P}_{bth}$ 点作切线，在切线上选择压强达到初始压强值 P_i(0.3 MPa 或 $0.05\bar{P}_{bth}$)的点为 B 点(见图 4.11)。

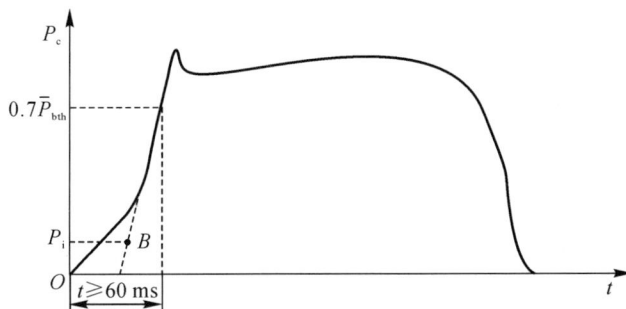

图 4.11　非典型实验曲线 1

当压强-时间曲线上升段出现明显台阶，且台阶处的压强值小于 $0.7\bar{P}_{bth}$ 时，在台阶后曲线上升段拐点的切线上，选择压强达到初始压强值 P_i(0.3 MPa 或 $0.05\bar{P}_{bth}$)的点为 B 点(见图 4.12)。

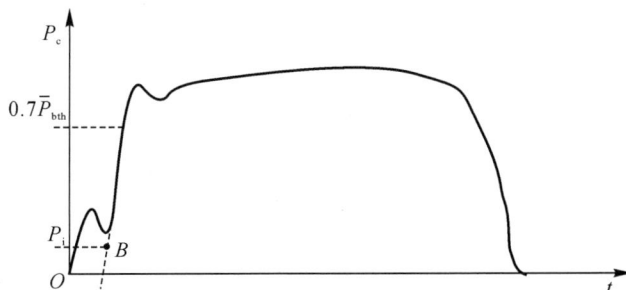

图 4.12　非典型实验曲线 2

当压强-时间曲线上升段出现明显台阶，且台阶处压强值大于或等于 $0.7\bar{P}_{bth}$ 时，选取上升段压强达到初始压强值 P_i（0.3 MPa 或 $0.05\bar{P}_{bth}$）的点为 B 点（见图 4.13）。

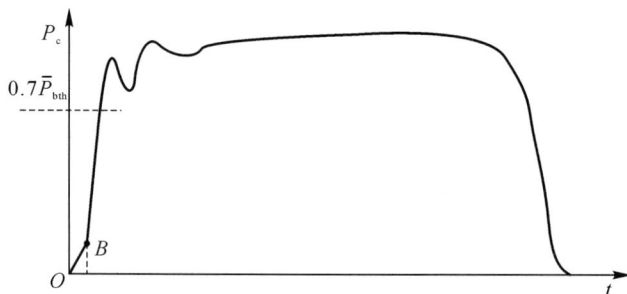

图 4.13　非典型实验曲线 3

当压强-时间曲线在点火峰与平稳段之间出现明显波谷，且波谷点压强大于 P_i（0.3 MPa 或 $0.05\bar{P}_{bth}$）但小于 $0.7\bar{P}_{bth}$ 时，在此波谷后曲线上升段拐点的作切线，选取压强达到初始压强值的 P_i 的点为 B 点（见图 4.14）。

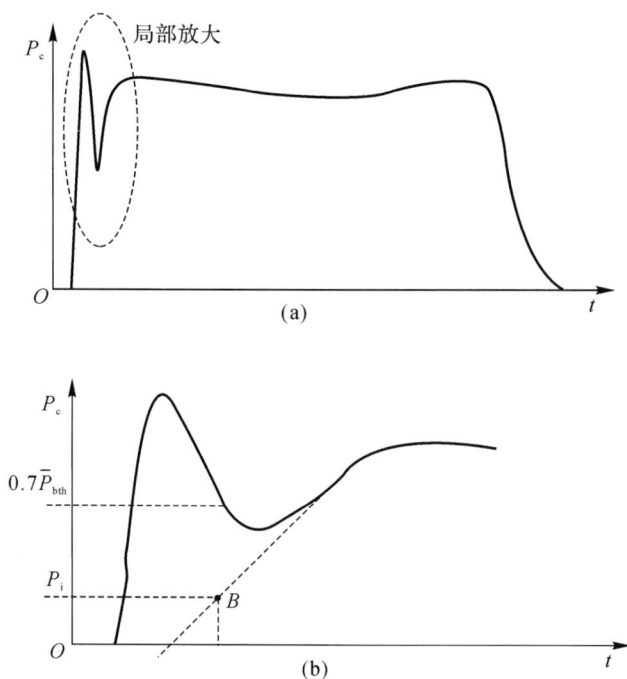

图 4.14　非典型实验曲线 4
（a）完整曲线；（b）局部放大曲线

当压强-时间曲线在点火峰与平稳段之间出现明显波谷，且波谷点压强等于或小于 P_i（0.3 MPa 或 $0.05\bar{P}_{bth}$）时，选取波谷点或之后上升段压强等于 0.3 MPa 或 $0.05\bar{P}_{bth}$ 的点为 B 点（见图 4.15）。

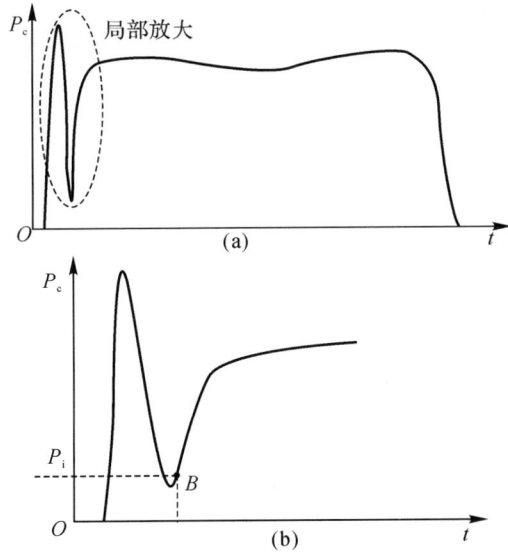

图 4.15　非典型实验曲线 5

(a)完整曲线；(b)局部放大曲线

当压强-时间曲线在点火峰与平稳段之间出现明显波谷，且波谷点压强大于 $0.7\bar{P}_{bth}$ 时，选取压强达到初始压强值 P_i（0.3 MPa 或 $0.05\bar{P}_{bth}$）的点为 B 点（见图 4.16）。

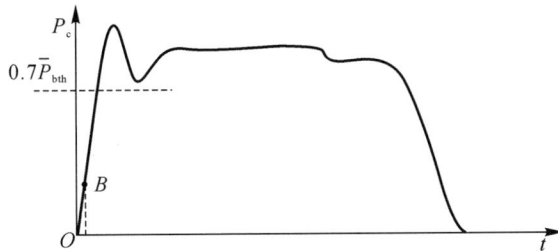

图 4.16　非典型实验曲线 6

当压强-时间曲线下降段出现明显台阶，且台阶处的压强大于或等于 $0.7\bar{P}_{bth}$ 时，则应在两台阶间选取 E 点（见图 4.17）。

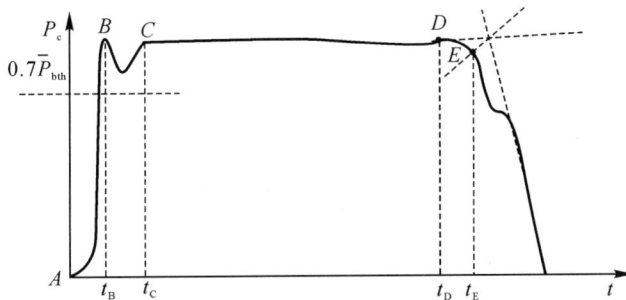

图 4.17　非典型实验曲线 7

5. 数据处理

发动机燃烧时间为

$$t_b = t_E - t_B \tag{4.20}$$

发动机工作时间为

$$t_a = t_F - t_B \tag{4.21}$$

燃烧时间压强冲量为

$$I_{pb} = \int_{t_B}^{t_E} P_c \, dt \tag{4.22}$$

式中:P_c 为燃烧室压强。

燃烧时间推力冲量的计算公式为

$$I_b = \int_{t_B}^{t_E} F \, dt \tag{4.23}$$

式中:F 为推力。

工作时间压强冲量为

$$I_{pa} = \int_{t_B}^{t_F} P_c \, dt \tag{4.24}$$

总冲量为

$$I = \int_{t_B}^{t_F} F \, dt \tag{4.25}$$

燃烧时间平均压强为

$$\overline{P}_b = \frac{I_{pb}}{t_b} \tag{4.26}$$

工作时间平均压强为

$$\overline{P}_a = \frac{I_{pa}}{t_a} \tag{4.27}$$

发动机比冲为

$$I_s = \frac{I}{m_p} \tag{4.28}$$

式中:m_p 为推进剂质量。

6. 数据换算及修正

发动机的标准状态条件:$P^{\ominus} = 7.00$ MPa、$T^{\ominus} = 20$ ℃、$P_e = P_{amb} = 0.101\,33$ MPa、$\alpha = 0°$。标准状态下,推进剂的比冲值的计算公式如下:

$$I_s^{\ominus} = I_s \times \left(\frac{C_{Fth}^{\ominus}}{C_{Fth}} \right) \tag{4.29}$$

$$C_{Fth}^{\ominus} = \left\{ f(\gamma) \times \left[1 - \left(\frac{P_c}{P^{\ominus}} \right)^{\frac{\gamma-1}{\gamma}} \right] \right\}^{\frac{1}{2}} \tag{4.30}$$

$$C_{Fth} = \frac{1+\cos\alpha'}{2} \left\{ f(\gamma) \times \left[1 - \left(\frac{P_c}{P^{\ominus}} \right)^{\frac{\gamma-1}{\gamma}} \right] \right\}^{\frac{1}{2}} + \left(\frac{P_e}{\overline{P}_a} - \frac{P_{amb}}{\overline{P}_a} \right) \times \frac{A_e}{A_t} \tag{4.31}$$

式中:C_{Fth} 为理论推力系数;$C_{Fth}^{\ominus}$ 为标准理论推力系数;γ 为燃烧产物的比热比;$P^{\ominus}$ 为标准

压强；P_e 为喷管出口压强；$\bar{P}_a$ 为工作时间平均压强；P_{amb} 为环境大气压强；A_e 为喷管出口截面积；A_t 为喷管喉部截面积。

其中，$f(\gamma)$ 和 $\dfrac{P_e}{\bar{P}_a}$ 的计算公式如下：

$$f(\gamma) = \frac{2\gamma^2}{\gamma-1} \times \left(\frac{2}{\gamma+1}\right)^{\frac{\gamma+1}{\gamma-1}} \tag{4.32}$$

$$\frac{A_e}{A_t} \times \frac{2}{1+\cos\alpha'} = \frac{\left(\dfrac{2}{\gamma+1}\right)^{\frac{\gamma+1}{2(\gamma-1)}}}{\left(\dfrac{P_e}{\bar{P}_a}\right)^{\frac{1}{\gamma}} \times \left\{\dfrac{2}{\gamma-1} \times \left[1-\left(\dfrac{P_e}{\bar{P}_a}\right)^{\frac{\gamma-1}{\gamma}}\right]\right\}^{\frac{1}{2}}} \tag{4.33}$$

式中：α' 为喷管扩张半角。

点火药量应能保证标准发动机的正常点火。点火药量引起的推进剂比冲增大，可按如下公式进行修正：

$$(I_s^{\ominus})_i = I_s^{\ominus} - I_{sig}^{\ominus} \times \frac{m_{ig}}{m_p} \tag{4.34}$$

式中：$I_{sig}^{\ominus}$ 为点火药标准比冲；m_{ig} 为点火药质量；m_p 为推进剂质量。

4.3　爆热和燃烧热：恒温法

4.3.1　测试原理

燃烧热是指外界温度为 298 K 时，1 kg 推进剂在纯氧气氛中绝热燃烧，生成相同温度下燃烧产物时所放出的热量。爆热指外界温度为 298 K 时，1 kg 推进剂在惰性气氛中绝热燃烧，生成相同温度下燃烧产物时所放出的热量，是一种特殊的燃烧热。火箭发动机工作时，推进剂通过燃烧反应将自身化学能转化为燃气的热能，且通常情况下仅依靠自身携带的氧化剂来支持燃烧，因此爆热是推进剂能量水平的直观反映。此外，对冲压发动机所用的富燃料推进剂而言，自身携带的氧化剂量较少，需要借助冲压至燃烧室内的空气才能完全燃烧，因此采用燃烧热来评估其能量水平更为合适。燃烧热是推进剂自身的化学性质，通常用来衡量推进剂的能量释放特性。计算爆热常用的理论依据是盖斯定律，该定律指出，反应的热效应与反应的路径无关，只取决于反应的初态和终态。

推进剂的爆热（或燃烧热）的理论值的计算公式为

$$Q_{2,3} = Q_{1,3} - Q_{1,2} \tag{4.35}$$

式中：$Q_{1,3}$ 为推进剂的标准生成焓，$J \cdot mol^{-1}$；$Q_{1,2}$ 为燃烧产物的标准生成焓，$J \cdot mol^{-1}$；$Q_{2,3}$ 为推进剂的爆热（或燃烧热），$J \cdot mol^{-1}$。

但是由于推进剂的燃烧产物种类及含量难以有效确定，导致计算得到的推进剂爆热（或燃烧热）精确度不高，所以工程实践中多采用实验进行测试。

恒温法是推进剂爆热（或燃烧热）最主要的测试方法，在恒温式氧弹量热计中进行。测试时以蒸馏水为测温介质，在惰性气氛或纯氧气氛下引燃氧弹内的被测试样，测定与之相接触的水(内筒水)的温度上升情况,并利用标定好的量热系统的水当量,经修正后求出该过程的总放热量,再综合待测样品的质量,即可测得单位质量被测试样的爆热或燃烧热。该测试在定容条件下进行,所测定的热量包括燃气中的水蒸气凝结成为液体时放出的热量,故所测定的是为水为液态时的定容爆热或燃烧热,用 Q_V 表示。恒温式量热计使用较多的外筒水来保证环境条件一致,在测试过程中外筒水的温度恒定,故该测定推进剂爆热(或燃烧热)的方法称为恒温法。

4.3.2 测试装置及材料

爆热测量实验用到的仪器主要为恒温量热计和感量为 0.000 1 g 的电子天平、真空泵等。恒温量热计的结构示意图如图 4.18 所示,主要由外筒、内筒、氧弹、搅拌器等组成,各组成部分规格应满足以下条件。

(1)外筒:容积为 12～15 L。

(2)内筒:用不锈钢制成,镀有防锈层,内外表面应光洁,装水后筒内的水能没过氧弹排气阀门高度的 2/3 且内壁不应有可见气泡。

(3)氧弹:由镍铬或镍铬钼合金钢制成,容积为 300 mL±10 mL,应通过 30 MPa 耐水压实验,气密性应满足充氧 4 MPa 浸入水中 10 min 无气泡泄漏。

(4)螺旋浆式搅拌器:转速为 400～600 r·min^{-1},连续搅拌 10 min 时,量热仪温升应小于或等于 0.01 ℃。

(5)温差计:温差测试范围不小于 5 ℃,分度值不大于 0.001 ℃。

(6)温度传感器:温度测试范围在 20～40 ℃区间,分度值不大于 0.01 ℃。

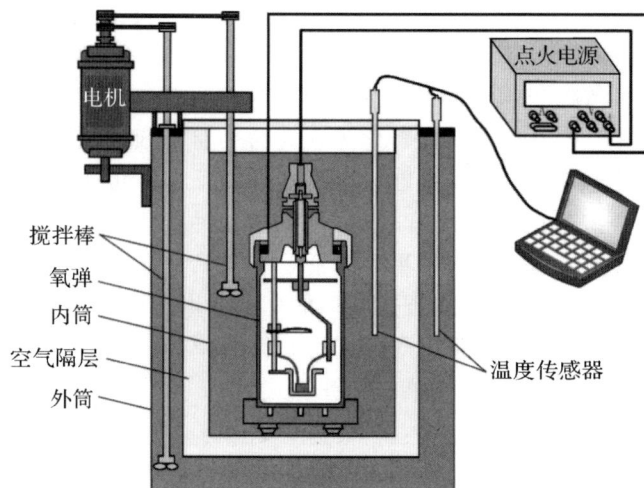

图 4.18　恒温量热计结构示意图

在进行爆热测试时,先将待测试样装入氧弹中,然后将氧弹放置于内桶中的三角支架上进行固定,关闭桶盖,开始实验。图 4.18 中的氧弹的结构示意图如图 4.19 所示。

实验用到的试剂及耗材如下。

(1)苯甲酸(要求符合二等以上量热标准物质)。

(2)0.1 mol·L^{-1} 的氢氧化钠标准溶液。

(3)酚酞指示剂。

(4)非电解法制备的氧气(燃烧热测试时使用)。

(5)高纯氮(爆热测试时使用)。

(6)镍铬丝、经酒精煮洗脱脂的干燥棉线、石英坩埚或不锈钢坩埚,其中镍铬丝和干燥棉线要求已知其燃烧热。

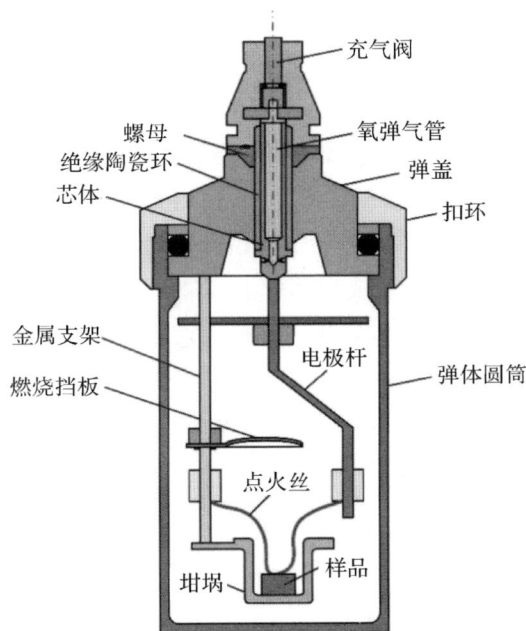

图 4.19　恒温量热计中氧弹的结构示意图

4.3.3　测试方法

恒温法测量推进剂爆热(燃烧热)的实验室应包含两个工作室:量热室和控制室。量热室的室温应控制在 20 ℃±1 ℃,且室内有良好的排风装置,测试过程中不允许有局部气流流动,量热计应远离热源。

1. 量热系统水当量标定

在进行量热系统水当量的标定前,先将准备好的苯甲酸在 103 ℃±2 ℃下烘干 3.5 h,然后放入干燥器中冷却至室温,待完全冷却后称取约 1 g 的苯甲酸粉末,压成片状称准至 0.000 2 g,棉线要求长度为 40~80 mm,镍铬丝要求长度为 10~150 mm,两者称准至 0.000 2 g。

在操作时,首先将金属丝中间绕几圈,缠上棉线,安上电极放入坩埚内,用苯甲酸片压住棉线,然后向氧弹内注入 10 mL 蒸馏水,装上弹头,旋紧弹盖。接着缓慢地向氧弹内充氧气

至 $2.5\sim3.0$ MPa,并检查氧弹的密封性及电极导通是否良好。最后将氧弹吊入量热筒中,安上点火导线,向量热筒中注入已知质量(称准至 0.01 g)的蒸馏水,使其完全淹没氧弹。装配后,开动搅拌器,使量热计与环境温度达到平衡,当 5 min 内温度变化不超过 0.005 ℃时,即可开展实验。

采用恒温法进行推进剂爆热值中量热系统水当量的标定,总共分为初期、主期和末期三个阶段,点火前每 30 s 读取并记录一次温度,共记 11 次,历时 5 min,此阶段为初期。在初期最后一次读数时,接通电流点火,内筒温度升高,每 30 s 记录一次温度,以温度升至最高后开始下降的第一个读数作为主期温度的最后一个读数,该阶段为主期。以主期温度的最后一个读数作为第一个读数,之后每 30 s 读取并记录温度一次,共记录 11 次,此阶段为末期。

在整个测量期间,所有的温度精度要求读准至 0.002 ℃。读数完毕,检查氧弹是否漏气,若漏气,则该实验作废。否则,打开氧弹弹盖,用约 100 mL 的蒸馏水冲洗氧弹内壁及各部件,并将冲洗液倒入三角烧瓶中煮沸 $3\sim5$ min,以驱除二氧化碳,冷却至室温后,加入 $2\sim3$ 滴酚酞指示剂,用 0.1 mol $\cdot$ L^{-1} 氢氧化钠标准溶液滴定至终点。

量热系统的水当量是量热系统各部分热容量的总和,用当量水的热容量来表示(单位为 J $\cdot$ ℃$^{-1}$),常用标准苯甲酸在压力为 $2.5\sim3.0$ MPa 的氧气中完全燃烧来测定。若燃烧不完全,有积碳在坩埚外,则实验作废;若积碳在坩埚内,则须在马弗炉内灼烧,用减量法求出积碳的质量。水当量的计算公式如下:

$$E_0 = \frac{q_1 m_1 + q_2 m_2 + q_3 m_3 - q_4 m_4 + 59.8VN}{t_e - t_b + \Delta t} \tag{4.36}$$

$$\Delta t_1 = \frac{t_0 + t_n}{2} \times m_n + t_n r_n \tag{4.37}$$

式中:E_0 为量热计水当量,J $\cdot$ ℃$^{-1}$;q_1、q_2、q_3 和 q_4 分别为苯甲酸、点火丝、棉线和积碳的燃烧热,J $\cdot$ g^{-1};m_1、m_2、m_3 和 m_4 分别为苯甲酸、点火丝、棉线和积碳的质量,g;59.8 为 1 mol 硝酸生成时放出的热量,kJ $\cdot$ mol^{-1};V 为消耗氢氧化钠标准溶液的体积,L;N 为氢氧化钠标准溶液的物质的量浓度,mol $\cdot$ L^{-1};t_e 和 t_b 分别为主期的末温度和初温度,℃。

量热计交换修正项 Δt_1 可采用门捷公式[式(4.37)]计算,式中:t_0 和 t_n 分别为初期温度和末期温度;m_n 为在主期中每 30 s 温度上升等于或大于 0.3 ℃的间隔数;r_n 表示在主期中每隔 30 s 温度上升小于 0.3 ℃的间隔数。

量热系统水当量的标定要求实验次数不少于 5 次,取总实验次数的算术平均值 E,其相对标准偏差 $S\sqrt{E}$ 应不大于 0.4%。标准偏差 S 的计算公式为

$$S = \frac{1}{n-1} \Big[\sum_{i=1}^{n} (E_i - \bar{E})^2 \Big]^{\frac{1}{2}} \tag{4.38}$$

式中:E_i 为第 i 次标定得到的量热系统的水当量;n 为实验次数。

实验中用所用温度计应定期检定,水当量半年至一年检定一次。当实验条件改变(更换量热计零件或移动量热计位置等)时,量热计水当量必须重新标定。

2.爆热实验测试步骤与数据处理

采用恒温法测量推进剂爆热值,实验用试样方坯的制备按《复合固体推进剂性能测试用试样》(QJ 1113—1987)执行,将推进剂试样切成边长约 2 mm 的正方体颗粒。根据估算的试样发热量大小,称取适当的样品量(一般为 5 g,称准至 0.000 2 g),使其与水当量标定时的温升相近。取长为 100～150 mm 的点火丝,将点火丝中间绕几圈,接上电极伸入坩埚内,再小心地用试样埋住点火丝。旋紧氧弹弹盖使之密封,氧弹内不充氧气,不加蒸馏水。

抽真空至剩余压强不大于 0.4×10⁻³ MPa,剩余操作与量热系统水当量标定过程相同,点火时需读取点火电压、点火电流和点火时间。实验完毕后,将氧弹吊出,放掉气体并清理氧弹。每个试样做 3 次平行实验,取其平均值作为该试样的爆热测试结果。每次实验的结果与平均值的相对误差应不大于 1.0%。实验完成后,推进剂的定容爆热可采用下式进行计算:

$$Q_V = \frac{E(t_0 - t_b + \Delta t_1)}{m} \tag{4.39}$$

式中:Q_V 为推进剂的定容爆热,J·g⁻¹;m 为试样质量,g。爆热测试记录(见表 4.6)及计算举例如下。

表 4.6　爆热测试记录

试样名称				复合固体推进剂					
试样质量				4.001 8 g					
室温				20.2 ℃		观测温度		20.0 ℃	
编号	温度/℃	编号	温度/℃	编号	温度/℃	编号	温度/℃		
初 期	0	2.407	主 期	1	2.939	主 期	11	3.966	末 期	1	3.976
	1	2.407		2	3.356		12	3.971		2	3.975
	2	2.407		3	3.595		13	3.974		3	3.975
	3	2.407		4	3.724		14	3.976		4	3.974
	4	2.407		5	3.814		15	3.976		5	3.971
	5	2.408		6	3.868		16	3.978		6	3.970
	6	2.408		7	3.905		17	3.978		7	3.959
	7	2.408		8	3.930		18	3.978		8	3.968
	8	2.408		9	3.947		19	3.978		9	3.967
	9	2.408		10	3.959		20	3.977		10	3.985
	10	2.408 点火								

由测试记录得

$$U = 9.5 \text{ V}, I = 4.6 \text{ A}, \tau = 1.44 \text{ s}, m_n = 2, \gamma = 8$$

则

$$t_0 = \frac{2.407 - 2.408}{10} = 0.000 1$$

$$t_n = \frac{3.977 - 3.965}{10} = 0.000\,12$$

$$\Delta t = \frac{-0.000\,1 + 0.000\,12}{2} \times 2 + 0.001\,2 \times 18 = 0.022\,7$$

$$Q_v = \frac{16\,000 \times (3.977 - 2.408 + 0.027\,7) - 9.5 \times 4.6 \times 1.44}{4.001\,8} = 6\,348.2$$

3. 燃烧热实验测试步骤与数据处理

燃烧热实验步骤与量热系统水当量标定相同,与爆热测试不同之处于需要向氧弹内充入 2.5～3.0 MPa 的氧气,而且由于燃烧热远高于爆热,推进剂样品的用量需要减少,一般为 2 g(称准至 0.000 2 g)。燃烧热计算方法与定容爆热相同,在此不再赘述。

4.4 爆热和燃烧热:绝热法

4.4.1 测试原理

爆热测定可分为恒温法和绝热法,用恒温法测定含能材料的爆热精度高,但采用恒温法测定含能材料爆热时,对外桶桶温的控制精度要求极为严格。而绝热法因其操作简便,且实验周期短而得到广泛应用。

绝热法测量推进剂的爆热或燃烧热是指将定量试样放入密闭定容的氧弹中点燃,测出内筒中水的温升值,再根据量热系统的热容量,计算出试样的爆热值或燃烧热值。

4.4.2 测试装置及材料

爆热测量实验用到的仪器主要为绝热式氧弹热量计及辅助装置、温度计、冷却水循环装置、点火装置、真空计、真空泵、秒表、天平和石英坩埚或不锈钢坩埚等。绝热式氧弹热量计主要由外筒、内筒、氧弹、螺旋桨式搅拌器等组成,辅助装置主要由加热器、冷却器、自动控温装置和泵组成。各组成部分规格应满足以下条件。

(1)外筒:绝热式热量计外筒中装有加热器、冷却器、自动控温装置和泵,这些辅助装置应能使外筒中的水温紧密跟踪内筒中的水温。自动控温装置的灵敏度应能达到使点火前和终点后内筒中的水温保持稳定,5 min 内的温度变化不超过 0.002 ℃。

(2)内筒:内筒用不锈钢(黄铜或紫铜)制成,镀有防锈层,内外表面应光洁,筒内装的水量以能浸没氧弹排气阀门螺母高度的 2/3 处为准。

(3)氧弹:氧弹由耐热耐腐蚀的镍铬或镍铬钼合金钢制成,弹筒容积为(250～350) mL± 10 mL,耐水压实验应通过 30 MPa。

(4)螺旋浆式搅拌器:转速为 400～600 r·min⁻¹,连续搅拌 10 min 时,量热仪温升应小于或等于 0.01 ℃。

(5)温度计:热电微升温度计数字显示型测温范围为 0～50 ℃,量程为 8 ℃,分辨率为 0.001 ℃,准确度校正后达到 0.002 ℃;水银温度计测温范围为 15～40 ℃,量程为 6 ℃,分度值为 0.01 ℃;温度计测温范围为 0～50 ℃,分度值为 0.1 ℃。

(6)冷却水循环装置:冷却水循环装置冷却效率应能满足使用要求。

(7)点火装置:点火装置输出直流电压为 $0 \sim 24$ V,并带有电压表、电流表及点火指示灯。

(8)真空计:U 形水银真空计或其他真空计。

(9)真空泵:真空泵抽气速率不小于 0.2 L·s^{-1},极限真空度小于 400 Pa。

(10)秒表:分度值不大于 0.2 s。

(11)天平:0.5 g。

实验用到的试剂及耗材如下。

(1)苯甲酸[GBW(E)130035 苯甲酸标准物质]。

(2)双铅—2 标准推进剂[《双铅—2 标准物质规范》(WJ 2508—1998)]。

(3)0.1 mol·L^{-1} 的氢氧化钠标准溶液。

(4)酚酞指示剂。

(5)非电解法制备的氧气(燃烧热测试时使用)、高纯氮(爆热测试时使用)。

(6)镍铬丝、经酒精煮洗脱脂的干燥棉线、石英坩埚或不锈钢坩埚,其中镍铬丝和干燥棉线要求已知燃烧热。

常用的金属点火丝和棉线及其热值见表 4.7。

表 4.7　常用的金属点火丝和棉线及其热值　(单位:J·g^{-1})

点火丝	铁丝	镍丝	康铜丝	铜丝	镍铬丝	纯棉线
热　值	6 699	3 245	3 140	2 512	6 000	17 500

4.4.3　测试方法

绝热法测量推进剂爆热(或燃烧热)的实验室应包含两个工作室:量热室和控制室。量热室的室温应控制在 20 ℃± 1 ℃,且室内有良好的排风装置。测试过程中,不允许有局部气流流动,量热计应远离热源。当用金属丝作为点火丝时,取直径为 $0.1 \sim 0.3$ mm 的已知热值的金属丝;当用棉线作为点火丝时,棉线应选用粗细均匀不涂蜡的纯棉线,长度根据需要截取,但需截成等长度段,10 根合并称量(棉线需烘干),每根的质量取平均值。

1.热容量的标定

热容量的标定分为两种,采用苯甲酸标定时,氧弹应先用苯甲酸烧几次,烧去氧弹内残存的碳,具体操作步骤如下:取两片苯甲酸放入坩埚,绑上金属点火丝和棉线,拧紧弹盖,充入 3 MPa 氧气,接上电极点火。苯甲酸经 110 ℃± 2 ℃干燥 4 h,放入冷却器中冷却至室温,称取约 1 g 苯甲酸粉末(精确至 $0.000\ 2$ g)后,加入已知质量的坩埚中,将氧弹盖置于带环铁架上,取已知质量的金属点火丝和棉线,分别接通两个导电杆和金属丝与苯甲酸,往氧弹中注入 1 mL 蒸馏水,拧紧弹盖(注意避免坩埚与点火丝的位置因受振动而改变)。先向氧弹中缓缓充入氮气并排除空气后,再以 3 MPa 的压力向氧弹中缓缓充入氧气(充氧时间不得少于 30 s)后备用。往内筒中注入蒸馏水,水量应使氧弹浸入水中后水面能浸没至弹盖螺母的 2/3 处,装入水后筒内壁不应有气泡,擦干内筒壁上的水珠,进行称量,称准至 0.5 g。

水量确定后,每次实验应保持不变。

称好的内筒置于外筒绝缘架上,将准备好的氧弹慢慢放入内筒的水中。将温度计插入氧弹主体中部位置,开动搅拌器和控温装置(其温控灵敏度应事先调到能满足要求)。搅拌 8～10 min 后读取温度计读数(使用水银温度计时,每次读数前应开动振荡器振动 3～5 s),隔 2～3 min 再重复一次,直至重复读数的变化不超过 0.001 ℃时,即为稳定,记下最后一次读数为初温。

进行点火,并记录点火的电压、电流和时间(读准至 0.5 个单位)。点火 8～10 min 后开始读数,隔 2～3 min 复查一次,直至温度变化不超过 0.001 ℃时,即为平衡,记下最后一次读数为终温。

停止搅拌,取出氧弹和内筒,打开氧弹放气阀缓慢地放气(放气过程不得少于 1 min),打开氧弹,用蒸馏水冲洗氧弹的内表面及坩埚等部件,将全部洗涤水(总量约 100 mL)收集于烧杯中盖上表面皿,煮沸 3～5 min 冷却后加入两滴酚酞指示剂,以 0.1 mol·L^{-1} 氢氧化钠标准滴定溶液滴定至溶液呈粉红色不消褪,即为终点。取出未燃尽的点火丝,测量其长度或称出其质量,以计算出烧掉的质量。若用称量法,则称量前应去掉每段点火丝端上的金属氧化球。热量计系统的热容量的计算公式如下:

$$C = \frac{Q_1 m_1 + Q_n + Q_2 + Q_3}{\Delta t} \tag{4.40}$$

$$Q_n = VN \times 5.98 \times 10^4 \tag{4.41}$$

$$Q_1 = m_{01} Q_d \tag{4.42}$$

$$Q_2 = m_{02} \times 17\ 500 \tag{4.43}$$

$$\Delta t = (t_{nn} - \Delta t_{nn}) - (t_{00} - \Delta t_{00}) \tag{4.44}$$

式中:C 为量热计系统热容量,J·K^{-1};Q_1、Q_2 和 Q_3 分别为苯甲酸、金属丝和棉线的燃烧热,J·g^{-1};m_1 为苯甲酸的质量,g;Δt 为温升,K;5.98×10^4 为 1 mol 硝酸生成时放出的热量,J·mol^{-1};V 为消耗氢氧化钠标准溶液的体积,L;N 为氢氧化钠标准溶液的物质的量浓度,mol·L^{-1};m_{01} 为烧掉的金属丝的质量,g;m_{02} 为棉线的质量,g;Q_n 为硝酸的生成热,J;Q_d 为金属丝放出的热值,J·g^{-1};17 500 为棉线放出的热值,J·g^{-1};t_{nn} 为终温,K;Δt_{nn} 为终温刻度修正值,K;t_{00} 为初温,K;Δt_{00} 为初温刻度修正值,K。

用双铅—2 标准推进剂标定时,称取双铅—2 标准推进剂 6 g,精确至 0.000 2 g。将氧弹置于带环铁架上,放好坩埚,将点火丝两端紧绕在两个导电杆上,并将点火丝中间绕成螺旋数圈。然后将螺旋部分调正深入坩埚内,但不得碰触坩埚壁,将标准推进剂装满坩埚并盖住点火丝,剩余标准推进剂倒入弹筒,拧紧弹盖。若用真空法,则将氧弹与抽气系统相连,开动真空泵,打开弹盖上的抽气阀门及真空计开关,抽气中间再将弹盖拧紧一次,直至弹内压力降至 400 Pa 以下,关闭弹盖上的阀门,关闭真空泵,拆下抽气管,备用。抽气过程中和抽气结束时,应检查真空系统和氧弹是否漏气。若用充氮法,则将氧弹与充氮系统相连,先以氮气净化氧弹两次,再充入 2.5 MPa 的氮气,关闭阀门,拆去充氮接头,备用。往内筒中注入蒸馏水,水量应使氧弹浸入水中后水面能浸没至弹盖螺母的 2/3 处,装入水后筒内壁不应有气泡,擦干内筒壁上的水珠,进行称量,称准至 0.5 g。水量确定后,每次实验应保持不变。

将称好的内筒放入外筒的绝缘架上,再将准备好的氧弹慢慢放入内筒的水中。若用真空法不能用气泡法检查氧弹是否漏气,则用充氮法纠正漏气后,需重新充氮和称水量。将温度计插入氧弹主体中部位置,开动搅拌器和控温装置(其温控灵敏度应事先调到能满足要求)。搅拌 8~10 min 后读取温度计读数(使用水银温度计时,每次读数前应开动振荡器振动 3~5 s),隔 2~3 min 再重复一次,直至重复读数的变化不超过 0.001 ℃即为稳定,记下最后一次读数为初温。然后到准备室进行点火,并记下点火的电压、电流和时间(读准至0.5 个单位)。点火 8~10 min 后开始读数,隔 2~3 min 复查一次,直至温度变化不超过0.001 ℃时,即为平衡,记下最后一次读数为终温。

停止搅拌,取出氧弹和内筒,将弹内废气排出室外,打开弹盖,用工业丙酮洗涤弹内各部件,再用棉布擦干,然后风干,并用细砂纸擦拭导电杆缠点火丝的部分,以备下次使用。热量计系统的热容量的计算公式如下:

$$C = \frac{Q_b m_b + E_q}{\Delta t} \tag{4.45}$$

$$E_q = tUI \tag{4.46}$$

式(4.45)和式(4.46)中:C 为量热计系统热容量,J·K^{-1};Q_b 为双铅—2 标准推进剂的爆热,J·g^{-1};m_b 为双铅—2 标准推进剂的质量,g;Δt 为温升,K;E_q 为点火能量,J;t 为点火时间,s;U 为点火电压,V;I 为点火电流,A。

热容量标定需平行测定 5 次,其最大值与最小值之差不得大于 42 J·K^{-1},取其平均值,并用此热容量测定双铅—2 标准推进剂的热值,其结果与标准值之差应符合要求。在更换量系统的部件或改变操作条件时,热容量需重新标定。小部件如密封圈、导电杆、螺母等不在此列。

2.爆热实验测试步骤与数据处理

复合固体推进剂一般称取 5 g 试样。将蒸馏水注入内筒以前,应预先将水温调节到与标定热容量时的初温相近(不超过 1 ℃)。按照用双铅—2 标准推进剂标定热容量的步骤进行爆热测定。

测定燃烧热时,称取的试样量应能使内筒水温温升达 2~3 ℃,称量精确至 0.0002 g。按照用苯甲酸标定热容量的步骤进行燃烧热测定。

未加双铅—2 标准推进剂的试样爆热为

$$Q_p = \frac{\Delta t C - E}{m_s} \tag{4.47}$$

试样的燃烧热为

$$Q_c = \frac{\Delta t C - (Q_n + Q_1 + Q_2)}{m_s} \tag{4.48}$$

式(4.47)和式(4.48)中:Q_p 为爆热,J·g^{-1};Q_c 为燃烧热,J·g^{-1}。

每份试样测定两个结果,当两个结果的差值不大于 21 J·g^{-1} 时,取其平均值;当两个结果的差值超过 21 J·g^{-1} 时,补测一次。若补测的结果与前两个结果之一相差在 21 J·g^{-1} 以内,则取这两个结果的平均值;若补测的结果在前两个结果之间,且相差都不超过21 J·g^{-1},当取 3 个结果的平均值,结果表示至整数位;当两个测定结果的差值不大于42 J·g^{-1} 时,取其平均值;当两个结果的差值超过 42 J·g^{-1} 时,按上述程序处理。

4.5 燃气比容:压力传感器法

4.5.1 测试原理

燃气比容指单位质量的燃气所占的体积,通常用 V 表示,比容是物质的内含性质,配合其他内含性质就可以描述简单热力学系统的状态。使用比容也可以在不需得知系统实际工作体积(可能是实际体积难以量测或是不重要)的条件下,分析一个热力学系统。它与燃气的温度、压力和物质的量等因素密切相关,可通过压力传感器法进行测量。

压力传感器法测燃气比容是指将定量试样在定容和一定真空度的氧弹中燃烧,产生的气体冷却至室温后通入定容和一定真空度的容器中,用压力传感器测定容器中试样燃烧气体压力,根据理想气体状态方程换算成标准状态下的气体体积,并求出试样燃烧气体的比容。

4.5.2 测试装置及材料

压力传感器法测比容用到的仪器主要有传感器、直流电源、容器、三通活塞、电阻真空计、真空泵、排气管和氧弹等。各仪器规格应满足以下条件。

(1)氧弹:由不锈钢制成,容积约为$(250\sim350)$ mL±10 mL,耐 30 MPa 水压实验合格。

(2)容器:由不锈钢或玻璃制成,容积约 4L,容器上有进气、排气和安装传感器的接嘴。

(3)传感器:量程为$-0.101\sim0.101$ MPa,精度非线性小于 0.5%、滞后小于 0.5%、重复性小于 0.5%,满量程输出(桥压为 5 V 时)大于 10 mV,桥压直流电压小于 5 V。

(4)直流电源:电压在 $0\sim30$ V 范围内连续可调。

(5)电阻真空计:量程为 $5.333\times10^{-3}\sim1.333\times10^{-3}$ MPa,极限误差小于 25%。

(6)点火电源:实验电压为 $0\sim24$ V。

(7)真空泵:抽气速率为 2 L/s,极限真空度为 7×10^{-2} Pa。

(8)温度计:测温范围为 0.1 ℃。

4.5.3 测试方法

采用压力传感器法测燃气比容时,实验装置真空度不大于 400 Pa,实验室内温度应恒定,室温波动不大于±2 ℃。

1.实验装置容积的标定

装置的容积为氧弹、容器、连接管道和三通活塞 C 部分容积的总和,装配前按《标准金属量器》(JJG 259—1989)和《常用玻璃量器》(JJG 196—1990),用衡量法和测量法对各部分容积进行标定。

2.比容实验装置气密性检查

将比容实验装置安装调试好后,启动真空泵抽气至数字式压力计,当显示值小于 0.15 kPa 时,3 min 内真空计指针不漂移、数字式压力计显示值变化小于 0.03 kPa,即气密性检查合格。

3. 比容实验装置的检验

按实验步骤用 60 方片双基发射药进行检验。以 60 方片双基发射药的比容参比值的允许差来衡量检验结果,即用 60 方片双基发射药平行测定两个结果,取其平均值。若该平均值与 60 方片双基发射药的比容参比值之差的绝对值小于允许差值,则该实验装置可用于测定。

4. 比容测试步骤与数据处理

按规定通电预热实验装置,并将电阻真空计通电预热 30 min。在氧弹的导电弯杆和导气管(或两个电极)上固定一条长约 100 mm,中间绕有数圈的金属点火丝,将金属点火丝的绕圈部分放入燃烧坩埚中心,但不得接触坩埚。用药勺将试样装满坩埚,剩余的试样留在氧弹内,然后拧紧弹盖。将氧弹的针形阀与真空泵相连,开动真空泵,抽去弹内空气至残余气体压力达 4×10^{-4} MPa 以下,依次关闭针形阀、真空泵,并检查弹内镍铬丝导电情况,将氧弹浸入装有冷却水的桶内,其水量应不致使氧弹针形阀螺纹浸没。连接好点火导线,通电使试样点燃,保温 15 min。

取出氧弹,与实验装置导气管连通,旋转三通活塞 C 至测定位置,打开三通活塞 A 和活塞 B,开动真空泵,抽真空至实验装置内的残余气体压力达 4×10^{-4} MPa 以下,记录数字电压表的指示值。关闭真空泵及三通活塞 A,使导管处于断路,旋转三通活塞 B 接通大气。打开氧弹针形阀,使试样燃烧气体缓缓导入容器内,约 5 min 后,记录数字电压表的指示值和室温。旋转三通活塞 A,使燃气排入大气,卸下氧弹,取下弹盖。水为气态时还应用普通滤纸小心地擦拭弹内和弹盖上的所有水珠,将滤纸收集于称盒内称量。然后将称盒放入 110 ℃±2 ℃ 的烘箱内干燥 1 h,取出放入干燥器中冷却 30 min 后称量。将氧弹清洗干净,用酒精或丙酮擦洗,吹干备样。关闭仪器。

试样气体压力 P_t 和比容 V_s,在不加入 60 方片双基发射药和加入 60 方片双基发射药时,1 kg 试样燃烧后气体产物在标准状态下所占的体积(水位液态)V_{s1},以及不加入 60 方片双基发射药和加入 60 方片双基发射药时,1 kg 试样燃烧后气体产物中水蒸气在标准状态下所占的体积(水位液态)V_{s2} 的计算公式如下:

$$P_t = (U_2 - U_1) \, h_s \tag{4.49}$$

$$V_s = V_{s1} + V_{s2} \tag{4.50}$$

$$V_{s1} = \frac{(T_0 - P_0) P_t V_t}{(273.15 + t) m} \tag{4.51}$$

$$V_{s1} = \frac{(T_0 - P_0) P_t V_t / (273.15 + t) - V_{s4} m}{m} \tag{4.52}$$

$$V_{s2} = \frac{A \times 10^3 (m_a - m_b)}{m} \tag{4.53}$$

$$V_{s2} = \frac{A \times 10^3 (m_a - m_b) - V_{s5} m_{s1}}{m} \tag{4.54}$$

式中:P_t 为被测试样气体压力,Pa;U_1 和 U_2 分别为实验装置在充气前后的电压,mV;h_s 为传感器压力换算系数,Pa·mV^{-1};V_s 为 1 kg 试样燃烧后气体产物在标准状态下所占的体积(水为气态),L·kg^{-1};V_{s1} 为 1 kg 试样燃烧后气体产物在标准状态下所占的体积(水为液态),

$L \cdot kg^{-1}$；V_{s2} 为 1 kg 试样燃烧后气体产物中水蒸气在标准状态下所占的体积，$L \cdot kg^{-1}$；T_0 为 0 ℃下热力学温度(规定为 273.15 K)，K；P_0 为标准大气压，MPa；V_t 为实验装置容积，L；273.15 为 0 ℃时的热力学温度，K；t 为室温，℃；m 为被测试样质量，g；V_{s4} 为 60 方片双基发射药的比容(水为液态)，$L \cdot kg^{-1}$；m_{s1} 为 60 方片双基发射药的质量，g；A 为 1 g 水蒸气在标准状态下所占的体积(其值为 1.243)，$L \cdot g^{-1}$；m_a 为干燥前滤纸和称盒的质量，g；m_b 为干燥后滤纸和称盒的质量，g；V_{s5} 为 60 方片双基发射药凝结水的气态比容，$L \cdot kg^{-1}$。

每份试样平行测定两个结果：若两个结果的差值不大于 6 $L \cdot kg^{-1}$，则取其平均值；若两个结果的差值超过规定值，则可补做一个结果，取其两个结果不超差的结果的平均值；若补做的结果介于原来两个结果之间，均不超差，则取 3 个结果的平均值。实验结果应表示至整数位。

4.6 燃气比容：定容测压弹法

4.6.1 测试原理

采用压强传感器法测定燃气比容时，需将燃气冷却至室温，此时燃烧生成的水为液态，需用滤纸小心擦拭量热弹内和端盖上的水珠，将滤纸收集并称量，因此测定过程中的空气干湿度、收集速度和转移称量过程都可能带来一定程度的测量误差；此外，液态水还会吸收燃气组分中部分水溶性气体等，会进一步增大测量误差。目前，复合固体推进剂大多采用高氯酸铵(AP)作为氧化剂，其燃烧产生的氯化氢气体极易溶于水，导致燃气生成量的测试结果与实际偏差较大，因此压强传感器法已不适合测定固体推进剂的燃气比容，迫切需要发展新的测量方法。

定容测压弹法是将定量的推进剂试样在指定容积和设定温度的密闭燃烧器中进行燃烧，由于整个试验过程始终保持燃烧器内压强小于该恒定温度下水的饱和蒸气压，所以可保证燃烧产物中的水以气态形式存在，如此可避免液态水对燃气组分中水溶性组分的吸收。待推进剂试样燃烧气体冷却至设定温度后用压强传感器测定试样的燃气压强，并结合温度传感器测试的温度信息，根据理想气体状态方程得到燃气的摩尔数及标准状态下的气体体积，以此求出燃烧气体的比容。

4.6.2 测试装置及材料

固体推进剂燃气比容测试系统由油浴锅、燃烧器、压强传感器、温度传感器和数据采集计算机组成，如图 4.20 所示，其中燃烧器和温度传感器均浸没于恒温油浴的液面下，燃烧器上设有测压孔，压强传感器用于记录燃烧器内压强随时间的变化。各部分规格应满足以下条件。

(1)油浴锅：控温范围为 20～400 ℃，控温精度为 ±0.1 ℃。

(2)甲基硅油：《二甲基硅油》(HG/T 2366—2015)。

(3)燃烧器：由不锈钢制成，通过耐 30 MPa 水压试验。燃烧器上开有进气排气阀及测压孔,可抽真空并记录燃烧器内压强随时间的变化情况。

(4)压强传感器:量程根据需要选择,精度非线性小于 0.5%、滞后小于 0.5%、重复性小于 0.5%,满量程输出(桥压 5 V 时)大于 10 mV,桥压直流电压小于 5 V。

(5)点火电源:实验电压为 0～24 V。

(6)温度传感器:测温范围为 0～400 ℃,精度为 0.01 ℃。

(7)分析天平:精度为 0.01 mg。

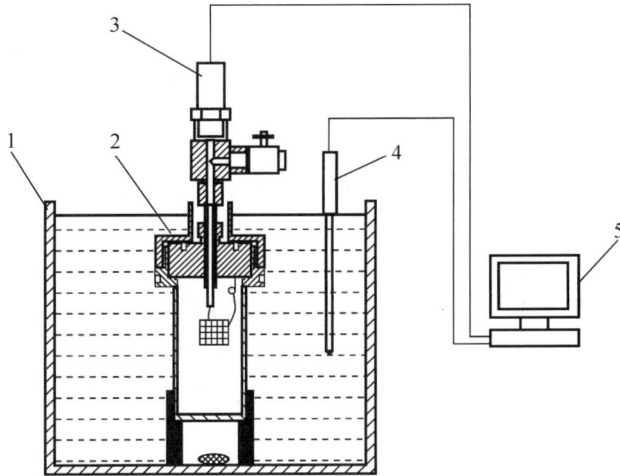

图 4.20　推进剂燃气比容测试系统示意图
1—油浴锅;2—燃烧器;3—压强传感器;4—温度传感器;5—数据采集计算机

4.6.3　测试方法

1.燃烧器容积的标定

正式测试前,使用无水乙醇标定燃烧器的容积 3 次,取 3 次数据的平均值。标定步骤为:将干净、无杂质和水分的燃烧器使用电子天平进行称量,称量完毕后,将无水乙醇缓缓倒入直至容器填满,再次称量装满无水乙醇的燃烧器的质量。由于一定温度下无水乙醇的密度已知,所以使用称量前、后质量差除以无水乙醇的对应密度,即可求得燃烧器的容积。

2.气密性检查

压强传感器安装至燃烧器上端,并与数据采集计算机相连接,打开测试软件采集燃烧器内的压强信号。随后将燃烧器与高压氮气瓶相连接,打开燃烧器进气阀,调节高压气瓶阀门开度使燃烧器内压强平稳上升至 3 MPa,依次关闭进气阀及高压氮气瓶阀门,将燃烧器保压 15 min 观察压强信号的变化。若压强传感器信号在 15 min 后保持不变,则说明燃烧器气密性良好;反之,则说明漏气,此时需用气体泡沫检漏剂检测漏气部位并拆卸检查,重新装配后重复上述操作,直至气密性检查无问题。

3.推进剂试样量确定

根据克劳修斯-克拉佩龙方程可计算出水在不同温度下的饱和蒸气压,对于设定温度,应保证燃烧器内稳定压强 P_1 小于设定温度下水的饱和蒸气压,其计算式如下。若超过此数值,则水蒸气会重新转变为液态,因此应该减少试样使用量直至符合要求。

$$\ln(P_水/P_0) = -4\,931.637/T + 13.08 \tag{4.55}$$

式中:$P_水$ 为当前温度下水的饱和蒸气压,Pa;P_0 为 373 K 下水的饱和蒸气压,101 325 Pa;T 为燃烧器内温度,K。

4. 比容测试及数据处理

取块状推进剂样品并钻一个直径为 1 mm 的小孔,采用天平称取质量为 m,将一定长度的点火丝穿过样品并缠绕在燃烧器的正、负极接线柱上,依次装配燃烧室各部件进行密封,并将燃烧器与高压气瓶连接。向装置中充入 3 MPa 氮气,再缓慢排出,重复 3 次,以排出装置中的空气。

随后关紧排气阀门,放置燃烧器于油浴锅中,并记录初始温度值 T_0 和初始压强传感器示值 P_0。待油浴锅温度升高至设定温度后,用直流电源给推进剂点火,观察燃烧器内压强变化,待燃烧器温度降温至油浴锅设定温度时,压强数据就不再发生改变,记录此时温度值 T_1 和压强 P_1。最后将燃烧器取出并冷却至室温,此时燃气中水由气态转变为液态,记录此时温度值 T_2 和 P_2。每个试样进行 3 组平行实验,并对结果取平均值。数据保存完毕后,排放燃气,冷却燃烧器,并用无水乙醇清洗,晾干备用,准备下一次实验。

5. 数据处理

当推进剂完全燃烧且压强恒定时,此时生成的水为气态,由气体状态方程可计算出燃烧器中燃气摩尔数 n_1 为

$$n_1 = \frac{P_1 V}{R_0 T_1} \tag{4.56}$$

式中:n_1 为恒温后燃烧器内燃气摩尔数,mol;P_1 为恒温后燃烧器恒定压强,Pa;V 为燃烧器容积,m^3;R_0 为普适气体常数,8.314 J·mol^{-1}·K^{-1};T_1 为油浴锅设定温度,K。

开始实验时,燃烧器内的残留气体摩尔数 n_0 为

$$n_0 = \frac{P_0 V}{R_0 T_0} \tag{4.57}$$

式中:n_0 为燃烧器内残留气体摩尔数,mol;P_0 为燃烧器初始压强,Pa;V 为燃烧器容积,m^3;R_0 为普适气体常数,8.314 J·mol^{-1}·K^{-1};T_0 为初始温度,K。

单位质量推进剂的燃气摩尔数 n 为

$$n = \frac{n_1 - n_0}{m} \tag{4.58}$$

式中:n 为单位质量推进剂的燃气摩尔数,mol·kg^{-1};n_1 为燃烧器内燃气摩尔数,mol;n_0 为残留气体摩尔数,mol;m 为推进剂样品质量,kg。

对于含高氯酸铵推进剂,采用定容测压弹法还可以得到单位质量推进剂燃气中 H_2O 和 HCl 的摩尔数 n_2,其计算式为

$$n_2 = \frac{n_1 - n_1'}{m} = \frac{P_1 V}{R_0 T_1 m} - \frac{P_2 V}{R_0 T_2 m} \tag{4.59}$$

式中:n_2 为单位质量推进剂燃气中 H_2O 和 HCl 的摩尔数,mol;n_1 为恒温后燃烧器内燃气

摩尔数,mol;n_1' 为常温下燃烧器内燃气摩尔数,mol;m 为推进剂样品质量,kg;P_1、P_2 分别为设定温度和常温下燃烧器内压强,Pa;V 为燃烧器容积,m^3;R_0 为普适气体常数,8.314 J·mol^{-1}·K^{-1};T_1 和 T_2 分别为浴锅设定温度和常温温度,K。

参 考 文 献

[1] 中国兵器工业标准化研究所.火药试验方法:GJB 770B—2005[S].北京:国防科工委军标出版发行部,2005.

[2] 中国航天标准化研究所.标准试验发动机型式和尺寸:GJB 96A—2001[S].北京:国防科工委军标出版发行部,2001.

[3] 中国航天标准化研究所.标准试验发动机技术要求和数据处理:GJB 97A—2001[S].北京:国防科工委军标出版发行部,2001.

[4] 西北工业大学.高精度固体推进剂燃气生成量测试装置:202010055261.9[P].2021-03-23.

第5章 热分解及燃烧性能测试

5.1 热分解性能:热重法

5.1.1 测试原理

高能钝感推进剂是固体推进领域研究的主流方向,为满足导弹武器系统的高能化发展需求,往往会在复合固体推进剂中添加一些含能材料以提升发动机比冲,而能量水平的提高使得推进剂存在易燃、易爆的危险,对固体推进剂的生产、运输、贮存及使用过程产生重大威胁。推进剂燃烧及爆炸反应起始于热分解,因此开展推进剂热分解性能分析及影响规律研究,对提升推进剂热安定性、促进工程应用成熟度具有重要意义。

热重分析仪可以测试样品在热环境中的质量变化情况,主要由精密热天平、高温炉、程序控温系统及记录系统组成,其基于变位法或零位法测量物体的实时质量。变位法是根据天平梁倾斜度与质量变化成比例的关系,用差动变压器等装置检测倾斜度,从而获得质量变化数据。零位法则是采用差动变压器、光学法测定天平横梁的倾斜度,然后去调整安装在天平系统和磁场中线圈的电流,使线圈转动恢复天平梁的倾斜。由于线圈中电流、线圈转动所施加的力与样品质量呈比例关系,所以通过测量所需的电流即可得到样品质量变化曲线。

固体推进剂在分解或氧化等过程中,往往会伴随着质量的变化,而质量变化的大小及所处的温度区间与其物理结构及化学组成密切相关。热重分析法(TG 或 TGA)就是使物质处于一定温度程序(升/降/恒温)控制下,测量样品的质量随温度或时间的变化过程。通过热重法可获得样品的热重曲线(TG 曲线),从 TG 曲线可得到试样的分解温度及组成性质;对热重法进行一次微分可获得微商热重曲线(DTG 曲线),该曲线反映了样品质量变化率随温度或时间的变化关系,可用来分析样品的热稳定性及热分解动力学。

5.1.2 测试装置及材料

采用热重分析仪可对推进剂热分解性能进行测试,热重分析仪主要由线控程序控温的加热炉和精密热天平两部分组成,其示意图如图 5.1 所示。

实验用具规格应满足以下条件。

(1)热重分析仪:热天平感量为 0.01 mg;在实验温度范围内可实现升温速率的稳定控制,误差为 ±0.1 ℃。

(2)氩气(或氮气):纯度为 99.999%。

(3)分析天平:精度为 0.01 mg。

(4)小刀或其他切割工具。

(5)坩埚:常见的有铝坩埚、氧化铝陶瓷坩埚等。其中,铝坩埚的热导率好,但当测试温度高于 600 ℃时铝坩埚会熔化,因此必须采用陶瓷坩埚。

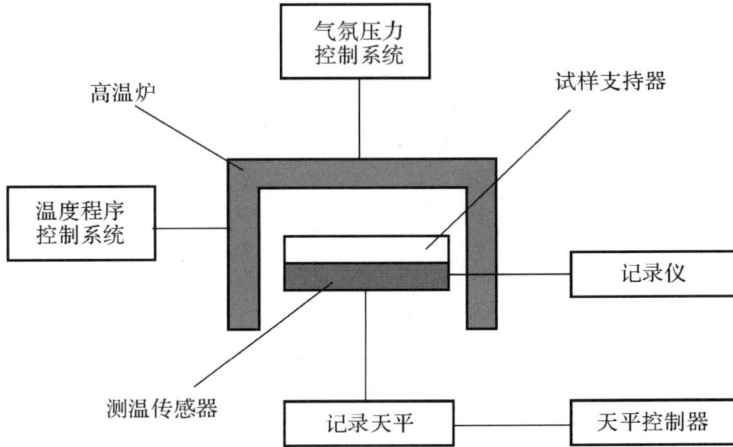

图 5.1　热重分析仪器示意图

5.1.3　测试方法

1. 仪器预热及标定

试验前应提前 30 min 打开热重分析仪,完成仪器的预热。热重分析仪质量校准和温度校准按照相应仪器标准操作指导书执行。测试前用氩气(或氮气)以恒定流速净化系统。

2. 基线实验

调节气流速率,气流速度参考范围为 $20\sim80$ mL·min^{-1}。将未装样品的坩埚放在载样台上,盖上加热炉体。按照推进剂实际测试流程设定起始温度、升温程序及终止温度,当升温速率过快时,会出现基线不稳、测定精度不准确等问题,因此升温速率不宜过快,通常选择 $10\sim20$ ℃·min^{-1}。完成至少两次的基线实验,重复测量的质量信号应不超过 ±0.05 mg,实验结束后将基线数据进行保存。

3. 热分解性能测试

调取基线数据,调节放有坩埚的热天平零点。称取 2 mg 的推进剂试样并平摊至坩埚中,称量结果精确至 0.02 mg。将装有试样的坩埚放置在载样台上,并设定升温程序,完成 TG - DTG 曲线的采集。试验结束后,待仪器降温至室温,关闭热重分析仪。注:2 mg 为参考质量,实际推进剂质量应根据推进剂燃烧性能进行选取,对于爆炸性的含能材料,选取量一般在 0.5 mg 以下,以防止发生爆炸、损坏仪器。

4. 数据处理

(1)TG 曲线及 DTG 曲线。

由热重法获得的 TG 曲线,表示样品在测试条件下的失重累积量,属于积分型,TG 曲线一般由实验前、后样品的质量变化数据扣除仪器校准基线获得。对热重曲线进行一次微分,可得到微商热重曲线(DTG 曲线),它反映了样品质量变化率与加热温度 T 或时间 t 的关系,称为失重速率。图 5.2 为典型的 TG - DTG 曲线示意图。

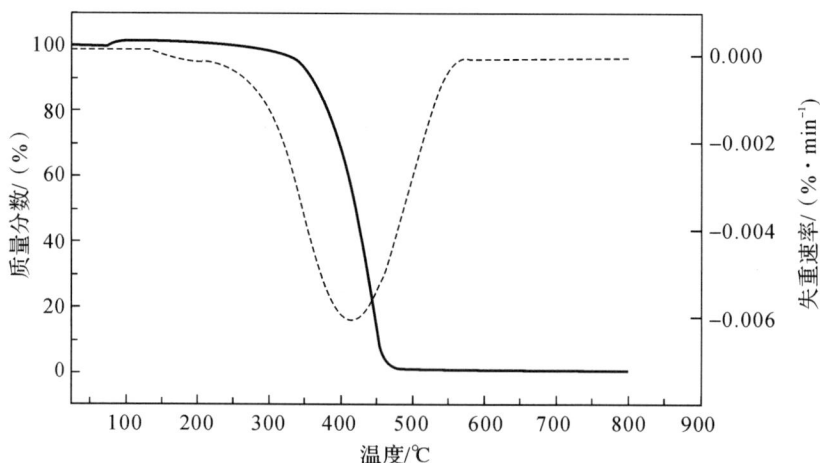

图 5.2　典型的 TG - DTG 曲线

　　每次失重的百分数由 TG 曲线所对应的纵坐标数值得到。在 TG 曲线中,常采用初始分解温度、5％失重率下的分解温度、10％失重率下的分解温度、终止分解温度以及最终失重率等参数作为热稳定性分析的依据,其选取方法如图 5.3 所示。

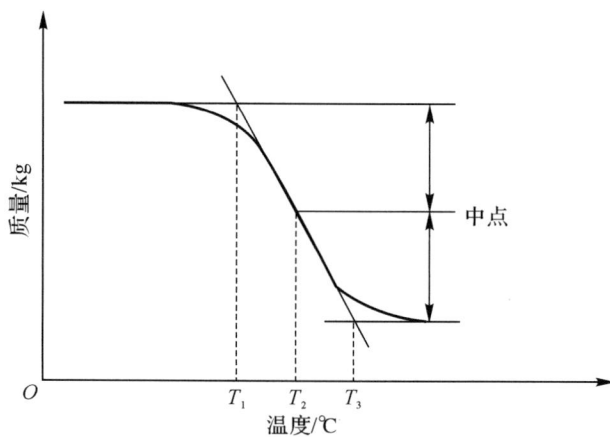

图 5.3　典型 TG - DTG 曲线中几个温度参数的选取方法

　　如图 5.3 所示,T_1 为试样的初始分解温度,为在 TG 曲线台阶前水平处所作切线与在曲线拐点处所作切线的交点;T_2 为分解过程的中间温度,为在 TG 曲线台阶前水平处作切线与在台阶后水平处延长线的中点与 TG 曲线的交点;T_3 为试样的终止分解温度,为在台阶后水平处所作切线与在曲线拐点处所作切线的相交点。不同组分失重率及最终失重率选取方法(见图 5.4)及计算式为

$$组分 1 失重率 = \frac{m_0 - m_1}{m_0} \times 100\%　　\text{(5.1)}$$

$$组分 2 失重率 = \frac{m_1 - m_2}{m_0} \times 100\% \tag{5.2}$$

$$最终失重率 = (1 - \frac{m_2}{m_0}) \times 100\% \tag{5.3}$$

式中：m_0 为样品起始总质量，kg；m_1 为分解第一阶段样品剩余质量，kg；m_2 为分解结束后样品剩余质量，kg。

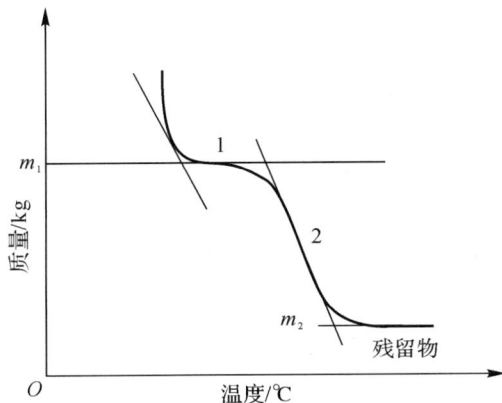

图 5.4　不同组分失重率及残炭率选取方法

热重曲线上的每个台阶，对应于微商热重曲线的一个峰，其峰面积与试样质量变化成正比，通过微商热重曲线可清晰反映样品组成、热稳定性、起始分解温度、达到最大反应速率的温度、反应终止温度及热分解动力学。其中，DTG 曲线的峰值为各失重台阶的质量变化速率最大的温度（时间）点，其对应于 TG 曲线上的拐点；DTG 曲线外推起始点及外推终止点更接近于真正意义上的反应起始温度及反应结束温度。当失重很小，在 TG 曲线上无法分辨出来时，可以借助 DTG 曲线分辨。

（2）动力学参数确定。

采用热重分析仪以不同的升温速率加热试样，可获得不同升温速率下试样质量随温度（时间）的变化关系，由此得到每个升温速率下转化率所对应的温度。对于特定的转化率，通过不同的模型将升温速率与绝对温度进行曲线拟合，可获得反应活化能。通常采用 3 个或 3 个以上的升温速率加热试样，试样质量相同（质量公差为 $\pm 1\%$），且最大升温速率至少是最小升温速率的 5 倍。常见的有 2 ℃·min^{-1}、5 ℃·min^{-1}、10 ℃·min^{-1}、15 ℃·min^{-1} 和 20 ℃·min^{-1} 等升温速率。

反应活化能 E_a 可根据近似关系进行计算，常见的有 Flynn-Wall-Ozawa 法、Kissinger-Akahira-Sunose 法和 Starink 法，3 种方法的通用表达式分别为

$$\ln\beta = Const - 1.052\left(\frac{E_a}{R_0 T}\right) \tag{5.4}$$

$$\ln\left(\frac{\beta}{T^2}\right) = Const - \frac{E_a}{R_0 T} \tag{5.5}$$

$$\ln\left(\frac{\beta}{T^{1.92}}\right) = Const - 1.000\,8\left(\frac{E_a}{R_0 T}\right) \tag{5.6}$$

式中:β 为升温速率,$K \cdot s^{-1}$;E_a 为活化能,$J \cdot mol^{-1}$;R_0 为气体常数,8.314 $J \cdot K^{-1} \cdot mol^{-1}$;$T$ 为绝对温度,K;Const 表示常数。

5.2 热分解性能:差示扫描量热法

5.2.1 测试原理

通过热重分析仪可以获得物质质量随温度的变化关系,然而,当物质发生熔融、结晶及相转变等物理或化学变化时,并不发生质量的变化,而是表现为热量的吸收或释放,因此测试物质在程序控温下的热量变化可补充推进剂热分解特性的数据,对进一步明确热分解机理具有重要意义,常见的测量方法有差热分析法(DTA)和差示扫描量热法(DSC)。

差热分析法和差示扫描量热法测试原理较为相似,都是将测试样品与惰性参比物置于同一加热器的两个不同位置,按一定程序进行加热(或冷却),研究物质的热量随温度(或时间)的变化规律。其中,差热分析法测量的是试样与参比物之间的温度差随温度(或时间)的变化关系,而差示扫描量热法则保持试样与参比物的温差为零,研究所施加的热量与温度(或时间)的变化关系。DTA 仅可以测试物质发生相变等温度特征点,而 DSC 不仅能获得相变等温度特征点,还能获得其化学过程所吸收/释放的热量,因此其在热分析领域得到更广泛的应用。

根据测量方法的不同,DSC 可分为热流型 DSC 和功率补偿性 DSC,其中热流型 DSC 最为常用,其结构示意图如图 5.5 所示。将参比坩埚(通常为空坩埚)与样品坩埚(装有样品)放置于同一康铜片上,两者在同一热源下进行加热或冷却,当样品发生热效应时,会在样品与参比物之间产生温度差,放置于它们下方的热电偶由此产生温差电势,此时功率补偿放大器会自动调节补偿加热丝的电流,通过康铜片和载气两个途径将热传递给样品与参比物,使得两者的温度始终保持相同,这种补偿的热量即为样品的热效应。

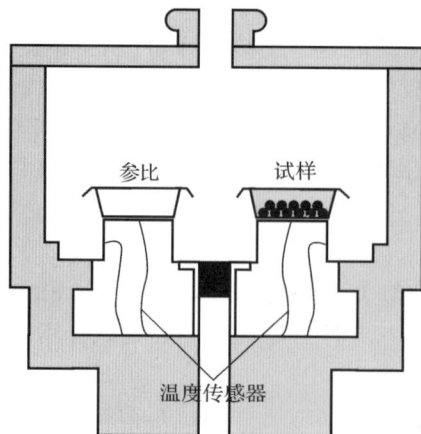

图 5.5　热流型 DSC 结构示意图

5.2.2　测试装置及材料

采用差示扫描量热仪可对推进剂热分解性能进行测试。差示扫描量热仪主要由线控程序控温的加热炉和功率补偿系统两部分组成。

实验中所需用到的工具规格如下。

（1）差示扫描量热仪：在实验温度范围内可实现速率为 0.5～20 ℃·min^{-1} 的等速升温或降温控制；测温精度为±0.25 ℃；能保持试验温度恒定在±0.5 ℃至少 60 min。

（2）氩气（或氮气）：纯度为 99.999%。

（3）分析天平：精度为 0.01 mg。

（4）小刀或其他切割工具。

（5）坩埚：常见的有铝坩埚、氧化铝陶瓷坩埚等。其中，铝坩埚的热导率高，当测试温度高于 600 ℃时，铝坩埚会熔化，此时必须采用陶瓷坩埚。

5.2.3　测试方法

1.仪器预热及标定

实验前应提前 30 min 打开差示扫描量热仪，保证电器元件温度平衡。按照仪器生产商建议及《塑料　差示扫描量热法（DSC）　第 1 部分：通则》（GB/T 19466.1—2004）进行温度测量及能量（热功率）的校准，测试前用氩气（或氮气）以恒定流速净化系统。

2.基线实验

调节气瓶输出压力为 0.05～0.06 MPa（不能大于 0.1 MPa），调整气流速率，参考范围为 20～80 mL·min^{-1}。将不加任何试样的坩埚放置在载样台上，盖上加热炉体，按照推进剂实际测试流程设定起始温度、升温程序及终止温度，当升温速率过快时，会出现基线不稳、测定精度不准确等问题，因此升温速率不宜过大，通常选择在 10～20 ℃·min^{-1}。基线理论上是一条直线，若产生曲率等，则需要进行仪器的调整和炉子的清洗，保证基线平直，完成至少两次的基线实验，重复测量的质量信号应不超过±0.05 mg，实验结束后将基线数据进行保存。

3.热分解性能测试

采用推进剂试样，一般称取 2 mg 左右的样品，称量结果精确至 0.02 mg，并将称好的样品平摊至坩埚中。将样品坩埚用镊子放置在仪器中样品位并设定升温程序，完成 DSC 曲线的采集，升温速率常在 1～20 ℃/min 范围内选取，通常有 2 K·min^{-1}、5 K·min^{-1}、10 K·min^{-1} 和 20 K·min^{-1}。实验结束后，待仪器降温至室温，取出样品坩埚，称取坩埚质量并检测坩埚是否变形。DSC 实验通常至少进行两次测定，第二次测定应按规定降温速率冷却后进行，以确保实验结果一致。待实验结束后，将差示扫描量热仪恢复至室温，再关闭电源，最后关闭气源开关。注：2 mg 为参考质量，实际推进剂质量应根据推进剂燃烧性能进行选取，对于爆炸性的含能材料，选取量一定要非常少，以防止发生爆炸、损坏仪器。

4.数据处理

DSC 曲线是以样品吸热或放热的速率（dH/dt）为纵坐标，以温度（T）或时间（t）为横坐标,分析 DSC 曲线,可判断推进剂的起始温度 T_i、外推起始温度 T_{ei}、峰温度 T_p、外推终止温度 T_{ef}、终止温度 T_f 和熔变 ΔH_i。其中,根据峰的位置和形状可提供材料熔点、玻璃化转变温度等热性质信息;通过对峰面积进行计算,可得到发生热反应的热效应。

图 5.6 为典型放热峰的 DSC 曲线,其中:$T_{i,r}$ 为反应起始温度,是 DSC 曲线外推基线的起始点温度;$T_{ei,r}$ 为外推起始温度,通过外推基线与在对应于反应开始的曲线最大斜率处所作切线的交点所对应的温度;$T_{p,r}$ 为最大反应速率温度,是 DSC 曲线的峰顶温度;$T_{ef,r}$ 为外推终止温度,是外推基线与在对应于反应结束的最大斜率处所作切线的交点所对应的温度;$T_{f,r}$ 为反应结束温度,是 DSC 曲线回归到最终外推基线的温度。

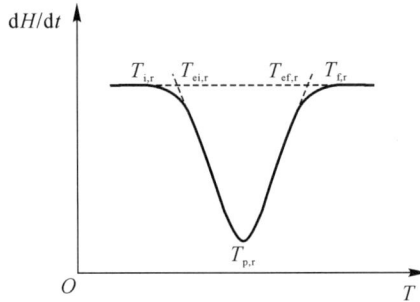

图 5.6　典型放热峰的 DSC 曲线

通过 DSC 曲线可以确定推进剂试样的转化率 α,图 5.7 为转化率处理方法,转化率的计算公式为

$$\alpha_i = \frac{\int_{T_{i,r}}^{T_{j,r}} \left(\dfrac{\mathrm{d}H}{\mathrm{d}t}\right)\mathrm{d}t}{\int_{T_{i,r}}^{T_{f,r}} \left(\dfrac{\mathrm{d}H}{\mathrm{d}t}\right)\mathrm{d}t} = \frac{\Delta H_i}{\Delta H_{tot}} \times 100\% \tag{5.7}$$

式中:α_i 为起始温度 $T_{i,r}$ 到温度 $T_{j,r}$ 部分的转化率;ΔH_i 为起始温度 $T_{i,r}$ 到温度 $T_{j,r}$ 部分的反应焓,对应于起始温度 $T_{i,r}$ 到温度 $T_{j,r}$ 之间的峰面积部分;ΔH_{tot} 为总反应焓,对应于起始温度 $T_{i,r}$ 到结束温度 $T_{f,r}$ 之间的峰总面积。

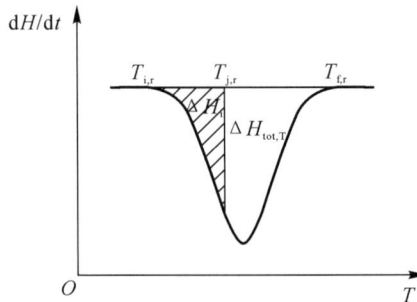

图 5.7　转化率处理方法

通过对不同温度对应的转化率进行求解,可得到转化率随温度的变化曲线,如图 5.8 所示。

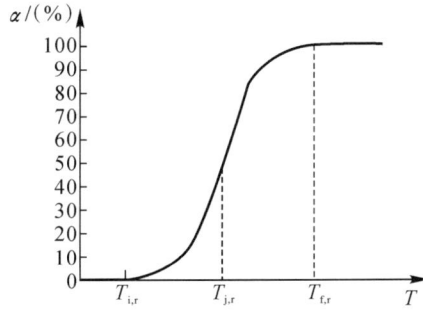

图 5.8　转化率随温度的变化曲线

5.3　热分解机理：热分析仪联用实验

5.3.1　测试原理

单一的热分析技术往往只能反映物质受热过程中质量变化或热量变化，难以明确表征物质的受热行为。热分析仪联用实验则是将单一的热分析技术与红外光谱、色谱、质谱等技术联用，通过对推进剂在受热过程中所发生的变化及逸出的气体组分结构、成分等进行分析，进而推断热行为、热分解机理及反应学动力参数。常见的联用实验有热重-差热分析仪（TG - DTA）联用、热重-质谱（TG - MS）联用、热重-红外-质谱（TG - FTIR - MS）联用和热重-红外-色谱-质谱（TG - FTIR - GC - MS）联用，其中 TG 与 DTA 联用的仪器通常称为同步热分析仪。

同步热分析技术是在一定程序控制温度和气氛条件下，对一个试样同时采用 TG 和 DTA 分析技术。将装有样品的试样坩埚与参比坩埚放置于支持器中，支持器与天平相连，测试过程中天平可以实时测定试样质量的变化，同时通过支持器组件的温差式热电偶测量试样与参比物的温度差随温度或时间的变化信息，进而获得 TG - DTA 曲线，通过分析 TG - DTA 曲线，可同时得到物质在质量与热效应两方面的变化信息，其示意图如图 5.9 所示。

质谱法通过高能电子束轰击样品分子，使其转化为气态离子碎片，在电场和磁场的作用下可将运动的离子按它们的质荷比分离，通过质荷比与标准库对比可对气体组分进行分析。热重质谱联用技术由热重仪、质谱仪以及连接管路组成，实验样品在热重仪中按照特定条件发生热分解，热分解产生的气体经金属管路输送至质谱仪中进行组分分析，其工作原理示意图如图 5.10 所示。

热重-红外-质谱联用技术将热重仪、红外光谱仪及质谱仪共同使用，设备工作时，利用吹扫气（通常为氮气）将热重仪中样品分解的气体产物通过设定温度的传输线（通常为 200～350 ℃的金属管道或石英管道）传送至红外光谱仪光路中的气体池中，由于不同结构特性的分子样品会吸收一定频率的能量，并引起不同部分官能团在这些频率下的振动，所以可得到分子官能团相关的结构信息。但 FTIR 对不吸收红外光的气体及相似官能团物质难以区分,此时结合质谱仪的组分检测功能可以很好地解决此缺陷,因此利用该技术可深入研究热分解机理。

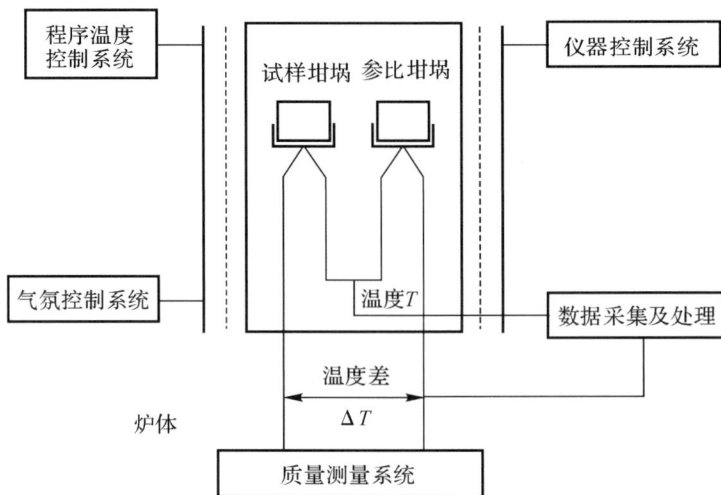

图 5.9　同步热分析技术示意图

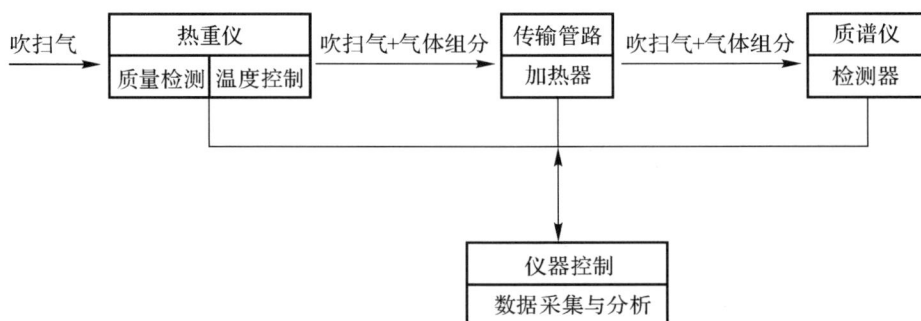

图 5.10　热重-质谱联用技术工作原理示意图

热重-红外-色谱-质谱联用技术是在 TG-FTIR-MS 基础上引入气相色谱仪,其中,气相色谱仪与质谱仪串联,二者与红外光谱仪气路独立,无相互影响。气相色谱仪可高效分离气态产物的不同组分,可对分解产物进行定量检测,并解决组分复杂情况下质谱仪分析困难的情况。TG-FTIR-GC-MS 可获得热效应下推进剂的分子特性、分解产物组成及结构等数据,对热分解产物进行全方位定性和定量分析,从而剖析其反应机理,但其测试成本较高。

5.3.2　测试装置及材料

1.TG-DTA 联用实验所需的设备规格

(1)同步热分析仪:工作温度为 15～1 600 ℃,控温精度为±0.1 ℃。

(2)氩气(或氮气):纯度为 99.999%。

（3）分析天平：精度为 0.01 mg。

（4）小刀或其他切割工具。

（5）坩埚：坩埚应不与推进剂发生反应，常采用氧化铝陶瓷坩埚。

2. TG－MS 联用实验所需的设备规格

（1）热重分析仪：热天平感量为 0.01 mg；在实验温度范围内可实现升温速率的稳定控制，误差为±0.1 ℃。

（2）质谱仪：离子化能量常采用 70 eV，扫描速率应足够大。

（3）连接管路：可加热的陶瓷（惰性）毛细管或内衬涂层的金属管，一般可达 300 ℃ 全程加热。

（4）氦气、氮气或其他惰性气体：纯度为 99.999%，其中，氦气作为质谱仪载气。

（5）分析天平：精度为 0.01 mg。

（6）小刀或其他切割工具。

（7）坩埚：坩埚应不与推进剂发生反应，常采用氧化铝陶瓷坩埚。

3. TG－FTIR－MS 联用实验所需的设备规格

（1）热重分析仪：热天平感量为 0.01 mg；在试验温度范围内可实现升温速率的稳定控制，误差为±0.1 ℃。

（2）质谱仪：离子化能量常采用 70 eV，扫描速率应足够高。

（3）连接管路：可加热的陶瓷（惰性）毛细管或内衬涂层的金属管，一般可达 300 ℃ 全程加热。

（4）红外光谱仪：波数范围为 7 500～70 cm^{-1}。

（5）氦气、氮气或其他惰性气体：纯度为 99.999%，其中，氦气作为质谱仪载气，氮气为红外光谱仪载气。

（6）分析天平：精度为 0.01 mg。

（7）小刀或其他切割工具。

（8）坩埚：坩埚应不与推进剂发生反应，常采用氧化铝陶瓷坩埚。

4. TG－FTIR－GC－MS 联用实验

将 GC 与热分析仪通过接口进行联用，相较于热分析仪的连续测量，GC 是每隔一段时间对气体产物进行取样分析。

5.3.3　测试方法

1. 实验操作

（1）TG－DTA 联用实验。

实验前应提前 30 min 打开同步分析仪，完成仪器的预热，调节流量阀至所需的吹扫气体流量，将空坩埚及参比坩埚小心放置于样品盘上进行基线校准。完成基线校准后，放置空坩埚至样品盘，待样品杆稳定后盖下炉盖，将热天平调零，随后将炉子打开，取出空坩埚，称量适宜质量的推进剂试样，平摊至空坩埚中，并将其放回样品盘。一切准备就绪后，盖上加热炉体，设定起始温度、升温程序及终止温度，开始实验并进行采样。实验结束后，待仪器降温至室温,关闭仪器。

(2)TG-MS联用实验。

热重仪参考5.1节步骤进行操作,此处不再进行说明。操作前,将气体输送管路连接至质谱仪气相进样口,随后打开氩气,设置分压阀压力至 0.5 MPa,进行质谱仪的自检与调谐。设置传输线加热温度,提前进行管路加热。温度过高,会引起热稳定性不高的产物分子发生二次分解;温度过低,会造成产物冷凝,影响测试结果。观察真空泵状态,并观察离子源、四级杆温度是否达到设定值,待系统无问题后,结合热力学分析结果及推进剂燃烧特性,选择正确的扫描方式、碎片方式、离子源温度及离子源功率,离子化能量采用 70 eV。对于重点关注的目标组分,可选择离子通道检测得到。

待操作完成后,将柱温设置为 30 ℃,关闭辅助加热,将质谱仪中真空环境进行放空,关闭质谱电源,最后关闭载气。

(3)TG-FTIR-MS联用实验。

热重仪及质谱仪操作说明参见5.1节及5.3节的内容,通过传输管理将 TG 与 FTIR 进行连接。根据推进剂燃烧特性选择合适的传输管路和气体池工作温度,一般来说,红外气体池的温度应大于或等于传输管路温度。开机前,红外光谱仪会进行自检,开机 10 min 后,待电子部分和光源稳定后方可进行测量。测试红外光谱图前,应先扫描空光路背景信号,得到背景谱图,随后再扫描样品文件信号,经傅里叶变换后,得到样品红外光谱图。

(4)TG-FTIR-GC-MS联用实验。

热重仪及质谱仪操作说明参见5.1节及5.3节的内容,GC-MS参考5.4节。

2.数据分析

(1)TG-DTA实验。

TG数据处理参见5.1节,DTA曲线反映的是温度差对温度(或时间)的变化关系,曲线上每一个峰都对应一种物理或化学变化,通过曲线图可以分析差热峰的数量、位置、形状、高度以及峰面积。峰的数量代表发生物理或化学变化的次数,峰位置用于判断发生变化的温度(如相变温度、玻璃化温度、分解温度等),峰的形状用于判断是吸热还是放热,规定向上为放热,向下为吸热,峰的高度和峰面积表示发生热效应的大小,通过与 TG 数据联合分析可获得物质的分解特性。

(2)TG-MS数据分析。

MS检测选择全范围离子扫描(质量数范围)和离子扫描,离子扫描关注特征产物的质荷比 m/z,如 $H_2O(m/z=18)$、$CO(m/z=28)$ 和 $CO_2(m/z=44)$。实验结束后选择离子曲线(即 SIR 曲线)和总离子流曲线(TIC 曲线)作图处理,并与 TG 曲线相对应。图 5.11 为某物质 TG、DTG 和 TIC 曲线的对比图,其中,"┄┄┄"线条表示 TG 数据,"————"线条表示 DTG 数据,"------"线条表示总粒子流曲线,"------"曲线代表 $m/z=18$ 的离子曲线,"————"曲线代表 $m/z=32$ 的离子曲线,"————"曲线代表 $m/z=44$ 的离子曲线。

分析图 5.11 可知,在每一个质量变化阶段,TIC 曲线所对应的气体含量均发生了相应变。此时分析不同质荷比的离子曲线,m/z 分别为 18、32 和 44 的 SIR 曲线,在加热过程中分别出现了检测峰。其中,m/z 为 18 的 SIR 曲线的峰对应于 H_2O 的逸出过程,m/z 为 44

的 SIR 曲线的峰对应于 CO_2 的逸出过程。由于 CO 与空气中的 N_2 的相对分子质量均为 28,所以不易分辨,但 CO 会与空气中的氧气反应生成 CO_2,可以通过检测该范围内的 O_2 浓度的下降来证明该氧化过程。

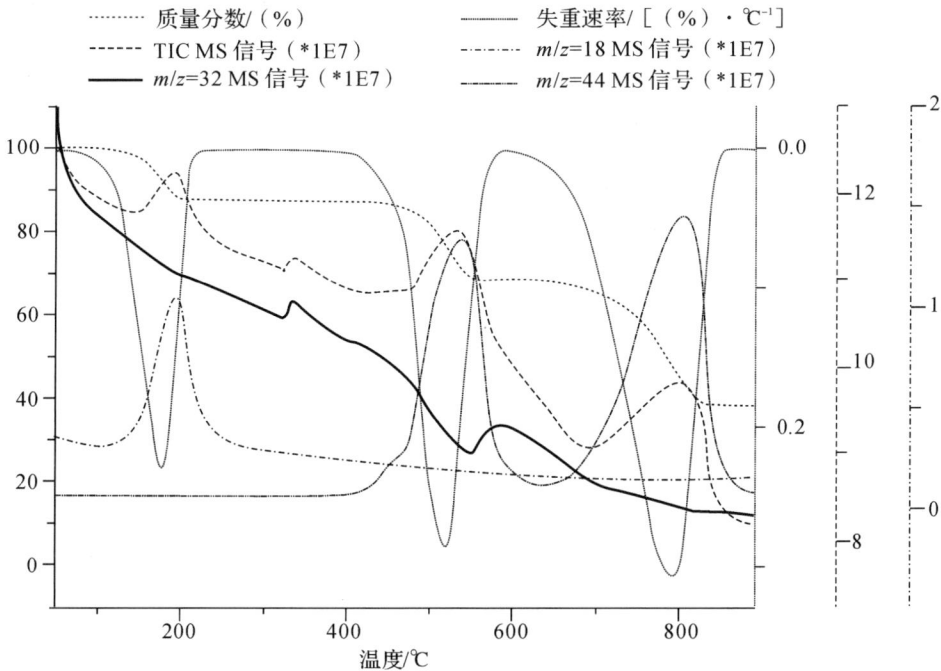

图 5.11　TG、DTG 和 TIC 曲线对比图

（3）TG－FTIR－MS 数据分析。

MS 的数据处理方法如前文所述。TG－FTIR 可得到样品在不同温度（或时间）下所有红外光谱的三维图（逸出气体光谱图,EGS）,可以分析不同结构的气体分子所对应官能团的总体变化过程,还可以得到逸出气体剖面图（EGP）及官能团剖面图（FGP）。由于热分解期间推进剂试样放出的气体总量为温度（或时间）的函数,所以通过 Gram-Schmidt 重建算法并根据记录得到的红外光谱数据可计算出逸出气体剖面图（EGP）,官能团剖面图（FGP）可表示在实验过程中逸出的气体中特定的波数随测量时间或温度的变化关系,通过对实验过程中所选光谱区域上的红外光谱数据的吸光值积分,可得到该剖面图。

（4）TG－FTIR－GC－MS 数据分析。

TG、FTIR、MS 分析方法如前文所述,GC 可参照 6.3 节内容进行定量分析。

5.4　热分解机理:热裂解实验

5.4.1　测试原理

推进剂燃烧反应十分迅速,通常在 2～3 s 内完成,此时伴随有高温火焰并释放出大量热量,在这种高温条件下,小部分推进剂会发生热分解,而绝大多数推进剂发生热裂解,产生可燃性物质并维持推进剂持续燃烧。因此,研究推进剂热裂解行为也十分重要。

高分子聚合物在高温条件下可发生化学反应,形成稳态或亚稳态分子链碎片或小分子物质(气体、液体或固体),热裂解装置用于提供裂解所需的高温环境,并对生成产物进行分析与检测,可研究高分子聚合物的反应路径及详细化学反应机理。复合推进剂热裂解产物大多为气体,通常采用热裂解-气相色谱-质谱联用技术(PY-GC-MS)进行实验,其原理如下:将推进剂试样在高温、惰性环境下快速裂解并生成小分子产物,通过惰性载气流将产物导入气相色谱柱中进行分离,最后再通入质谱仪中进行检测,通过对高温裂解后的特征碎片离子进行定量分析,判断其中组分种类及含量。

5.4.2 测试装置及材料

热裂解-气相色谱-质谱联用仪主要由裂解系统、色谱系统、质谱系统和数据采集系统组成,其示意图如图5.12所示。

(1)裂解系统:核心为裂解器,具有快速加热技术,控温精度通常在0.1~1 ℃范围内;通有惰性载气,以确保裂解器内处于惰性气体环境;设有保温传输线,用于将裂解产物通入色谱装置部分。

(2)色谱系统(配置色谱柱):包括柱箱、气化室与载气系统,可将各种裂解产物在色谱柱中进行彼此分离。色谱系统与质谱系统设有连接部件,并对接口进行加热,防止产物的冷凝。

(3)质谱系统[配置电子电离(EI)源]:由进样系统、离子源、质量分析器、检测器和真空系统等组成,可按照质荷比(m/z)不同,对裂解产物进行定性及定量检测。

(4)数据采集系统:设定控制程序,并进行信号的收集与整理。

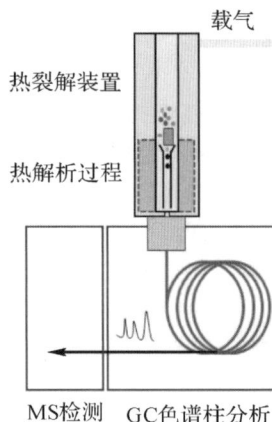

图5.12 热裂解-气相色谱-质谱联用仪联用示意图

5.4.3 测试方法

1.样品量确定

热裂解-气相色谱-质谱联用技术的灵敏度非常高,对测试样品量要求较少,应控制好样品量,通常在0.1~0.3 mg范围内即可,以免过多的样品残留在裂解器内,影响实验结果。

2.温度设定及色谱柱选择

根据实验需求设定裂解系统温度,根据色谱柱分离效率和推进剂裂解产生的化合物的相对极性选择合适色谱柱。

3.系统参数设定

打开氦气钢瓶控制阀,设置分压阀压力至 0.5 MPa(0.3～0.5 MPa);MS 检测器需同时打开氮气和氦气,其中氮气用于保护连接 ECD 或 FPD 的毛细柱。依次打开 GC 及 MS 电源,等待仪器自检完毕,参考相关文献,设定色谱系统的进样口温度、载气流速及分离比,保证燃烧产物不同组分的完全分离;设定质谱系统接口温度、电离模式及离子扫描范围,确保对分离的不同样品实现精确检测。检测样品前应先进行调谐,调谐操作参见仪器操作指南。

4.实验步骤

推进剂通常采用单击式裂解分析进行实验。首先排除裂解系统内空气,将裂解器加热至设定温度并保持一定时间,待温度恒定后使推进剂样品以自由落体方式进入裂解器中,样品在几十毫秒内从室温被加热到所需裂解温度,裂解产物直接被载气吹入色谱系统中进行分离,之后经质谱系统进行检测,保存并分析实验数据。实验结束后,将质谱仪进行放空操作,约 40 min 后涡轮泵转速降至 0%,同时离子源和四极杆温度降至 100 ℃以下,此时根据软件提示,依次关闭 GC、MSD、自动进样器电源,最后关掉载气。

5.数据分析

GC 数据分析见 6.3 节,MS 分析见 5.3 节,推进剂热分解常见物质的标准质荷比见表 5.1。

表 5.1　推进剂分解常见物质的标准质荷比

物　质	m/z
Ar	20　36　38　40
H_2	1　2
N_2	14　28　29
H_2O	16　17　18　19　20
NH_3	14　15　16　17　18
CO	12　16　28　29
CO_2	12　16　22　29　44　45　46
CH_4	12　13　14　15　16　17
C_2H_2	12　13　14　24　25　26　27　28
C_2H_4	12　13　14　15　24　25　26　27　28　29　30
C_2H_6	12　13　14　15　16　24　25　26　27　28　29　30　31
C_2H_4O	12　13　14　15　16　17　18　19　21　24　25　26　27　28 29　30　31　40　41　42　43　44　45
C_4H_8O	14　15　16　18　25　26　27　28　29　30　31　32　34　37　38　39 40　41　42　43　44　45　50　51　53　57　69　70　71　72　73

5.5　燃速:靶线法

5.5.1　测试原理

固体推进剂的燃烧是以燃烧开始后其表面的退移来表征的,燃烧表面退移的快慢一般以燃速表示,因此,燃烧过程的特性参数是燃速,燃速是一项重要的燃烧特性。实验研究表明,在大多数情况下,燃烧表面退移是沿表面的法线方向进行的,推进剂装药燃烧表面沿其法线方向向推进剂里面连续推进的速度就是燃速。若在微元时间 dt 内,燃烧表面沿其法线方向向里推进的直线距离为 dL,则燃速 $\dot{r}$ 可以表示为

$$\dot{r} = \frac{dL}{dt} \tag{5.8}$$

由于 dL 是用沿燃烧表面法线方向的直线距离来量度的,所以该燃速又叫直线燃速或线燃速。

在发动机比冲一定的情况下,发动机的推力取决于喷管的质量流率。而在发动机稳态工作时,喷管的质量流率也就是燃烧产物的质量生成率,质量生成率与燃速 $\dot{r}$ 是密切相关的。因此,为了达到预定的发动机推力,必须保持推进剂预定的燃速。

燃速的大小取决于两方面的因素,首先是推进剂本身的性质,由推进剂的组成所决定。不同的氧化剂和燃料、不同的燃速催化剂、不同的氧化剂粒度组成、不同的推进剂,其燃速特性的差别可以很大。此外,推进剂的密度、推进剂成型的工艺方法等也都对燃速有影响。其次,燃速又取决于推进剂燃烧时的环境,也就是发动机中的工作条件。如燃烧室的压强、推进剂的初温、燃气平行于燃烧表面的流动速度,以及加速度场的作用和装药的受力应变情况等,都对燃速有影响,其中以压强的影响最为重要,它直接关系到发动机推力和比冲,是发动机结构设计的重要依据。

在发动机研制过程中,主要采用实验的方法,例如用靶线法来确定推进剂在不同工作条件下的燃速,可以为发动机设计和性能分析提供依据。靶线法测定药条燃速的原理:把四侧包覆的药条钻孔,穿入靶线,置于恒温、恒压、充满氮气的燃速仪中。测出药条燃烧靶距长度所需要的时间,然后计算得到燃速。根据不同压力、不同温度下测得的燃速,可以计算得到燃速压力指数和燃速温度敏感系数。

5.5.2　测试装置及材料

待测试样应无肉眼可见杂质、气孔和裂纹,对于嵌金属丝药条,所嵌金属丝应尽量处于药条中心区域。药条必须从方坯中规定的部位和方向切得,且药条应无缺陷、杂质和毛刺,规格要求如图 5.13 所示。

一般药条的横截面积为 3.0 mm×0.5 mm,长度为 160 mm±10 mm。药条在温度为20 ℃±3 ℃、相对温度小于 60%、无气流扰动的包覆柜内用包覆液进行包覆。包覆完毕后,在 35~40 ℃温度下晾干 15~20 h。对包覆好的药条作外观检查,保留合格的药条,用直径为 0.5 mm 的麻花钻头钻孔。各孔间的尺寸与公差要求如图 5.13 所示。将镍铬丝穿过第

一孔,作点火用。根据药条燃烧状况,将保险丝或镍铬丝穿过其余两个孔(第二孔和第三孔),作靶线用。药条燃烧时,这两条靶线分别为起动和终止计时位置。

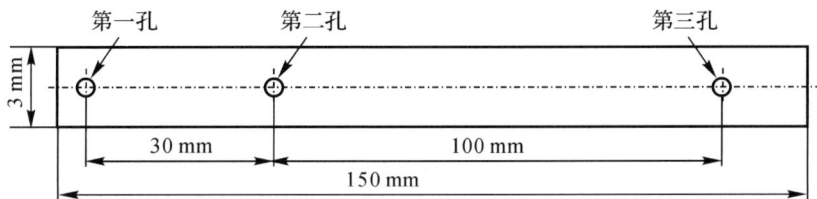

图 5.13　靶线法中试样药条规格

复合固体推进剂燃速实验主要用到的实验仪器为燃速仪、恒温器等。各仪器规格应满足以下条件。

(1)燃速仪:包括燃烧室、绑药盖子和恒温浴槽,工作压强范围为 500～20 000 kPa。

(2)缓冲罐:采用固定的耐压密闭容器,可以单个或若干个组合使用。

(3)计时仪:读数精确到 0.001 s 以内。

(4)气压计:精度为 0.5 级以内。

(5)温度计:精度为 0.5 级以内,测量范围为 -60～60 ℃。

(6)恒温器:调节恒温浴温度,范围为 -50～50 ℃,温度精度控制在 ±1 ℃之内。

(7)其他仪器:钻床、切药机、万用表、卡尺(精度为 0.02 mm)等。

5.5.3　测试方法

1.测试步骤

将测燃速的药条长度控制在 150 mm 左右,横截面积为 3 mm×3 mm。准备好的药条固定于接线柱上,靶线略向下倾斜。接线柱与盖体绝缘电阻大于 30 kΩ。按要求压力充氮保温。常温燃速实验保温时间为 5～10 min,高、低温燃速实验保温时间为 10 min。点火后,准确记录药条燃烧时间,计算燃速,处理数据。实验过程中,工作压力与规定工作压力的偏差应控制在 ±0.5% 之内,温度偏差控制在 ±1 ℃之内。

2.数据处理

燃速的计算公式为

$$\dot{r} = \frac{L_r}{t_r} \tag{5.9}$$

式中:$\dot{r}$ 为燃速,mm·s^{-1};L_r 为靶距,mm;t_r 为两靶烧断的间隔时间,s。

若压力与燃速的对数在所测压力范围内呈线性关系,则此压力范围内的燃速压力指数为

$$n = \frac{\sum (y_i - \bar{y})(x_i - \bar{x})}{\sum (x_i - \bar{x})^2} \tag{5.10}$$

$$b = 10^{\bar{y} - n\bar{x}} \tag{5.11}$$

式(5.10)和式(5.11)中:$y=\lg \dot{r}$,$x=\lg p$;n 为燃速压力指数;b 为常数项,mm·s^{-1}。

若燃速的自然对数与温度在所测温度范围内呈线性关系,则此温度范围内的燃速温度敏感系数为

$$\alpha_T = \frac{\sum (y_i' - \bar{y}')(x_i' - \bar{x}')}{\sum (x_i' - \bar{x}')^2} \tag{5.12}$$

$$\dot{r} = e^{\bar{y}' - \alpha_T \bar{x}'} \tag{5.13}$$

式(5.12)和式(5.13)中:$y' = \ln \dot{r}$,$x' = T$;$e = 2.71828$;α_T 为燃速温度敏感系数;T 为实验温度,℃。

每一批试样数量不应少于 5 个,处理每批燃速实验数据时,用全部实验数据计算出算术平均值 $\bar{r}$ 和单批标准误差 S。经取舍后,代表同一批实验的试样个数不应少于原试样数量的 80%,否则,就不报平均值。燃速压力指数和燃速温度敏感系数的测定中,压力或温度点数一般不少于 5 个,对于成熟的或在规定的压力或温度范围内呈良好线性关系的配方,点数可以降至 3 个。除非另有规定或实验者发现数据异常,一般在每个压力和温度下只进行一批实验。

燃速测试报出测试压力、温度、平均燃速及其置信区间(危险率 $\alpha = 0.05$)。燃速压力指数测试报出测试温度、测试的各压力点压力和相应压力下的平均燃速、燃速压力指数、常数项 b 和相关系数及燃速压力指数标准偏差。燃速温度敏感系数测试报出测试压力、测试的各温度点温度和相应温度下的平均燃速,燃速温度敏感系数、常数项 b 和相关系数及燃速温度敏感系数标准偏差。

5.6 燃速:水下声发射法

5.6.1 测试原理

靶线法作为推进剂燃速的测量方法被广泛应用,但也存在操作复杂、测试范围小、测试精度不高,且整个测试系统抗干扰性弱、危险系数大等问题。

1973 年,美国的 Robert 等人首次提出基于推进剂在燃烧过程中产生的声信号来确定燃烧时间,进而获得推进剂燃速的方法,称为声发射法。在早期的声发射法中,药条在氮气中燃烧,也称为氮气声发射法,后来以水为介质,药条在水下燃烧,称为水下声发射法。

水下声发射法的原理:推进剂在燃烧过程中产生的声信号,经紧贴在燃烧室外壁上的声探头接收并转换为电信号,再经过前置放大器放大送至门控制电路。当药条点火燃烧时,主放大器输出的直流信号高于触发电平,门信号呈高电平,打开主门,让时标信号通过主门到计数电路,进行计时;当药条燃烧完时,燃烧电信号低于触发电平,停止计时,此时间间隔为定长药条燃烧所需要的时间,因此,燃速可用公式 $r = l/t$ 计算求得。

水下声发射法简化了操作流程,系统抗干扰性强,安全系数大,自动化程度高,提高了测试精度(一般可达 0.6% 左右),燃气可溶于水,这样净化了废气,改善了劳动条件,并与全尺寸发动机燃烧有较好的相关关系,因此目前得到了较多应用。

5.6.2 测试装置及材料

复合固体推进剂燃速水下声发射法主要用到的实验装置为燃烧室和声发射测速仪等。测量系统的组成如图 5.14 所示,它由燃烧室、恒温装置、压力调节装置和记录测量系统等组成。

(1)燃烧室:燃烧室外壁中部设计有对称分布的两个探头安装平台,平台与探头均与水隔绝。燃烧室顶盖上固定着药条支架和点火接线柱,用 24 V 的交流(或直流)电点火。

(2)恒温装置:恒温装置为一包围燃烧室的可自动恒温的水浴或其他指定的水浴,并可向燃烧室提供 20 ℃ 或其他指定温度的水或其他指定的水溶液。

(3)压力调节装置:该装置由高压气瓶、缓冲瓶、气阀、标准压力表和管路等组成。

(4)测量记录装置:该装置主要设备为声发射燃速测试仪,用以记录声发射仪输出的交流、直流信号,非必用设备为程序控制仪。声发射燃速测试仪的作用是记录药条燃烧时间,输出表征药条燃烧状况的交流、直流信号等。

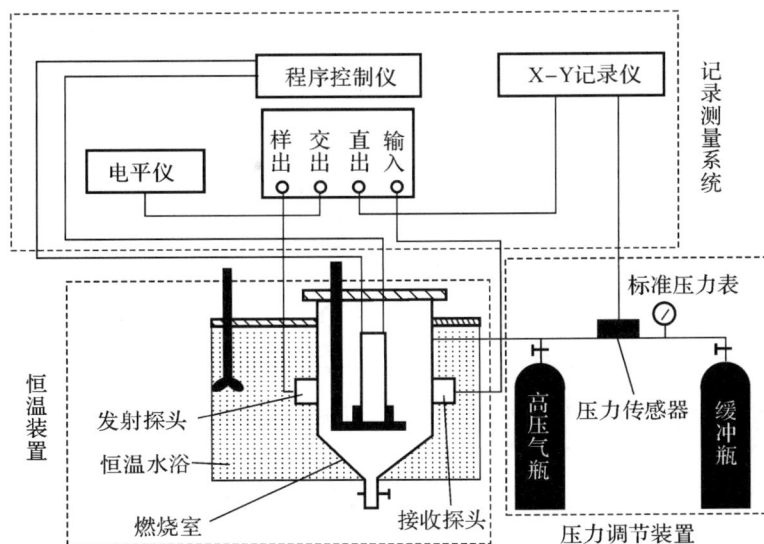

图 5.14 水下声发射法测量系统示意图

5.6.3 测试方法

1.温度调节

调节恒温水浴至指定的测试温度,对于 10 ℃、20 ℃、30 ℃、40 ℃、50 ℃各测试点,用电加热和通入冷却水(甚至冰水)的办法,温度控制精度为±0.5 ℃。

2.实验步骤

实验所用试样药条的长度一般控制在 100 mm 左右,截面积为(5 mm±0.5 mm)×(5 mm±0.5 mm)。将准备好的药条在实验环境温度保存 5 min 后装在药条支架上,使固定于接线柱上的点火丝贴合于药条上端面的中部,再用一滴点火药封闭点火面。向燃烧室注入规定温度的水(对于 0 ℃以上各温度点的测试)或氯化钙水溶液(对于 0 ℃和 0 ℃以下各低温点的测试),将装有药条的支架置于水(或水溶液)中,使药面在水(或水溶液)面下 40~50 mm 处,然后打开缓冲瓶,给燃烧室充压至所需压强。保温 1 min,通电点火,记录燃烧时间。测完一根药条后打开放气阀,留 500~1 000 kPa 的余压,打开放水阀,将废水排出。重复上述全部操作,直至测完规定的全部药条,每批试样量不应少于 5 根。进行压强指数测定时,当从一压强点升(或降)至另一压强点时,应保压 5~10 min,当压强平衡于指定压强时,方可开始另一压强点的测试。在进行压强指数和温度敏感系数测定时,压强点数或温度点数一般不小于 5 个,但对于成熟的或在规定的压强或温度范围内呈线性关系的配方,也可测定包括最高和最低点在内的 3 个压强点或温度点。

实验结束后,切断各仪器设备的电源后切断总电源,关闭瓶阀后打开各控制阀,冲洗药条支架,清理废药条。

3.数据处理

舍去批内异常数据,经取舍后,代表同一批实验的有效试样个数不应少于原试样数量的 80%,否则不报平均值。然后求出舍去异常数据后的平均燃速和子样标准偏差,根据下式求出燃速的置信区间(危险率 $a=0.05$):

$$\dot{r}=\bar{r}\pm t_{(m,0.05)}\cdot S\sqrt{m} \tag{5.14}$$

压力指数 n、压力指数标准偏差 S_n 和常数项 b 的计算公式如下:

$$n=\frac{i\sum_{j=1}^{m_p}\lg p_j\cdot\lg r_j-\sum_{j=1}^{m_p}\lg p_j\cdot\sum_{j=1}^{m_p}\lg r_j}{i\sum_{j=1}^{m_p}(\lg p_j)^2-(\sum_{j=1}^{m_p}\lg p_j)^2} \tag{5.15}$$

$$S_n=\sqrt{\left[\frac{i\sum_{j=1}^{m_p}(\lg r_j)^2-(\sum_{j=1}^{m_p}\lg r_j)^2}{i\sum_{j=1}^{m_p}(\lg p_j)^2-(\sum_{j=1}^{m_p}\lg p_j)^2}-n^2\right]\frac{1}{i-2}} \tag{5.16}$$

$$b=\lg^{-1}\left(\frac{1}{i}\sum_{j=1}^{m_p}\lg r_j-\frac{n}{i}\sum_{j=1}^{m_p}\lg p_j\right) \tag{5.17}$$

式中:i 为测定 n 时燃烧室所处的不同压强点数目;p_j 为某一燃烧室压强;r_j 为某一燃烧室压强下或某一测温点下测得的有效药条燃速平均值。

5.7 燃速:密闭燃烧器法

5.7.1 测试原理

提高固体火箭发动机工作压强是提高火箭发动机比冲的有效方法。研究表明,当火箭发动机工作压强由 7 MPa 提升至 40 MPa 时,发动机比冲可提高 10% 以上。然而,高压强发动机的设计需要结合推进剂的燃速特性,因此,研究推进剂在高压强下的燃速特性是推进剂高压应用的前提。

目前,固体推进剂燃速测试方法主要有靶线法、水下声发射法和密闭爆发器法,上述方法一次只能测试一个压强下的燃速数据,而推进剂燃速测试往往包含多个压强点,且每个压强点需重复 4～5 次实验,这大大增加了实验量。此外,以上 3 种方法可测的最大压强一般不大于 20 MPa,且充压管路及阀门容易漏气,难以达到承压要求。而密闭燃烧器法通过一次测试就可以得出不同压强下推进剂的燃速,由于其设备简单可靠、无管路阀门,可测试压强高达 80 MPa,所以解决了推进剂高压燃速测试的难题。

密闭燃烧器法是一种间接测试固体推进剂燃速的方法,其原理如下:已知形状和尺寸的推进剂试样在定容燃烧器内燃烧,产生的高温燃气会使密闭燃烧器内的压强不断升高,此时由动态压强采集系统获得燃烧器内的 $P-t$ 曲线。根据气体状态方程可获得不同时刻下推进剂烧去的质量,由于推进剂试样的几何尺寸已知,所以可进一步得到不同时刻下推进剂试样烧去的肉厚 e_t,进而由 de_t/dt 可计算得到不同时刻下的燃速。最后通过最小二乘法可以求出各压强段的燃速特性参数——温度系数和压强指数,即得到燃速。

5.7.2　测试装置及材料

密闭燃烧器法测量系统由定容燃烧器、高压强传感器、切药刀具及数据采集系统组成,定容燃烧器结构示意图如图 5.15 所示。

(1)定容燃烧器:燃烧器顶盖上设有点火接线柱和测压口,高温下承压能力为 80 MPa。

(2)点火电源:采用 24 V 的交流(或直流)点火。

(3)点火丝:Cr20Ni80 型镍铬合金丝。

(4)压强信号采集装置:由压强传感器、数据采集板卡和计算机控制软件组成,数据采集板卡的采样频率大于 10 kHz;压强传感器的精度不小于 0.25 级,量程大于 50 MPa。

(5)包覆液。

(6)游标卡尺:分度值为 0.02 mm。

(7)切药刀具。

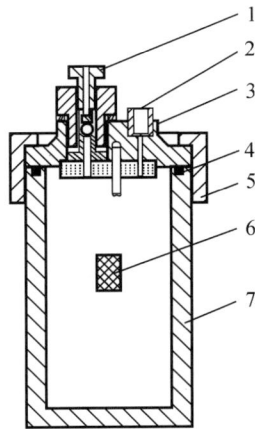

图 5.15　定容燃烧器结构示意图

1—放气阀;2—测压口;3—顶盖;4—密封圈;5—压螺盖;6—推进剂试样;7—燃烧器

5.7.3 测试方法

1. 样品预处理

将推进剂方坯切制成若干个直径为 $\Phi17\ \text{mm} \sim \Phi22\ \text{mm}$、高度为 $2 \sim 12\ \text{mm}$ 的小圆柱体推进剂试样。对推进剂药柱侧部和底部进行包覆,以保证药柱的端面燃烧。

2. 实验步骤

将预先切制好的小圆柱体试样按特定规律分成 5 组(实际 25 组,每 5 组是重复性实验),进行定容燃烧器实验,总计进行 25 发定容燃烧器实验。实验前,将点火丝分别连接于试样与接线柱上,待线路连接完毕后启动点火电源点燃推进剂,通过动态压强采集系统记录整个燃烧过程的压强-时间曲线。

3. 数据处理

定容燃烧器内燃气用完全气体状态方程描述为

$$P_t V_t = N_t R_0 T_t \tag{5.18}$$

式中:P_t 为燃烧器内 t 时刻测得的燃烧压强,Pa;V_t 燃烧器内 t 时刻的自由容积,m^3;N_t 为燃烧器内 t 时刻燃气的总物质的量,mol;R_0 为普适气体常数,$8.314\ \text{J} \cdot \text{mol}^{-1} \cdot \text{K}^{-1}$;$T_t$ 为燃烧器内 t 时刻燃烧产物的实际温度,K。

在 t 时刻燃烧器内的自由容积可表示为

$$V_t = V_0 - \frac{m_{p0}}{\rho_p} + \frac{m_{pt}}{\rho_p} \tag{5.19}$$

式中:V_0 为定容燃烧器初始容积,m^3;m_{p0} 为推进剂试样的初始质量,kg;m_{pt} 为 t 时刻已烧去推进剂试样的质量,kg;ρ_p 为推进剂密度,$\text{kg} \cdot \text{m}^{-3}$。

在 t 时刻,燃烧器内燃气的总物质的量可以表示为

$$N_t = m_{pt} n_p \tag{5.20}$$

式中:n_p 为推进剂的质量摩尔浓度,$\text{mol} \cdot \text{kg}^{-1}$。

因此,整个系统的能量方程可写为

$$\overline{C}_{V1} m_{pt}(T_t - T_0) = \overline{C}_{V2} m_{pt}(T_V - T_0) - Q_{et} \tag{5.21}$$

式中:$\overline{C}_{V1}$ 为温度在 $T_0 \sim T_t$ 范围内燃烧产物的定容比热的平均值;$\overline{C}_{V2}$ 为温度在 $T_0 \sim T_V$ 范围内燃烧产物的定容比热的平均值;T_V 为推进剂的定容燃烧温度;Q_{et} 为 t 时刻定容燃烧器的热损失。

将式(5.19)和式(5.20)代入式(5.18),可得任一时刻燃烧器内气体状态方程为

$$P_t\left(V_0 - \frac{m_{p0}}{\rho_p} + \frac{m_{pt}}{\rho_p}\right) = m_{pt} n_p R T_t \tag{5.22}$$

在式(5.22)中,V_0, m_{p0}, ρ_p, n_p 均为已知量,P_t 是通过实验测得的,而定容燃烧室的实际温度 T_t 是通过热损失修正方法计算得到的,于是 m_{pt} 的计算公式为

$$m_{pt} = \frac{n_p R T_t - P_t\left(V_0 - \dfrac{m_{p0}}{\rho_p}\right)}{\dfrac{P_t}{\rho_p} - R T_t n_p} \tag{5.23}$$

根据推进剂试样的几何尺寸,可求得某瞬时试样所烧去的肉厚 e_t。

t 时刻已烧去推进剂试样的质量是 m_{pt}，可表示为

$$m_{pt} = \rho_p V_{pt} \qquad (5.24)$$

式中：V_{pt} 为某瞬时试样所烧去的体积，m^3。

对于圆柱形试样，有

$$V_{pt} = \frac{1}{4}\pi d_0^2 h_0 - \frac{1}{4}\pi(d_0 - 2e_t)^2 (h_0 - 2e_t) \qquad (5.25)$$

式中：d_0 为圆柱体试样初始横截面直径，m；h_0 为圆柱体试样的初始高度，m。

由于推进剂试样为圆柱形，且沿高度方向平行燃烧，所以由式（5.24）和式（5.25）推导可得

$$2\pi e_t^3 + (-\pi h_0 - 2\pi d_0)e_t^2 + (\pi h_0 + \frac{1}{2}\pi d_0^2)e_t - \frac{m_{pt}}{\rho_p} = 0 \qquad (5.26)$$

由式（5.26）及试样烧去质量，可求得试样在每一燃烧时刻的肉厚 e_t，这时可计算出试样在不同燃烧时刻的燃速，即

$$\dot{r} = \frac{de_t}{dt} \qquad (5.27)$$

根据 P-t 曲线可知，由于每个燃烧时刻对应一个压强值，所以得到的燃速即为每个压强值下的燃速，即 $\dot{r}$-P 曲线。不同类型推进剂的燃速随压强升高的变化趋势不同，根据指数关系的燃速公式可知，在一定压强范围内，可以近似将燃速看作压强的函数，对 $\dot{r}$-P 曲线取对数，得到 $\ln\dot{r}$-$\ln P$ 曲线，根据推进剂燃速响应状态，将 $\ln\dot{r}$-$\ln P$ 曲线划分为不同的区间，应用最小二乘法便可以获得不同压强范围内的推进剂的燃速特性参数。图 5.16 所示为某推进剂燃速通过标准发动机法和密闭燃烧器法的测试结果对比。

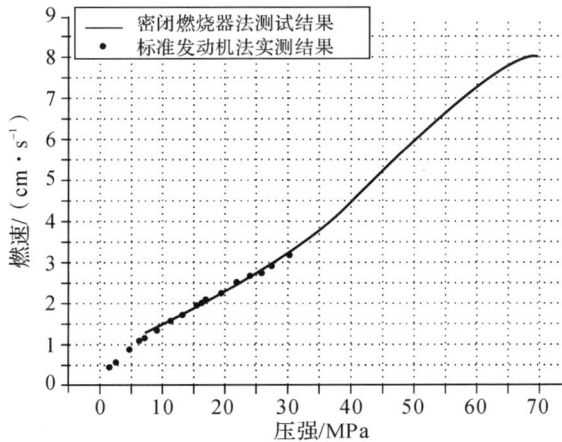

图 5.16　某推进剂燃速通过标准发动机法和密闭燃烧器法的测试结果对比

5.8　燃速：标准发动机法

5.8.1　测试原理

标准发动机法测定的推进剂动态燃速更接近发动机的实际工作状态，其原理是利用标准发动机试车所获得的压强-时间曲线，求出推进剂的燃烧时间和平均压强，再用药柱肉厚

除以燃烧时间,即可求出此平均压强下的燃速。

5.8.2 测试装置及材料

标准发动机测燃速实验系统由标准试验发动机、复合固体推进剂、信号采集系统及试验架组成,各组成部分指标如下。

(1)标准试验发动机。

1)直径为 75 mm 的标准试验发动机,根据喷管结构不同可分为 A、B 两种型号,二者均可用于推进剂燃速和比冲测试,当仅测试燃速数据时,采用 B 型发动机进行试验。

2)直径为 118 mm 的标准试验发动机,A 型发动机用于测试推进剂燃速及比冲数据,B 型发动机只能测试燃速数据。

3)直径为 127 mm 的标准试验发动机,仅用于燃速小于或等于 20 mm·s^{-1} 推进剂燃速的测试。

4)直径为 165 mm 的标准试验发动机,A 型含扩张段法兰和扩张段,可用于推进剂燃速及比冲测试,B 型不含扩张段法兰和扩张段,仅用于燃速测试。

5)直径为 315 mm 的标准试验发动机,设有衬层和绝热层。

上述发动机工作参数参见 4.2 节,各组成零部件规格应满足《标准试验发动机型式和尺寸》(GJB 96A—2020)的要求。

(2)复合固体推进剂:标准试验发动机均采用贴壁浇注式圆柱或圆锥组合内孔燃烧药型,壳体内表面无绝热层及衬层。

(3)压强、推力信号采集系统:采用数字测试系统,参照《固体火箭发动机静止试验测试方法》(GJB 2365—1995)要求进行选用,测定推力、压强不确定度应优于 0.3%FScal(FScal 是传感器校准满量程)。

(4)试验架:比冲测定实验的试验架参照《固体火箭发动机试验架设计制造验收通用要求》(QJ 1118 A—1995)进行选取。

5.8.3 测试方法

1.发动机实验操作流程

操作流程见 4.2 节标准发动机法测试比冲操作。

2.数据处理

实验结束后,通过计算机数据处理软件对传感器输出的信号按照具体需求进行滤波,并绘制标准发动机实验压强-时间曲线,按照《标准试验发动机技术要求和数据处理》(GJB 97A—2020)进行发动机曲线特征点的选取。发动机燃烧时间、平均压强及推进剂平均燃速计算公式如下。

发动机燃烧时间为

$$t_b = t_E - t_B \tag{5.28}$$

式中:t_E 为肉厚燃完处实验曲线上两条切线之间的角平分线与实验曲线的交点所对应的时刻;t_B 为燃烧室压强连续上升到初始压强 P_i 的时刻。

燃烧时间压强冲量为

$$I_{pb} = \int_{t_B}^{t_E} P_c \, dt \tag{5.29}$$

式中：P_c 为燃烧室压强。

燃烧时间平均压强为

$$\overline{P}_b = \frac{I_{pb}}{t_b} \tag{5.30}$$

推进剂平均燃速为

$$\overline{r}_m = \frac{e}{t_b} \tag{5.31}$$

式中：e 为药柱肉厚。

3. 数据换算及修正

换算标准燃速时，应去除 t_b / t_a 不满足要求的数据，当标准压强 $P^\ominus = 7.00$ MPa 时，其燃速为

$$r^\ominus = \overline{r}_m \times \left(\frac{P^\ominus}{\overline{P}_b} \right)^n \tag{5.32}$$

式中：n 为推进剂的压强指数，由下式得到

$$n = \frac{k \sum\limits_{i=1}^{k} (\ln \overline{P}_{bi} \cdot \ln \overline{r}_{mi}) - \sum\limits_{i=1}^{k} \ln \overline{P}_{bi} \cdot \sum\limits_{i=1}^{k} \ln \overline{r}_{mi}}{k \sum\limits_{i=1}^{k} (\ln \overline{P}_{bi})^2 - \left(\sum\limits_{i=1}^{k} \ln \overline{P}_{bi} \right)^2} \tag{5.33}$$

式中：k 为实验发数，一般取 3～5。

5.9　燃速：冲量法

5.9.1　测试原理

固体推进剂燃速的测试方法可分为恒压弹法、密闭燃烧器法和标准发动机法，其中，恒压弹法采用推进剂药条在燃烧器内进行燃烧，其操作简单、测试成本较低，但由于推进剂用量少，在燃烧过程中存在明显的热损失，且燃面上的燃气流动状态与真实发动机中差别较大，测得的燃速值与实际发动机中的燃速值存在一定差异，所以常用于推进剂的配方研制阶段。此外，受限于测试系统的承压能力及气源压力，恒压弹法的最高测试压强不高于 25 MPa，无法开展超高压强下推进剂的燃速测试。

标准发动机法通过发动机的实测性能参数来计算得到推进剂的动态燃速，工作压强可通过喷管喉径来控制，理论上可测得任何压强下的推进剂燃速，但一次实验只能获得一个压强下的燃速数据，其测试成本高、周期较长，一般用于配方验证和批产的质量控制。密闭燃烧器法是将几何形状固定的推进剂药条在已知容积的密闭燃烧器内进行燃烧，利用药条自身燃气的持续生成实现增压，通过压强-时间曲线及推进剂药条尺寸推测得到推进剂的动态燃速。该方法具有设备简单、测试方便、推进剂用量小等优点，但由于该方法以绝热燃烧和

理想气体作为前提条件,尤其是绝热假设与实际燃烧过程存在较大差异,所以需要进行复杂的实验数据校正,导致燃速测试误差较大,且数据处理较为复杂。

综上分析,需开发新的测试方法,以同时满足实验成本低和测试结果精确的需求,实现推进剂动态燃速的高效测试。冲量法以小型厚壁固体火箭发动机为实验主体,通过燃烧端面及侧面包覆的内孔燃烧管状推进剂来获取燃速数据,由于整个实验过程中利用推进剂自身燃气实现自增压,所以通过一次实验即可实现较宽压强范围内固体推进剂的动态燃速测试,是一种极为理想的动态燃速测试手段。冲量法的原理:单位时间推进剂产生的冲量与烧掉的推进剂质量成正比,由冲量变化可以推导出某一微小时间段内消耗的推进剂质量,再结合推进剂药柱的型面变化,便可获取该微小时间段内烧掉的推进剂肉厚,再用推进剂肉厚除以燃烧时间,即可求出此平均压强下的燃速。

5.9.2　测试装置及材料

冲量法动态燃速测试实验系统由厚壁固体火箭发动机、复合固体推进剂、推力架及信号采集系统组成,其示意图如图 5.17 所示。

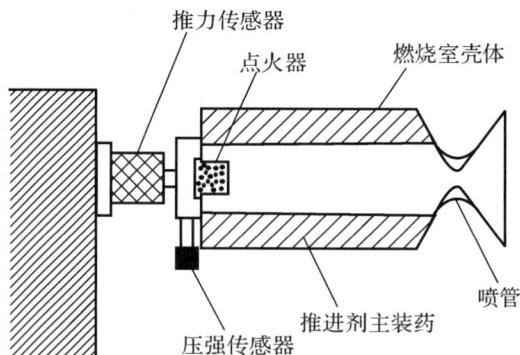

图 5.17　冲量法动态燃速测试实验系统示意图

(1)厚壁固体火箭发动机:由发动机壳体、前封头、后封头、挡药板和喷管等部件组成,其结构示意图如图 5.18 所示。前封头的前端设计有锥形内孔(也可为其他形状),与推力架连接测得发动机推力;后封头开有与发动机内腔联通的测压孔,用于测量燃烧室压强。燃速压强测试范围为 15~45 MPa,整体材料推荐使用 30CrMnSiA 高强度合金钢,实验发动机高温承压能力不大于 80 MPa。

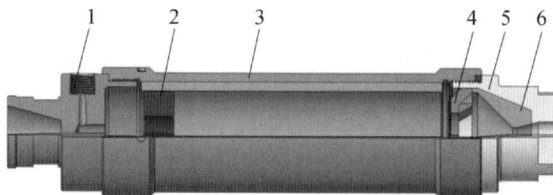

图 5.18　厚壁固体火箭发动机结构示意图

1—前封头;2—点火支架;3—燃烧室;4—挡药板;5—后封头;6—喷管

（2）点火支架：采用厚壁管状石墨块，孔径大小与推进剂内孔保持一致，以保证药柱内孔的同步点火，同时避免药柱端面包覆层被烧蚀。点火药采用小粒黑火药，通过绸布进行包裹，用量根据推进剂初始燃面及燃烧特性进行计算。

（3）复合固体推进剂：内孔燃烧管状推进剂，药柱端面及侧面采用包覆层进行包覆，推进剂燃速范围为 $0.1\sim100$ mm·s^{-1}。

（4）点火电源：可调控电源，电压为 $0\sim36$ V。

（5）信号采集系统：由压强传感器、推力传感器、数据采集板卡和计算机控制软件组成。数据采集板卡的采样频率大于 10 kHz；压强传感器的精度不小于 0.25 级，量程为 50 MPa。

（6）推力架：按照发动机尺寸自行设计。

5.9.3　测试方法

1. 推进剂尺寸确定及预处理

结合推进剂药柱的初始燃面和终了燃面，根据瞬时平衡压强计算公式，可计算实验过程中最大燃烧室压强 $P_{\max}$ 对应的最大燃面和最小燃烧室压强 $P_{\min}$ 对应的最小燃面，计算式为

$$P = (\rho_p c^* a\kappa)^{\frac{1}{1-n}} \tag{5.34}$$

式中：P 为燃烧室瞬时平衡压强；ρ_p 为推进剂密度；c^* 为推进剂特征速度；a 为推进剂燃速系数；n 为推进剂压强指数；κ 为燃喉比，$\kappa = A_b/A_t$，A_b 为推进剂燃烧面积，A_t 为喷管喉部面积。

通常将推进剂药柱端面及侧面通过包覆层进行包覆，其示意图如图 5.19 所示。

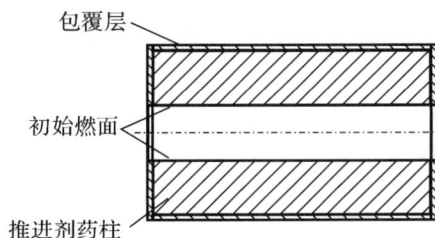

图 5.19　推进剂药柱包覆示意图

由于药柱外表面及内表面面积已知，所以可对药柱肉厚 e 按照增压速率进行预估。对于燃速已知的推进剂，其药柱肉厚 $e \geqslant rt$，燃烧时间按增压速率不大于 30 MPa·s^{-1} 进行预估，即

$$t \geqslant \frac{P_{\max} - P_{\min}}{30} \tag{5.35}$$

复合固体推进剂单次实验的增压范围推荐值为 $15\sim30$ MPa，如此可满足一般推进剂动态燃速的测试需求。若需要测试压强低于 15 MPa 或高于 30 MPa 下的推进剂燃速值，则通过调节喷管喉径，将压强范围整体调减或调增即可。

2.喷管喉径选取

推进剂压强待测范围为 $P_1 \sim P_2$，且已知药柱内径、外径及长度分别为 d、D 和 L，由于药柱进行内孔燃烧，推力和压强在燃烧过程中呈渐增趋势，所以选择喷管喉径以推进剂中间燃面为基准，喷管喉径计算式为

$$A_t = \frac{A_b c^* \rho_p a}{P_c^{1-n}} \tag{5.36}$$

式中：A_b 为推进剂中间燃面面积，$A_b = \pi(D-d)L/2$；P_c 为此阶段的平衡压强，$P_c = (P_2 - P_1)/2$。

3.点火药量确定

点火药应具有足够药量，以保证推进剂药柱初始裸露燃面同时点燃，可采用经验公式得到参考值，其计算方法为

$$m_{ig} = \frac{116.5}{Q_1} q_c^{1.06} A^{0.435} L^{0.625} A_p^{0.313} \tag{5.37}$$

式中：q_c 为点燃单位推进剂药柱表面积所需的能量，由推进剂特性所决定，$cal \cdot cm^{-2}$（$1\ cal = 4.186\ 8\ J$）；A 为燃面面积，cm^2；L 为点火药的平均爆热，$cal \cdot g^{-1}$；L 为推进剂药柱长度，cm；A_p 为通气面积，cm^2。

式（5.36）为经验公式，在点火药量的计算方面不可避免地会产生较大误差，尤其应用于不同燃速推进剂时，需要持续进行不同点火药量的尝试，并总结出最佳点火药量。

4.燃速测量

将待测推进剂试样自由装填于火箭发动机燃烧室中，选择合适喉径的喷管，依次安装前封头和后封头，安装压强传感器及推力传感器，并将发动机固定在推力架上。点燃推进剂试样，装药进行增面燃烧，通过推力传感器及压强传感器记录发动机工作过程中的压强-时间曲线和推力-时间曲线。

5.数据处理分析

对端面和外表面包覆的内孔燃烧管状推进剂药柱而言，采用冲量法燃速测试得到的典型发动机压强-时间曲线和推力-时间曲线如图5.20所示。

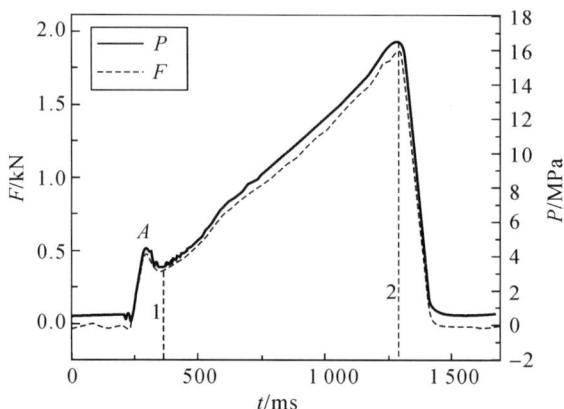

图 5.20 采用冲量法燃速测试得到的典型发动机压强-时间曲线和推力-时间曲线

图 5.20 中,发动机工作段的压强和推力均是递增的,其中 A 点为点火峰,经历点火峰回落后的初始上升点(竖线 1 的对应点)为药柱燃烧的起始时刻,在压强和推力都达到最大值后,开始下降的初始点(竖线 2 的对应点)为药柱燃烧的终了时刻。1、2 两条竖线之间的 $P-t$ 曲线和 $F-t$ 曲线为总冲量和分段冲量及对应压强的有效测试区间,对 $F-t$ 曲线进行积分,可得到发动机全工作过程的总冲量,整个工作全程的平均比冲和平均压强分别为

$$\bar{I}_{sp} = \frac{I_0}{m} \tag{5.38}$$

$$P = \frac{\int P(t)\mathrm{d}t}{t} \tag{5.39}$$

式中:$\bar{I}_{sp}$ 为推进剂工作时段的平均比冲;I_0 为总冲量;m 为推进剂的总质量。

由于火箭发动机工作时单位时间产生的冲量 ΔI 与单位时间内消耗掉的推进剂质量 Δm 成正比,且推进剂药柱尺寸及初始燃面面积已知,由此可以计算得到单位时间烧掉的推进剂肉厚,即推进剂的燃速,因此理论上仅通过单次实验便可获得增压范围内任意压强下的燃速,其处理方法:将发动机整个工作段平分成 n 段$(n>1)$,每段时间为 Δt,若设该时段烧掉的推进剂质量为 m_i,则存在关系式

$$m = \sum m_i \tag{5.40}$$

$$I_i = m_i \cdot I_{s(P)} \tag{5.41}$$

式中:I_i 为 Δt 时间内的总冲;$I_{s(P)}$ 为 Δt 时间内对应压强的比冲,是燃烧室压强 P 的函数,可通过理论比冲计算结合实验数据修正获得。

按照上述方法,可依次计算出第 $i(i=1,2,\cdots,n)$ 个时间段内的总冲以及该时间内的平均压强,计算式为

$$I_i = \int_{\Delta t} F(t)\mathrm{d}t \tag{5.42}$$

$$p_i = \frac{\int_{\Delta t} p(t)\mathrm{d}t}{\Delta t} \tag{5.43}$$

联立式(5.41)和式(5.42),可得到每个时间段内推进剂燃烧的质量 $m_i(i=1,2,\cdots,n)$ 为

$$m_i = \frac{\int_{\Delta t} F(t)\mathrm{d}t}{I_{s(P)}} \tag{5.44}$$

由于压强和推力最大时对应燃烧终了时刻,此时燃面也是最大燃面,所以第 n 个时间段内烧掉推进剂质量 m_n 和肉厚 e_n 存在如下关系:

$$m_n = \frac{\pi}{4}[D^2 - (D-2e_n)^2]L\rho \tag{5.45}$$

由此可计算出第 n 个时间段烧掉的肉厚,同理可依次求得 $e_{n-1}, e_{n-2}, \cdots, e_1$。

$$m_{n-1} = \frac{\pi}{4}[(D-2e_n)^2 - (D-2e_n-2e_{n-1})^2]L\rho \tag{5.46}$$

$$m_{n-2} = \frac{\pi}{4}[(D-2e_n-2e_{n-1})^2 - (D-2e_n-2e_{n-1}-2e_{n-2})^2]L\rho \tag{5.47}$$

因此,每个 P_i 对应的燃速为

$$\dot{r}_i = \frac{e_i}{\Delta t} \tag{5.48}$$

5.10 燃烧波:微热电偶法

5.10.1 测试原理

在推进剂稳态燃烧时,若以燃烧表面为运动坐标原点,则推进剂各反应区以燃烧速度不断向原点移动,此时各反应区在坐标轴中位置不随时间变化,类似于驻波,将这种连续的燃烧发生区称为燃烧波。根据推进剂的燃烧波结构可以确定推进剂燃烧时固相及气相反应区位置及温度分布,并可确定某些特殊添加剂(如催化剂)的作用区间,为深入分析燃烧机理及建立燃烧数学模型提供数据支持。此外,推进剂的燃烧波结构还影响着燃速、压强指数、燃速温度系数等燃烧特性,研究推进剂燃烧波结构对推进剂配方设计、推进剂稳定燃烧及发动机热防护具有重要意义。

推进剂燃烧火焰温度分布测定是研究推进剂燃烧波结构的必要手段,常见的测温方法有全息干涉法、激光光谱法、红外辐射法及微热电偶法等,其中全息干涉法、激光光谱法和红外辐射法均属于非接触式测温技术,其测温过程需具备可供热辐射光谱传播的光路,且光学测温的时间及空间分辨率低,易受外界干扰,因此常采用接触式测温方法,其中微热电偶法是测试燃烧波温度分布的经典方法。

根据不同的测量温度范围,可将热电偶分为高温、中温和低温热电偶。由于发动机在工作过程中燃烧室温度往往大于 1 500 ℃,所以通常采用铂铑热电偶和钨铼热电偶开展实验。其中,铂铑热电偶采用贵金属制成,其延展性好,灵敏度较高,可检测极小的温度变化。此外铂铑热电偶热电性能稳定,抗氧化性强,可长期在 1 600 ℃ 环境中使用,或短期在 1 800 ℃ 的高温环境中使用。钨铼热电偶是一种耐高温热电偶,其理论测温区间为 0~2 300 ℃,相较于铂铑热电偶,其灵敏度较低,但成本也较低,适用于发动机燃烧波测试的恶劣环境。常见的热电偶主要有 S、R、C 及 D 型热电偶,各项对比数据见表 5.2。

表 5.2　常用热电偶性能对比

热电偶 类型	名　称	测量区间	缺　点
S 型	铂铑 10 -铂热电偶	0~1 300 ℃ (短期可达 1 600 ℃)	微分热电势小,灵敏度低; 不宜在还原性气氛中使用
R 型	铂铑 13 -铂热电偶		贵金属制成,价格高
WRe5/26 型	含铼 5% 的钨铼合金与含 铼 26% 的钨铼合金	0~2 300 ℃ (短期可达 2 800 ℃)	延展性小,灵敏度较低; 易氧化;在含碳气氛中容易 生成碳化物,降低灵敏度
WRe3/25 型	含铼 3% 的钨铼合金与含铼 25% 的钨铼合金		延展性小,灵敏度较低

根据固体推进剂经典燃烧模型,可将固体推进剂的燃烧主要分为 3 个区域,如图 5.21 所示。其中:Ⅰ区主要为固相区,该区域一般不发生化学反应,在推进剂燃烧的热反馈作用下,温度由初始温度 T_0 升温至对应物质的分解温度 T_u;Ⅱ区主要为凝聚相反应区,随着吸热与放热反应的进行,导致功能组分发生固相到液相或者气相的转变,温度由分解温度 T_u 升高至燃面温度 T_s,并生成相应的活性反应组分;Ⅲ区主要为气相反应区和发光火焰区,此区域相应的活性组分发生剧烈的氧化还原反应并放出大量热量,最终形成燃烧火焰。微热电偶法是将微型高温热电偶预先埋置在推进剂药条内,热电偶会先感知推进剂常温状态下的温度,在固定推进剂燃烧过程中,随着推进剂燃面的退移,热电偶探头依次通过推进剂的固相预热区、燃面、气相火焰区等各燃烧区域,并获取固体推进剂的燃烧温度分布情况,从而得到推进剂完整的燃烧波结构。

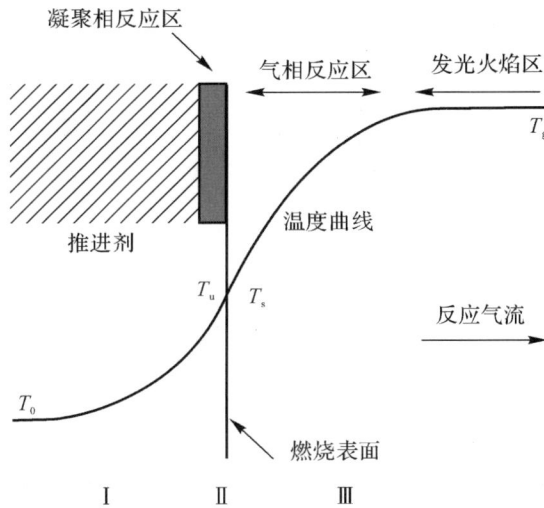

图 5.21 固体推进剂燃烧波结构模型

5.10.2 测试装置及材料

燃烧波测试装置主要由高压气瓶、缓冲气瓶、密闭燃烧器、压强传感器、进气阀、排气阀、减压阀及各种管路结构组成,并配合压力数据采集系统、燃烧波数据采集系统、点火系统和计算机共同组成燃烧波测试系统,其示意图如图 5.22 所示。

(1)压力数据采集系统由压力传感器、连接线路、直流电源、采集卡、计算机和采集软件等组成。压力传感器精度不小于为 0.25 级,采用可调节式直流稳压电源对其供电。

(2)燃烧波数据采集系统由热电偶、连接线路、采集板卡、计算机和采集软件等组成。根据测温需求选择热电偶,本书以钨铼 3 型和钨铼 25 型热电偶为例进行说明,其正极为 97%(质量分数)钨、3%铼的合金,负极为 75%钨、25%铼的合金,热电偶两端输出电势在 $0\sim50$ mV 之间。

(3)点火系统由点火电源、点火线和连接导线组成。点火电源采用可调节式直流稳压电源,点火线为 Cr20Ni80 型镍铬合金丝。

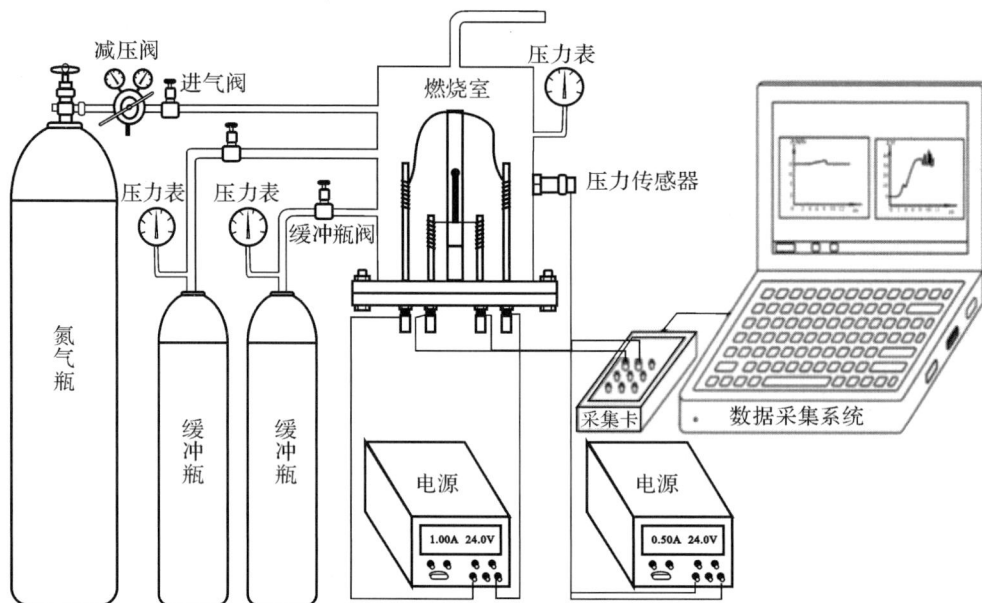

图 5.22　燃烧波测试系统示意图

5.10.3　测试方法

1. 钨铼热电偶焊接

燃烧波测试实验前,需要焊接一定数量的钨铼热电偶,并埋入推进剂中待用。其操作步骤如下:将钨铼 3 型合金丝和钨铼 25 型合金丝缠绕在一起,缠绕头部剪平后,采用热电偶氩弧焊机焊接缠绕端,形成圆球状的测温点。制成的热电偶应符合国标《钨铼热电偶丝及分度表》(GB/T 29822—2013)的要求,焊点应呈球状,无氧化、划痕和凹陷,铰接圈数应不少于 5圈,热电偶另一端应预留足够长度来连接燃烧室底座的接线柱。

2. 推进剂试样准备

将固体推进剂切成 6 mm×6 mm×50 mm 的长方体药条,沿方形端面中线切一条 25 mm 深的切口,将热电偶焊点放置于切口底部中央,并保持铰接部分与切口部分垂直。待热电偶丝两端从药柱两侧引出后,将药条夹紧,并用棉线将切口扎住。热电偶掩埋示意图如图 5.23 所示。

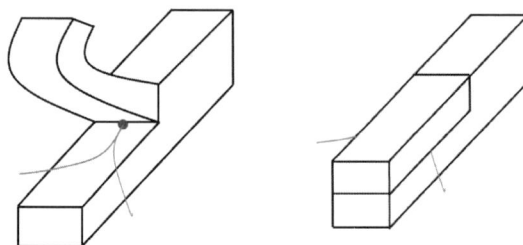

图 5.23　热电偶掩埋示意图

3. 推进剂药条包覆及点火丝安装

制作好足够数量的推进剂试样后,配制推进剂包覆液,对推进剂药条端面进行包覆,以保证推进剂药条的端面燃烧。实验采用聚乙烯醇缩丁醛包覆液,该包覆液由 92% 的无水乙醇和 8% 的聚乙烯醇缩丁醛混合而成。具体包覆过程:将推进剂药条完全浸入包覆液中静置 10 min,随后取出晾干,继续第二次包覆,如此重复 3 次,放置在室温下固化 8～10 h 后,放入密封袋中待用。

用直径为 0.5 mm 的麻花钻头在已包覆好药条的另一端正中间钻孔,剪取长度为10 cm 的点火丝穿入孔中,以引燃推进剂药条。

4. 燃烧波测试

先将包覆好的推进剂试样固定在推进剂安装座上,然后将点火线与热电偶分别接在相应接线柱上,用绝缘胶带包裹热电偶裸露部分,防止推进剂燃烧残渣对测试产生影响。依次安装各部件,并连接燃烧波数据采集系统与压力数据采集系统。

向燃烧器中充入 1 MPa 的氮气,然后缓慢排出,重复 3 次,以排出燃烧器中存在的空气。随后充入氮气,使燃烧室及平衡罐内压强达到指定值,接通点火电源点燃推进剂,获取并保存电势信号数据。推进剂燃烧结束后,关闭平衡罐阀门,打开排气阀,排出燃烧室内高压气体,拆卸燃烧器,清理实验装置,换下一发试样继续进行测试。

5. 数据处理

燃烧波测试软件采集到的时间 t 与热电偶两端输出的电压 U,需要根据国标《钨铼热电偶丝及分度表》(GB/T 29822—2013)中 WRe3－WRe25 热电偶分度表中相关数据,拟合得到热电偶输出热电动势 U 与燃烧温度 T 的关系式。拟合步骤:均匀选取分度表中 0～2 300 ℃ 的部分数据点,采用最小二乘法,通过数据处理软件进行 3 次幂多项式拟合(多次幂同样可以),可得到燃烧温度 T 与热电偶输出热电动势 U 的关系为

$$T = 25.155\ 510 + 65.538\ 956U - 1.030\ 151U^2 + 0.020\ 995U^3 \tag{5.49}$$

每组推进剂试样至少在指定压强下做 5 组平行实验,将实验中采集得到的热电偶两端电压数据,利用拟合得到的燃烧温度 T 与热电动势 U 关系式转换成温度数据,导入数据处理软件绘制燃烧波曲线,并利用平滑滤波器工具进行信号降噪处理,平滑滤波后,即可得到推进剂在指定压强下的燃烧波曲线。图 5.24 所示为某推进剂在 2 MPa 下的燃烧波曲线。

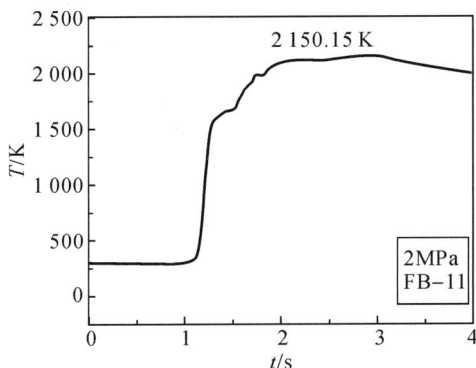

图 5.24　某推进剂在 2 MPa 下的燃烧波曲线

通过对燃烧波数据进行微分求导,根据微分曲线上的峰值点,可以精确确定推进剂燃面温度,经计算得到各推进剂的燃面温度和火焰温度等参数。

参 考 文 献

[1] 中国兵器工业标准化研究所.火药试验方法:GJB 770B—2005[S].北京:国防科工委军标出版发行部,2005.

[2] 西北工业大学.一种固体推进剂定容燃烧的测试装置及测试方法:201410603239.8[P].2016-04-27.

[3] 中国航天标准化研究所.标准试验发动机型式和尺寸:GJB 96A—2001[S].北京:国防科工委军标出版发行部,2001.

第6章　燃烧产物特性测试

6.1　燃烧产物收集:收集罐法

6.1.1　测试原理

固体推进剂的燃烧产物可分为气相燃烧产物和凝聚相燃烧产物,而气相及凝聚相燃烧产物的组成及含量由燃烧过程决定,研究固体推进剂燃烧产物的组分性质及含量可以推断燃料之间的竞争(氧化和燃烧化学反应),由此推测推进剂燃烧反应机理并指导配方优化设计。因此,选择准确、可靠且操作简便的收集方法,是研究推进剂燃烧产物的基础与保障。

目前,固体推进剂燃烧产物收集方法主要有氧弹收集法和燃速仪收集法。氧弹收集法是在充入一定压强气体的氧弹中燃烧推进剂,并对其气相及凝聚相产物进行收集,这种方法的收集效率较高,但生成的燃烧产物可能在氧弹中发生进一步反应,与实际发动机中的燃烧产物存在差异。燃速仪收集法配有缓冲瓶,推进剂处于恒压状态下进行燃烧,而发动机燃烧过程中产生的燃气会经喷管膨胀加速,此时压强和温度处于剧烈变化状态,燃烧产物组分也会发生相应变化,因此无法获取真实发动机喷管出口处产物组成。

采用收集罐法可对发动机喷管出口处气相及凝聚相燃烧产物进行有效收集,其工作原理为:使用真空泵通过多次抽真空将真空收集箱中的空气抽出,以防止推进剂燃烧产物与空气反应,当真空收集箱中的空气被完全抽出后,在收集箱中充入一定量的氩气作为分散介质和冷却介质。真空收集箱前端设有燃气发生器来实现推进剂在发动机中的真实燃烧条件。当燃烧产物喷入真空收集箱后:一方面,由于收集箱体积较大,且充满惰性的氩气,可快速实现燃烧产物在喷射的过程中的有效分散,防止相互间继续发生反应;另一方面,氩气的存在可使燃烧产物的温度迅速降低,起到有效"冻结"燃烧产物之间的继续反应的作用,以此实现燃烧产物的及时冷却并完全收集。

6.1.2　测试装置及材料

收集罐法燃烧产物收集系统由燃气发生器、真空收集箱、进排气系统和数据采集系统组成,收集系统原理示意图如图6.1所示。

(1)燃气发生器:燃气发生器的作用是提供推进剂在发动机中同等燃烧条件,整体可采用45#钢加工制成,其结构示意图如图6.2所示。燃气发生器可通过调节喷管的喉径来调节燃气发生器的工作压强,可测试压强范围为1~20 MPa。

(2)端面燃烧复合固体推进剂:推进剂制为圆柱药块,侧面和底面采用阻燃包覆处理,保证其进行端面燃烧。

(3)点火装置:为避免引入其他点火药对推进剂燃烧产物产生影响,采用推进剂粉末作为点火药。

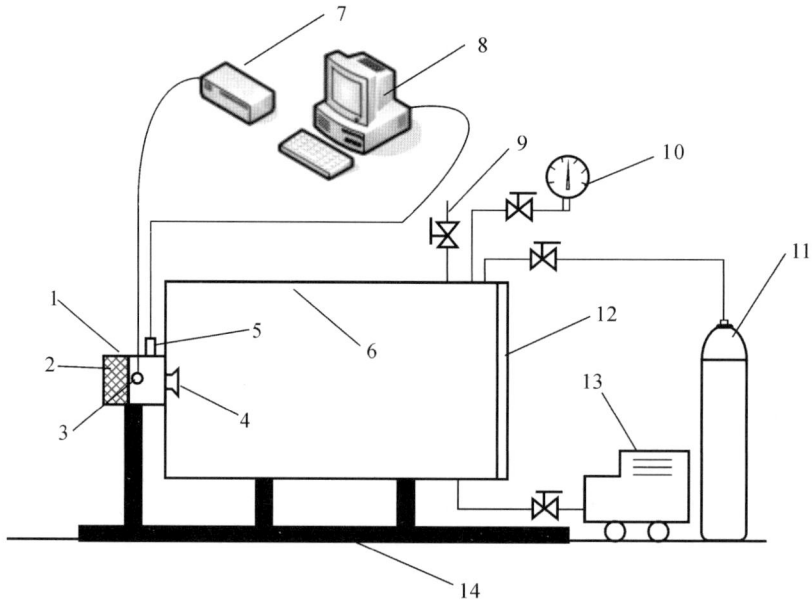

图 6.1　收集罐法燃烧产物收集系统原理示意图

1—燃气发生器;2—推进剂药柱;3—点火装置;4—喷管;5—压强传感器;6—真空收集箱;7—点火电源;
8—控制采集计算机;9—排气阀;10—真空压力表;11—氩气瓶;12—收集箱门;13—真空泵;14—收集装置支撑架

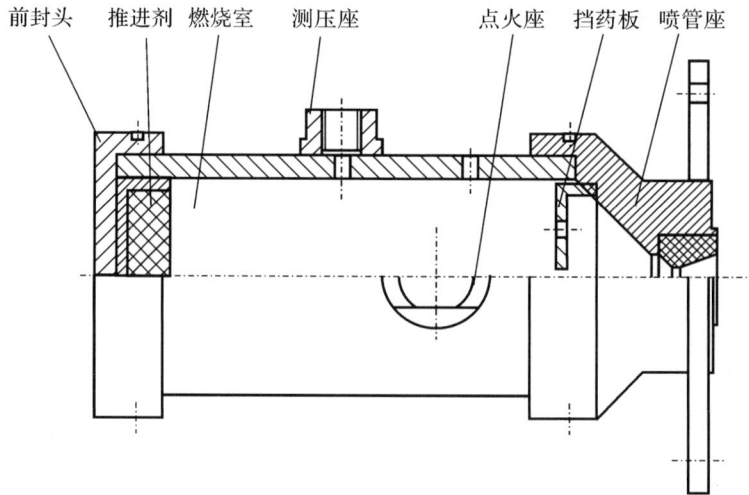

图 6.2　燃气发生器结构示意图

　　(4)真空收集箱:用于收集喷管出口处推进剂燃烧产物,采用对各种酸性物质有较好耐蚀性的不锈钢材料(如 $00Cr_{17}Ni_{14}Mo_2$ 奥氏体不锈钢)制成。真空收集箱结构示意图如图 6.3 所示。真空收集箱前端焊接有扩张段法兰,用于固定连接燃气发生器;其后端盖设有可开关收集箱门和排气管路,用于实验结束后收集箱内的凝聚相及气相燃烧产物。

　　(5)真空泵:真空度小于 133 Pa,配有真空压力表,通过多次抽真空及充装惰性氩气,进而排除真空收集箱内空气,提供燃烧产物所需的惰性环境。

(6)点火电源:采用可调直流稳压电源,调节电压范围为 0～36 V。

(7)进排气系统:由高压氩气瓶、减压阀和排气阀组成,高压氩气既提供燃烧产物收集的惰性气氛,也作为介质,以快速降低燃烧产物的温度,有效"冻结"推进剂燃烧产物之间的继续反应。排气阀用于排出收集箱内高压气体及收集气相燃烧产物。

(8)数据采集系统:由压强传感器、数据采集板卡、计算机及传输线路组成。数据采集板卡的采样频率大于 10 kHz;压强传感器的精度不小于 0.25 级,量程大于 30 MPa。

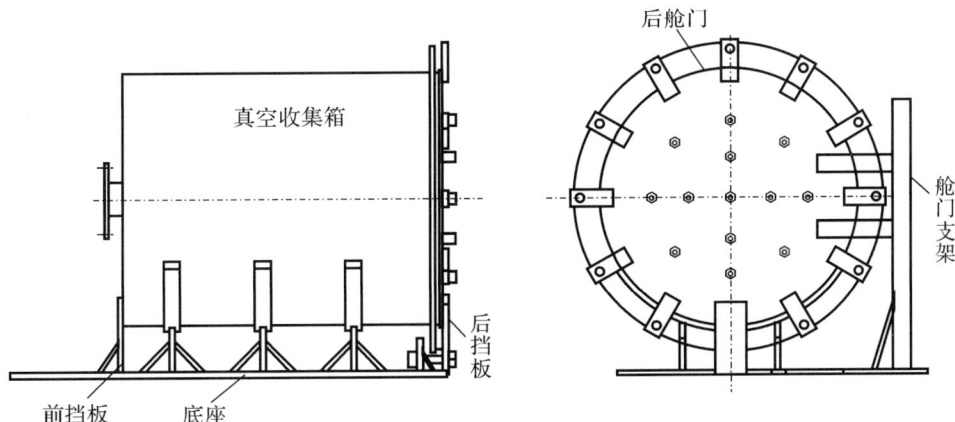

图 6.3　真空收集箱结构示意图

6.1.3　测试方法

1. 推进剂预处理

实验使用的推进剂制为圆柱形药块,药块直径由燃气发生器内径决定,长度由承压范围决定。推进剂药柱侧面和底面采用阻燃包覆处理,保证其进行端面燃烧。

2. 点火装置制作

为避免其他类型点火药的引入影响燃烧产物测试结果,采用固体推进剂粉末作为点火药装填入点火装置中。

3. 系统组装

放置固体推进剂于燃烧室内,安装压力传感器并固定安放挡药板,依次连接前封头、燃烧室和喷管座,完成燃气发生器的装配。随后将燃气发生器与真空收集箱前端扩张法兰相连接,并关闭真空收集箱后舱门,完成系统组装。

4. 气密性验证及空气排除

将点火电源短接,确保氩气瓶阀门和排气阀门关闭,打开真空管路阀门进行系统气密性验证,具体操作步骤为:开启真空泵电源,将真空收集箱内气压抽至指定压强,保持 5 min 后关闭真空泵电源及真空管路阀门,等待 30 min 观察真空压力表指针变化。若真空压力表指针保持不变,则说明装置气密性检测无问题;否则,需用气体检漏剂检查装置漏气位置,并采取相应密封处理措施,重新装配系统,重复上述操作,直至气密性检测无问题。

真空收集箱排除空气步骤:打开真空泵电源抽真空至预定压强,观察真空压力表读数,当压强至 0.005 MPa 时,关闭真空泵阀门,打开氩气瓶阀门向密闭容器内部充气,达到一个大气压时关闭氩气阀门,打开真空泵阀门,继续抽真空至 0.005 MPa 后再充入氩气至大气压,如此反复 3 次,则可将装置内的空气排出。

5. 系统点火及燃烧产物收集

当系统气密性检测无问题且装置内空气排尽后,打开数据采集系统并按压点火按钮,进行试样点火及压强数据采集。待推进剂燃烧结束后断开点火电源并短接点火线路,等待 30 min 后方可打开排气阀,将排气管路中空气吹净后关闭,然后快速将气袋与排气管路连接,随后打开排气阀以收集气相燃烧产物。

当气相燃烧产物收集完后,将收集箱中的气体完全排出,打开收集箱的后舱盖,收集燃烧的凝聚相产物,将其烘干并用真空包装机进行真空包装。所有实验完成后,对燃气发生器和收集箱进行防锈清洗。

6.2 燃烧产物收集:恒压腔法

6.2.1 测试原理

复合固体推进剂在燃烧室中燃烧时会生成大量高温燃气,并通过喷管膨胀产生推力,实现化学能到动能的转换,为火箭或导弹提供动力,根据燃烧场所的不同,可将燃烧产物分为燃烧室内和喷管出口处两种类型。收集罐法用于收集喷管出口处的燃烧产物,但由于喷管流动过程中压强温度不断变化,燃烧产物组分类型也随之改变,所以燃烧产物在燃烧室内与喷管出口处,其组分及含量各不相同,收集燃烧室内燃烧产物对分析火箭发动机性能并进行工作过程仿真具有重要意义。

恒压腔法燃烧产物收集装置模拟了火箭发动机燃烧室内压强平稳的高压环境,其基本思想是推进剂生成的燃气量等于排气装置排出的气体量,通过活塞移动来改变活塞两侧的容积大小,从而实现压强平衡。其工作原理如图 6.4 所示,推进剂燃烧前,活塞两侧的压强相等,即 $P_1 = P_2$,其中,P_1 为活塞左侧的压强,P_2 为活塞右侧的压强,此

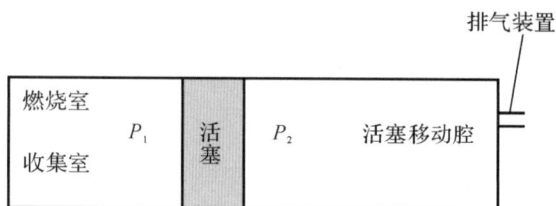

图 6.4 恒压式燃烧产物收集装置压强平衡工作原理

时活塞位于活塞移动腔的最左侧。当推进剂燃烧时,燃烧产物收集室的压强增大,即 $P'_1 > P'_2$,推进剂燃烧产生的气体将推动活塞向右侧移动,在此过程中,活塞左侧的容积增大,压强 P'_1 减小,而活塞右侧的容积减少,压强 P'_2 增大,此时电磁阀打开,右侧气体排出。当选择合适的限流孔时,生成燃气导致的压强增大恰好被右侧气体排出作用所抵消,从而使压强保持恒定,再次达到 $P'_1 = P'_2$ 的平衡,最终建立维持在实验指定压强下的稳压平衡环境。

6.2.2　测试装置及材料

恒压式燃烧产物收集系统以产物收集装置为主体,并设有数据采集系统及充排气系统,可实时测量推进剂燃烧室和收集室等处的压强,保证推进剂燃烧维持稳定的高压环境,实验系统示意图如图 6.5 所示。

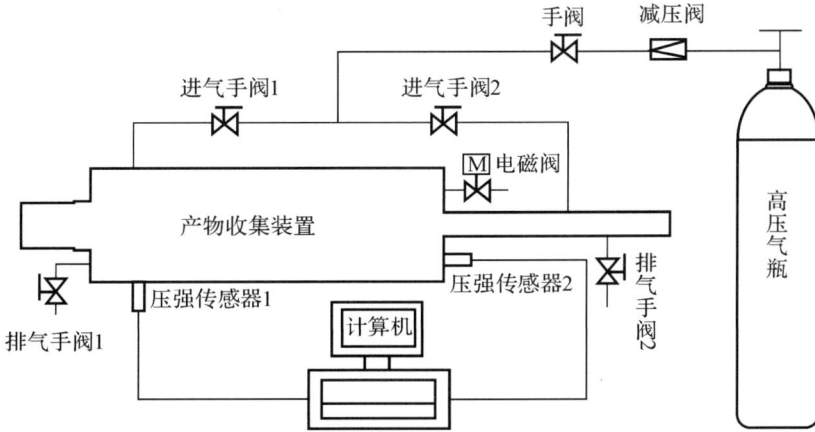

图 6.5　恒压式燃烧产物收集系统示意图

该实验所使用到的装置如下。

1. 产物收集装置

产物收集装置主要由推进剂燃烧室、燃烧产物收集室、活塞移动腔和尾腔组成,产物收集装置整体可采用不锈钢加工而成,其上设有点火座、测压座、充气孔和排气孔,其结构如图 6.6 所示。

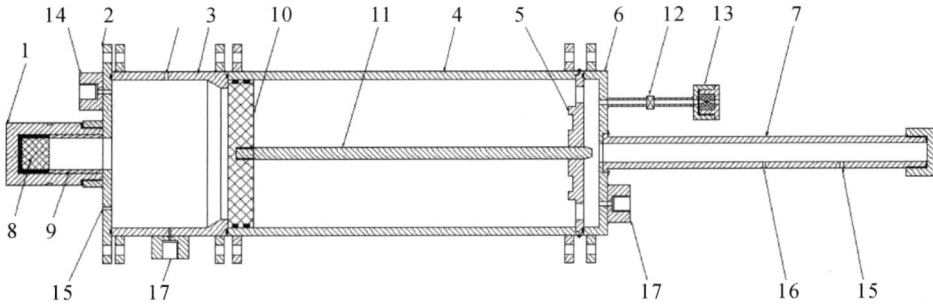

图 6.6　产物收集装置结构图

1—燃烧室;2—前挡板;3—收集室;4—活塞移动腔体;5—定位挡板;6—后挡板;7—尾腔;8—推进剂;9—药柱支架;10—活塞;11—定位杆;12—电磁阀;13—限流装置;14—点火座;15—排气孔;16—充气孔;17—测压座

(1)燃烧室:燃烧室可采用 45[#] 钢制成,可研究 1~15 MPa 范围内推进剂的燃烧。推进剂制为圆柱形药柱,外径根据燃烧室内径决定,其侧壁及底部包覆有绝热层,可实现端面燃烧。药柱支架采用石墨材质,用以实现推进剂的轴向定位。前挡板的螺纹圆筒段与法兰圆盘焊接在一起,分别通过螺纹和法兰连接燃烧室与收集室,同时其上端设有点火孔和排气孔,用于推进剂点火及点火结束后燃烧室与收集室内残余气体的排出。

(2)燃烧产物收集室:由具有一定的耐酸耐腐蚀性的材料制成,收集室中间位置设有压强传感器接口和气体进气孔,靠近活塞移动腔一侧的收集室内部设计有厚度凸出、具有一定水平夹角的台阶,用于保证活塞移动过程中的初始位置不变并便于产物收集。

(3)活塞移动腔:活塞移动腔包括腔体、定位挡板、活塞和定位杆四部分。腔体是活塞移动的主要部件,内壁光洁度应足够高以保证活塞能顺畅移动。定位挡板用于限制定位活塞水平运动,防止活塞倾斜,与腔体右侧通过台阶精确定位焊接成一体。活塞为圆柱体状,直径按照移动腔内径决定,在其侧面设有两个环形凹槽,并放置耐高温的氟橡胶 O 型圈,来实现与活塞移动腔体之间的密封。活塞一侧的中心处设计有平底螺纹,与定位杆固定连接。

(4)尾腔:尾腔包括后挡板、尾腔管、尾腔堵头三部分,为定位杆移动提供空间。后挡板中心开设通孔,一端与活塞移动腔的右侧通过法兰固定连接,另一端与尾腔管精确焊接为一体。后挡板上设计有压强传感器接口和限流装置,限流装置核心为限流孔板,通过更换不同喷管喉径的限流孔板,可控制排出气体的流速,使推进剂的生成气率等于限流孔板排出的气体流率,如此可创建燃烧室的稳压环境,典型限流孔板结构图如图 6.7 所示。

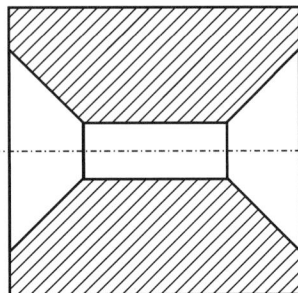

图 6.7　典型限流孔板结构图

尾腔管上设计有进气口和排气口,尾腔管的末端通过螺纹与尾腔堵头连接。

2. 充排气系统

充气系统由高压氮气瓶、减压阀、进气手阀和共用管道组成,其中,共用管道连接进气手阀 1 和进气手阀 2,用于保证活塞两端的压强尽可能相等。排气系统由两个排气手阀和电磁阀组成,电磁阀与推进剂点火同时开启,可排出与推进剂燃烧产生的等量气体,从而实现燃烧室内压强平稳。排气阀用于实验结束后排出燃烧产物收集装置内剩余的高压气体,实现气相及凝聚相产物的收集。

3. 压强数据采集系统

由压强传感器、数据采集板卡、计算机及传输线路组成。数据采集板卡的采样频率大于 10 kHz;压强传感器的精度不小于 0.25 级,量程为 0～30 MPa。

6.2.3　测试方法

1. 推进剂预处理及点火药包制作

选择侧壁及底部包覆绝热层的固体推进剂,以保证药柱的端面燃烧。推进剂药柱为圆柱形,采用自由装填装药。为保证推进剂燃烧产物的纯度,选用一定质量的推进剂粉末作为点火药,称量结果精确至 0.01 g,并将点火药用绸布包扎成点火药包。点火药用量根据推进剂的燃速、能量水平等进行确定。

2. 恒压腔法系统组装

放置装置支撑座于实验台上,将活塞移动腔固定于装置支撑座上,腔体底部与支撑座接触面安放上缓冲垫片,随后将活塞从前端装入移动腔中,确保定位杆穿过定位挡板的中心孔,随后依次将活塞移动腔与后挡板及燃烧室相固定,至此恒压腔后端安装完成。采用药柱托架将推进剂及点火药包固定于燃烧室中,点火装置安装于前挡板,将点火药包与点火线相连接,连接前挡板与燃烧室并固定,产物收集装置安装完成。

将电磁阀线接通 24 V 直流电源,两个压强传感器分别安装于燃烧室与后挡板上的测压座上,通过测压线与采集板卡相连接。进气手阀处安装共用进气管路,软管另一端连接高压氮气瓶,完成系统搭建。

3. 气密性检测

由于实验系统零件较多且连接复杂,推进剂燃烧实验工作时间短且测量环境恶劣,所以在推进剂燃烧前,必须对装置和实验系统进行可靠性验证,操作步骤:关闭排气阀门及电磁阀,控制减压阀向活塞移动腔充压至 2 MPa,10 s 后再向燃烧产物收集室中充入 2 MPa 氮气,保持该状态 10 min,观察压强-时间曲线是否波动,检查装置气密性。若无波动,则证明气密性无问题,可以开始实验;否则,使用气体检漏剂检测漏气位置,加强漏气部位连接后,重新进行气密性检测,直至无问题。

4. 产物收集实验

向活塞移动腔和燃烧产物收集室中充入氮气,使内部压强维持在实验指定压强数值,发射点火指令的同时打开电磁阀,并采集活塞移动腔和燃烧产物收集室中压强曲线。在推进剂燃烧过程中,若装置内压强超过指定压强,则电磁阀和限流孔板会向外排气,直至再次达到平衡状态,使装置内压强始终维持在指定工作压强范围。推进剂燃烧结束后,等到凝聚相产物完全冷却(约 30 min),排出排气管路中空气,然后将气袋与排气管路相连,随后打开排气阀,收集气相燃烧产物。在装置内气体完全排出后,打开装置收集凝聚相产物,将其烘干后放置于真空密封袋中。最后清洗实验器材,整理实验现场。

6.3　气相燃烧产物组分分析:气相色谱法

6.3.1　测试原理

复合固体推进剂的燃烧是一个复杂的物理和化学变化过程,其燃烧产物不仅含有烟雾等凝聚相颗粒,还包含 CO、CO_2、N_2 等气相燃烧产物,开展气相燃烧产物成分及含量分析研究,可深入了解燃烧室内推进剂的物理和化学反应过程,明确推进剂燃烧机理。此外,现代高性能武器对燃气清洁型燃气发生剂和低特征信号推进剂的要求越来越高,分析气相燃烧产物还可以测定有害气体组分及含量,对推进剂配方设计及优化具有指导意义。

现阶段,固体推进剂燃烧气体组分的测试方法可分为现场测试法和气袋收集法。现场测试法通常采用气体成分分析设备对发动机实验现场进行采集测试,常采用电化学法、红外光谱法或光散射法。气袋收集法则是通过气体收集袋对推进剂燃烧之后的气体进行收集,并带回实验室进行分析,其典型代表为气相色谱法。其中,电化学法利用电化学传感器来检测气体成分浓度,但其响应时间较长,无法测试瞬态的气体成分。红外光谱法利用气体分子在特定波长的红外光束作用下的吸收特性来确定气体成分及浓度,测试速度快,但对环境要求较高,在发动机燃烧后期,由于环境杂散光干扰,所以测试精度较差。光散射法是利用米氏散射、自发拉普散射、相干反斯托克斯拉曼散射等测试燃气组分浓度,其对光路要求同样较高。因此,采用气相色谱法可对燃烧产物全组分进行精确分析,且测试精度高。

气相色谱法(GC)是以惰性气体为流动相,利用不同组分在固定相与流动相之间溶解、吸附或其他亲和力等作用的差异而建立起来的柱色谱分离技术。气相色谱仪主要由色谱柱、固定相和流动相组成,其中,固定相采用比表面积大且具有一定活性的吸附剂,当多组分气体混合物进入色谱柱后,由于吸附剂对不同组分的吸附力不同,会使得各组分在色谱柱中停留时间也不同。吸附作用弱的组分会优先离开色谱柱,吸附作用强的组分则在最后离开,这样不同组分在色谱柱中成功分离,按照先后顺序进入检测器中被检测。

检测器用于检测流经色谱柱后物质成分及浓度变化关系,根据检测器的测试原理,可分为离子化检测器、整体性质检测器、光学检测器和电化学检测器四类,常见的有火焰离子化检测器(FID)、电子捕获检测器(ECD)、热导检测器(TCD)和火焰光度检测器(FPD)等,它们的工作原理和检测范围各不相同,具体使用时应根据实际需求进行选择。

火焰离子化检测器(FID)的工作原理:氢气与氧气燃烧生成火焰,当产物流进入火焰时,由于离子化反应会产生离子,在外加电场的作用下,离子向正、负电极移动,形成的离子流经放大后被检测。FID 对一般的有机化合物均会产生信号,而对无机物或部分有机物无响应或响应很小。又由于产生离子流的大小与火焰中有机物的含量成正比,通过离子流可获得物质含量信息,所以 FID 具有稳定性好、灵敏度高(是 TCD 的 $100 \sim 1\ 000$ 倍)、线性范围宽等优点,但样品通过火焰离子化会导致测试样品被破坏,因此该方法无法对分离产物进行二次收集。使用 FID 时,N_2 和 H_2 的最佳流速比为 $1:1 \sim 1.5:1$,氢气和空气的体积比为 $1:10$。火焰离子化检测器结构示意图如图 6.8 所示。

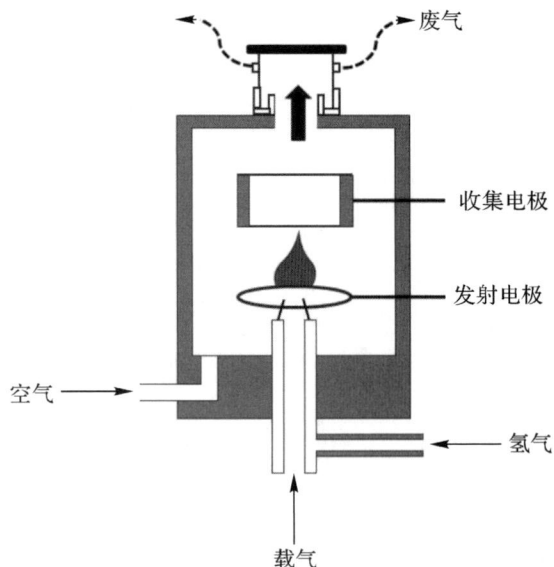

图 6.8 火焰离子化检测器结构示意图

电子捕获检测器(ECD)是利用放射性同位素作为放射源轰击组分。当只有载气时,产物在放射源的轰击下会生成正离子和自由电子,在电场的作用下形成恒定的离子流,此时为基流。当载气携带电负性组分进入检测器时,电负性物质将捕获低能量电子形成负离子,使基流下降进而产生检测信号,检测信号的大小与待测物质的浓度呈线性关系。ECD 检测器对电负性物质特别敏感,且电负性越强,检测器灵敏度越高,可用于测定电负性物质(如含卤素、S、P、O、N 等元素),但其检测的线性范围仅有 $10^2 \sim 10^4$。电子捕获检测器结构示意图如图 6.9 所示。

热导检测器(TCD)是利用被检测组分与载气的热导率不同来检测组分的浓度变化的,

其内部由两根电阻相等的热敏元件组成参比池和测量池,它们与两个固定电阻组成惠斯顿电桥。当只有恒定载气通过时,其从热敏元件带走相同的热量,两池体电阻变化相同;当载气携带样品组分进入时,由于样品组分与载气的热导率不同,所以它们携带的热量与仅有载气携带的热量不同,此时电桥平衡被破坏,故而在记录仪有色谱峰产生。TCD 结构简单、性能稳定,对无机物和有机物响应性好,且线性范围宽,不破坏样品,应用最为广泛。热导检测器原理示意图如图 6.10 所示。

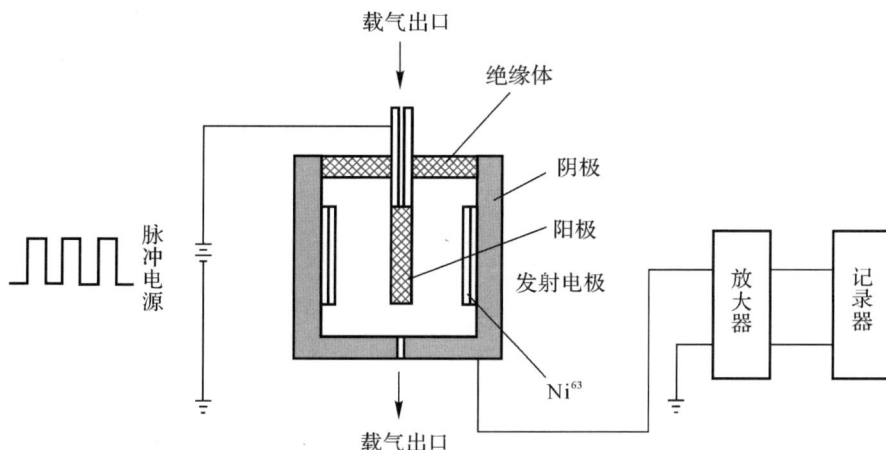

图 6.9　电子捕获检测器结构示意图

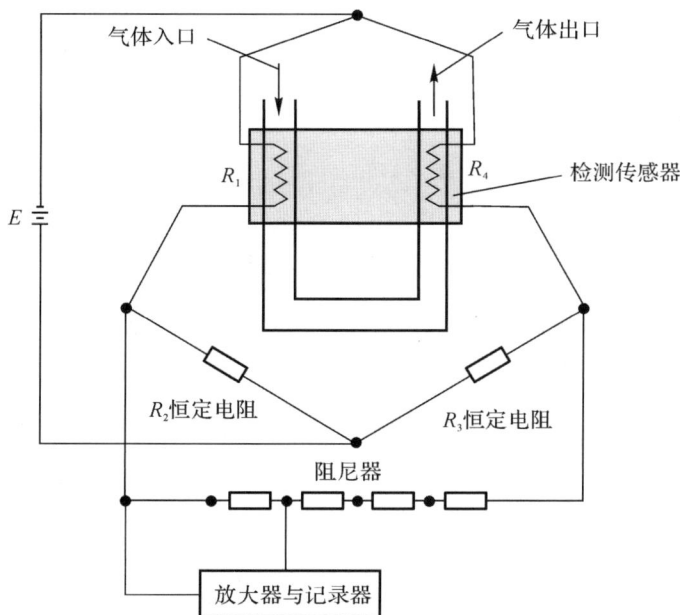

图 6.10　热导检测器原理示意图

火焰光度检测器(FPD)的工作原理:利用氢扩散火焰,将色谱柱流出的含有 P、S 元素的化合物打成有机碎片,这些碎片经激发态到基态的转变会发射出不同波长的特征光谱,通过滤波片得到单色光,并用光电倍增管测量其强度。FPD 对含 P、S 元素的化合物具有高的选择性及灵敏度,也可检测 Mo、Ti、Zr、Cr 等金属螯合物及一般有机物。火焰光度检测器结构示意图如图 6.11 所示。

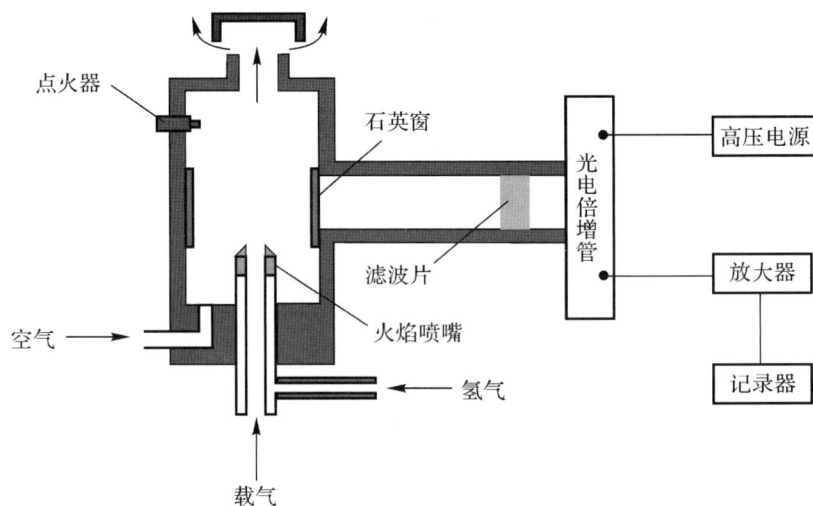

图 6.11　火焰光度检测器结构示意图

6.3.2　测试装置及材料

气相色谱仪由气路系统、进样系统、分离系统(色谱柱)、检测系统、控制系统和数据处理系统组成,其示意图如图 6.12 所示。

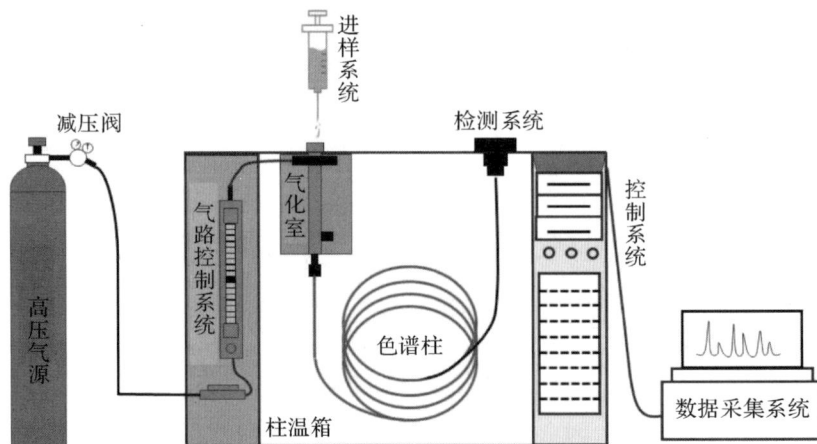

图 6.12　气相色谱仪示意图

(1)高压气源:常见的载气有 N_2、He、Ar、H_2、空气等,其中,N_2、He、Ar、H_2 要求纯度为 99.999%。

(2)气路控制系统:由减压阀、稳压阀和转子流量计构成,高压气瓶所供给的气体经减压阀减压后,通过稳压阀和流量转子计调节至适当压强,随后进入气化室。

(3)进样系统:通过注射器(或其他进样装置)将样品快速且定量地注入气化室进行气化,并经载气带入分离系统。对于复合固体推进剂气相燃烧产物,常采用气体注射器和气体进样阀直接进样。

(4)分离系统:色谱柱是分离系统的核心,色谱柱内填充物质对于组分分离十分重要,按照"相似相溶"的原则进行选择。色谱柱可分为填充柱和毛细管柱两类,其中,填充柱内固定液被涂覆在粒度均匀的载体颗粒上,以增大表面积,而毛细管柱固定液通过涂覆或采用化学交联键合的方法固定在预先处理过的管壁上。选用色谱柱的材料应对气体组分呈惰性且无吸附性,柱内填充的固定液应对不同组分具有较大的分配系数的差别,以达到规定的分离效果。

(5)检测系统:气相色谱的检测器主要有离子化检测器、整体性质检测器、光学检测器和电化学检测器四类,常见的有火焰离子化检测器(FID)、电子捕获检测器(ECD)和热导检测器(TCD)。

(6)控制系统:控制气化室、柱温箱、检测器等温度范围。

(7)数据采集系统:由计算机和相应软件组成。

6.3.3　测试方法

1.实验预准备

根据复合固体推进剂组分及含量,并结合热力学计算结果,推测气相燃烧产物种类,然后制订实验方案,进行预实验。

2.基线确定

当载气通过检测器时会产生信号,如果没有样品组分存在,所产生的信号是基线,当有组分出现时,信号将会增强。因此在正式实验前,按照真实实验条件运行仪器,获得设备基线,操作步骤如下:打开系统所需的载气气源,调节稳压阀至 0.3～0.5 MPa,观察柱前压力表达标后,调节气体流量至实验需求。通过控制系统控制检测器温度及柱箱温度,调节气体流量使其满足检测器要求,当纯的载气流经检测器时,即可产生稳定的电信号(基线)。

3.实验操作流程

将收集的燃烧气体产物采用气体注射器或气体进样阀直接进样,为避免气体物质冷凝,需加热进样口温度。气体产物经过色谱柱被分离为各个物质,流经检测器后进行检测,最终完成样品的测试。待所有测试完成后,关闭检测器载气气源,将柱温降低至 50 ℃ 以下,关闭主机电源,关闭载气气源。关闭气源时,应先关闭钢瓶总压力阀,待指针回零后再关闭稳压表开关。所有操作完成后,即可离开。

4.数据处理

当气体产物通过检测器经数据处理系统处理后会形成色谱图,其中,色谱峰信号峰间到基线的垂直距离称为峰高,色谱峰信号曲线与基线所围成的面积称为峰面积。信号峰的宽度信息包含气体产物保留时间,通过对比不同的出峰时间,可以定性确定产物类型。计算峰高和峰面积,并与已知含量的标准物质峰面积进行对比,可以定量确定组分含量。

5.气相色谱仪定性分析

气相色谱仪具有很强的分离能力,但其缺乏定性的检测器,因此往往需要结合检测器种类及色谱知识,对样品进行定性或定量分析。气相色谱常采用纯物质对照法、保留指数对照法和保留值经验规律对样品进行定性分析。

纯物质对照法是指在一定的操作条件下,物质各组分的保留时间是一定的,因此对于组分复杂度不高的试样,当某一色谱峰所代表的组分未知时,可采用一系列与未知组分相接近的标准物质依次进样,通过对照标准物质与未知组分的色谱峰保留值,来初步确定未知峰所代表的组分。纯物质对照法进行定性分析所得到的结果最为可靠。

保留指数法以正构烷烃为依据,将正构烷烃的保留指数规定为 $100N$(N 代表碳数),而其他物质的保留指数通过两个相邻的正构烷烃保留指数标定得到,A 物质的保留指数计算公式为

$$I_A = 1\,000N + 100\,\frac{\lg t'_{R(A)} - \lg t'_{R(N)}}{\lg t'_{R(N+1)} - \lg t'_{R(N)}} \tag{6.1}$$

式中:I_A 为被测物质的保留指数;$t'_{R(A)}$ 为被测物质的调整保留时间;$t'_{R(N)}$ 和 $t'_{R(N+1)}$ 分别代表碳数为 N 和 $N+1$ 的正构烷烃的调整保留时间。

保留值经验规律是指对于同系或同族物质,其保留时间的对数与物质的某一性质呈规律性关系。如在一定柱温条件下,不同正构烷烃保留值的对数与其碳原子数呈线性关系;而同一族具有相同碳原子数的异构体保留时间的对数与其沸点同样呈线性关系。

此外,对于组分复杂的试样,可将气相色谱仪与质谱仪、红外光谱等仪器进行联用,通过气相色谱强大的分离能力,将混合气体分离为单一组分,再利用质荷比、官能团吸收特性等数据进行定性鉴定。

6.气相色谱仪定量分析

由于被测组分含量与检测器响应信号成正比,所以通过分析峰面积或峰高可得到组分含量信息,其关系式为

$$W_i = f_i A_i \tag{6.2}$$

式中:W_i 为组分的含量;f_i 为组分 i 的绝对校正因子;A_i 为组分 i 的峰面积。

由于同一检测器对不同物质的响应不同,而不同检测器对同一物质的响应也不同,所以引入相对质量校正因子对检测器与物质的响应关系进行校正,以反应真实的样品含量信息。校正时,需准确称量被测组分和标准物质,将其混合后,在一定色谱条件下进行准确检测,分别测定二者的响应峰面积,通过计算公式得到相对校正因子,其表达式为

$$F_{i/s} = \frac{f_i}{f_s} = \frac{\dfrac{m_i}{A_i}}{\dfrac{m_s}{A_s}} \tag{6.3}$$

式中:$F_{i/s}$ 为组分 i 的相对质量校正因子;f_i 为组分 i 的绝对校正因子;f_s 为标准物 s 的绝对校正因子;m_i 为组分 i 的质量;m_s 为标准物 s 的质量;A_i、A_s 分别为组分 i 和标准物 s 的

峰面积。

采用归一化法、内标法或外标法可对不同组分含量进行计算。归一化法假设测试样品的所有组分都出峰,且含量都在相同数量级上,此时某一组分的含量为

$$X_i = \frac{F_i A_i}{\sum F_i A_i} \times 100\%$$ (6.4)

式中:X_i 为组分 i 的百分含量;F_i 为组分 i 的相对质量校正因子;A_i 为组分 i 的峰面积。

内标法是在测试样品中加入一定量的内标物,混合均匀后进行分析,根据样品、内标物的质量及在色谱图上产生的峰面积来计算组分含量。这种方法不要求测试样品的所有组分都出峰,仅被测组分出峰即可,但内标物的加入量所产生的峰面积应大致与被测组分的峰面积相当,且内标物出峰最好在被测峰附近,其计算式为

$$X_i = \frac{F_{i/s} A_i m_s}{m A_s} \times 100\%$$ (6.5)

式中:X_i 为组分 i 的百分含量;m_s 为内标物的质量;A_s 为内标物出峰面积;m 为试样的质量;A_i 为组分 i 的峰面积;$F_{i/s}$ 为相对质量校正因子。

外标法是将待测组分的纯物质配成不同浓度的标样进行色谱实验,以此获得各种浓度下对应的峰面积,并作出峰面积与浓度的关系曲线。在定量分析时,选择相同的色谱条件与进样体积,根据所得到的峰面积,从标准曲线上查得待测组分的浓度。

6.4　凝聚相燃烧产物粒度分析:激光粒度仪法

6.4.1　测试原理

在复合固体推进剂中,通常会加入一些燃烧热值高的金属燃料(如铝粉),以提高固体推进剂的比冲。然而,添加金属铝粉会在推进剂的燃烧过程中形成凝聚相颗粒,这些凝聚相燃烧产物的存在会降低发动机比冲,加剧绝热层烧蚀,冲刷喷管,影响发动机燃烧稳定性,并造成两相流损失。因此,分析凝聚相产物的粒度分布对固体通火箭发动机燃烧、流动、热结构方面的研究都至关重要。

通过筛分法可以实现传统颗粒粒度的有效测量,根据被测颗粒的大致分布,选择一系列不同筛孔直径的标准筛,按照孔径由小到大的顺序从下到上依次摞起,然后将标准筛放置于振筛机上,控制恰当的振荡模式和筛分时间,即可完成筛分。然而,固体推进剂的凝聚相燃烧产物形状大多不规则,容易造成筛子堵塞,无法对其粒径进行标定。此外,部分产物粒径为微米级别,筛分法无法实现对超细颗粒的测量。采用激光粒度仪可以实现对 $0.02\sim$ $2\,000\ \mu m$ 范围内不规则物质的精确测量,且测量精度较高,现阶段大多基于马尔文激光粒度仪开展凝聚相燃烧产物的粒度测量。

激光粒度仪基于激光光束与样品粒子的散射原理来实现物体粒径分布的测量,主要由光源、透镜、颗粒分散装置、光电探测器和计算机组成,典型激光粒度仪工作原理示意图如图6.13所示,其工作原理为:激光光源发射激光束,经过透镜聚焦、滤波器低通滤波及精准准

直等光束处理单元后,形成平行光束。平行光束在传播过程中遇到物体会发生光的散射现象,此时一部分光出现偏折,偏折的散射光经过傅立叶透镜被聚焦到光学探测阵列上。由于散射光的角度与物体大小成反比,所以不同粒径的偏折光会分布在不同位置。探测单元分析不同散射光的强度和方向(位置信息),将光学转变为电学信号并输出,可得到被测物体的粒径分布。

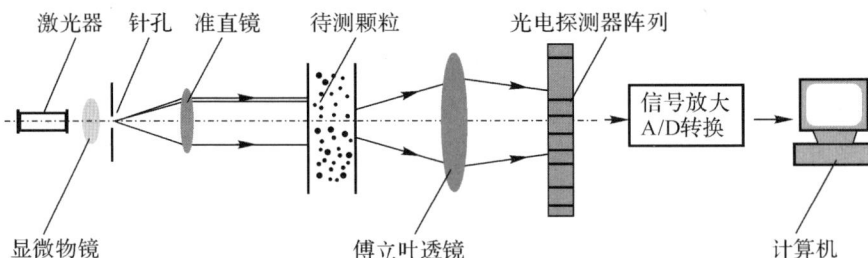

图 6.13　典型激光粒度仪工作原理示意图

6.4.2　测试装置及材料

(1)激光粒度仪:测量粒度范围为 $0.02\sim2\,000\,\mu m$(供参考),测量扫描速度可达到每秒 $1\,000$ 次,如此可对快速改变的颗粒进行测量。

(2)超声波清洗仪:超声频率不少于 $50\,kHz$。

(3)烧杯:$200\,mL$。

(4)无水乙醇。

6.4.3　测试方法

激光粒度仪的测试方法可以分为干法和湿法两种。其中,干法利用空气进行分散,一般用来测试遇水起反应或者发生形变的物质,湿法则是利用水或其他液体作为分散介质进行分散来测量样品粒度。由于固体推进剂燃烧产物粒度非常小,需要利用分散介质实现其完全分散,所以采用湿法对其进行粒度分析。

1.样品准备及预处理

收集到的推进剂凝聚相产物经过真空干燥后放入超声波清洗仪中进行适当分散,确保粒度范围适中,避免出现过于聚集或散乱的情况,超声功率及时间根据样品情况及实验需求进行调整。受限于激光粒度仪范围,待测样品必须经过严格过筛,严禁测量超过粒度范围的样品。

2.分散介质选取

湿法分散介质选用折射率已知的光学透明液体来分散物质,选取依据相似极性原则,即非极性颗粒易于在非极性介质中分散,而极性介质极易在极性介质中分散,常见的分散相及分散介质适配情况见表 6.1。推进剂凝聚相燃烧产物选用无水乙醇作为分散介质,无水乙醇属于挥发性液体,在测试时应使用盖子,防止其在超声分散时在发生挥发,影响测定结果。

表 6.1　典型分散介质与分散相对应表

分散介质	分散相
水	大多数无机盐、氧化物、硅酸盐
乙醇、乙二醇、甘油、丙酮、环乙醇	无机颗粒、金属颗粒
环乙烷、二甲苯、苯、四氯化碳、煤油等	大多数疏水颗粒

3. 最小取样量及样品浓度选择

为实现测量的可重复性,最小取样量应随粒度范围的增宽而增加,以便出现足够数量的大颗粒,液体中样品颗粒的分散方法参考 ISO 14887。样品浓度是测量区域内颗粒大小、粒度分布宽度、激光束宽度以及测量区厚度的函数,并无确切范围。而光散射的不相关散射理论指出:当颗粒之间的距离大于颗粒直径 3 倍时,一个颗粒散射不会被别的颗粒存在而影响,样品浓度应达到足够低的浓度以确保颗粒的单散射。一种参考指标如下:当测量区厚度为 2 mm 时,分析 1 μm 颗粒需要的样品体积浓度约为 0.002%,而分析 100 μm 颗粒需要的体积浓度约为 0.2%。

4. 仪器调试与背景测量

进行调试及测量前,应提前打开激光粒度仪电源及进样器,稳定 30 min 后再进行实验。选择合适的粒度测试范围,待光学部件正确对焦后,加入纯分散介质作为背景进行测量,背景测量环节中搅拌器速度、泵速及超声应与实际测试的条件一致,待背景测试完成后,迅速对样品进行测试。

5. 燃烧产物粒度测试

将样品放置于样品池中,调节样品与激光光束相交,设置激光粒度仪的激光功率、散射角度、采集速率及采集时间。当遮光度处于合适范围后,启动激光粒度仪及进样器,让激光光束照射样品并收集散射光信号。湿法遮光度范围指导值见表 6.2,凝聚相燃烧产物中团聚物尺寸可达几百甚至上千微米,而氧化铝颗粒仅有 1 μm 数量级,因此遮光度通常选用 10%~20%。测试结束后对系统进行清洁,依次关闭进样器及主机,最后关闭电源。

表 6.2　湿法遮光度范围指导值

颗粒大小	遮光度范围
小	5%~10%
大	5%~12%
粒度分布宽	15%~20%

6. 数据处理

散射矩阵是指单位体积、给定粒度段上的颗粒在各探测单元上所产生的信号,依据所测量的粒度范围、颗粒光学性质及用途选择合适的光学模型,常见的光学模型有弗朗霍夫近似理论和米氏理论。弗朗霍夫近似理论假设颗粒粒径与激光波长相比大得多,且颗粒是完全

不透明的,在激光光束中只有衍射现象存在。此外,所有的颗粒都具有相同的衍射率。基于此,可得到颗粒的衍射光强为

$$
\begin{aligned}
I'' &= \left[\pi^2 D^2 / (16 f^2 \lambda^2)\right] I_0 \left[2 J_1 a \sin\theta / a \sin\theta\right]^2 = \\
&\quad I_0 \left[\lambda' / (2\pi f)\right]^2 \left[a J_1 a \sin\theta / \sin\theta\right]^2 = \\
&\quad I_0 \left[\lambda' / (2\pi f)\right]^2 |S_d|^2 = \\
&\quad I_0 \left[\lambda' / (2\pi f)\right]^2 \left[(i_1 + i_2) / 2\right]
\end{aligned} \tag{6.6}
$$

式中:I'' 为入射光强度;D 为颗粒直径;f 为透明焦距;λ' 为入射光在颗粒周围介质中的波长;a 为颗粒尺寸参数,$a = \pi D / \lambda$;S_d 为衍射光振幅函数;i_1、i_2 为衍射光强度函数($i_1 = i_2$);J_1 为一阶 Bessel 函数;θ 为衍射角。

米氏理论认为,介质中微小颗粒对入射光的散射特性与散射颗粒的粒径大小及其相对折射率、入射光的光强、波长和偏振度以及相对观察方向(散射角)有关,当一束光强为 I_0 的光射入均匀分布的各向同性的球形颗粒群时,散射光的强度为

$$
I(\theta, a, m) = \frac{\lambda^2}{8\pi^2 r^2} I_0 \int_{\theta_2}^{\theta_1} \left[|s_1(\theta, a, m)|^2 + |s_2(\theta, a, m)|^2\right] \tag{6.7}
$$

式中:θ 为衍射角;a 为颗粒尺寸参数,$a = \pi D / \lambda$;m 为颗粒相对周围介质的折射率;r 为颗粒到观察面的距离;s_1、s_2 分别为垂直及平行于散射平面的振幅函数分量。

当颗粒粒径远远大于入射光的波长时,弗朗霍夫近似理论具有很高的准确性,且无需输入折光率,可以近似认为是米氏理论的简化模型。米氏理论精确度很高,但需要输入测量物质及分散介质的折射率及吸收率,而折射率及吸收率受多方面因素影响,对混合物而言,很难测得其折射率。大量研究结果表明:测量粒径小于 $1~\mu m$ 的颗粒必须使用米氏理论;当测量粒径大于 $1~\mu m$ 的颗粒时,若仪器下限小于 $3~\mu m$,则同样要选择米氏理论,否则会在粒度分布的 $1~\mu m$ 附近出现"无中生有"的小峰。

7. 结果分析

激光粒度仪根据散射光的特性,通过数据处理软件可以给出样品的粒度分布、表面积平均径 $D[3,2]$ 及体积平均径 $D[4,3]$,粒度分布常采用 D_{50}、D_{97} 等进行表示。其中,D_{50} 称为中位径或中值粒径,是指累积分布百分数达到 50% 时对应的粒径值,是表示粒度大小的典型值。D_{50} 将总体准确地划分为两等份,即总体中有 50% 的颗粒粒径超过此值,同样有 50% 的粒径低于此值。D_{97} 是指颗粒粒度分布中,从小到大累积分布百分数达到 97% 时对应的粒径值,即测试样品中,粒径小于 D_{97} 的颗粒数占总颗粒数的 97%。

表面积平均径是指颗粒的平均表面积与颗粒体积之比,它根据颗粒的表面积来描述颗粒的尺寸大小,$D[3,2]$ 对小颗粒较为敏感,其值越小,意味着样品中小颗粒越多。体积平均径是指颗粒的平均体积与颗粒体积之比,$D[4,3]$ 往往对大颗粒更敏感。常联合使用 $D[3,2]$、$D[4,3]$ 来评价样品的粒度分布和颗粒均匀性。

6.5　凝聚相燃烧产物中活性铝分析：络合滴定法

6.5.1　测试原理

复合固体推进剂中一般采用铝粉作为金属添加剂，以提高比冲、增加推进剂能量密度和抑制高频不稳定燃烧。金属铝在发动机中经过燃烧会形成凝聚相燃烧产物（CCPs），CCPs一般包含氧化铝烟尘颗粒（SOPs）和团聚物两部分，其中，SOPs 是铝蒸气氧化形成的小尺寸氧化铝颗粒，而团聚物由团聚铝燃烧形成的大尺寸氧化物或氧化物和金属铝的混合物组成。团聚物中活性金属铝以两种形式存在：一种是金属铝颗粒表面带有氧化帽；另一种则是许多很小的金属铝组成空心团聚物，其中间是气体空腔，外部被氧化铝所包裹。铝团聚现象及氧化铝的包覆作用会降低铝粉的燃烧效率，造成发动机比冲降低，因此，研究凝聚相产物中活性铝含量对揭示含铝推进剂燃烧性能与机理具有重要意义。

目前，常采用电感耦合高频等离子体发射光谱法（ICP）、气体容量法和重铬酸钾滴定法测定凝聚相产物中活性 Al 含量。ICP 法操作便捷，可快速获得活性 Al 含量，但其主要用于定性分析，定量分析时精确度不高。气体容量法是根据活性 Al 与氢氧化钠反应放出氢气，通过排水法测试氢气体积进而计算出活性 Al 含量。重铬酸钾滴定法则是在酸性介质中通入保护气隔绝氧气，利用活性 Al 将三价铁离子还原为二价亚铁离子，并用重铬酸钾进行滴定，根据重铬酸钾的消耗量来计算活性 Al 含量。气体容量法和重铬酸钾滴定法精度较高，但仅能获得活性 Al 的含量，无法同时获得其他组分含量。因此，本书采用 EDTA 络合滴定法测定活性 Al 含量。

EDTA 络合滴定法测定活性 Al 含量方案图如图 6.14 所示，其采用微波消解仪将 Al_2O_3 完全溶解，将推进剂的凝聚相产物配置成样品溶液，在其中添加乙二胺四乙酸（EDTA）强络合剂使其产物中金属离子形成稳定络合物，以 EDTA 和金属离子的络合反应为基础，采用金属指示剂的变色来确定滴定终点，可获得推进剂中 Al、Fe 等金属元素含量，并结合仪器测定 C 和 N 元素含量，最终可得到凝聚相产物中活性 Al、Al_2O_3、Fe_2O_3、C、AlN 等多种组分的精确占比。

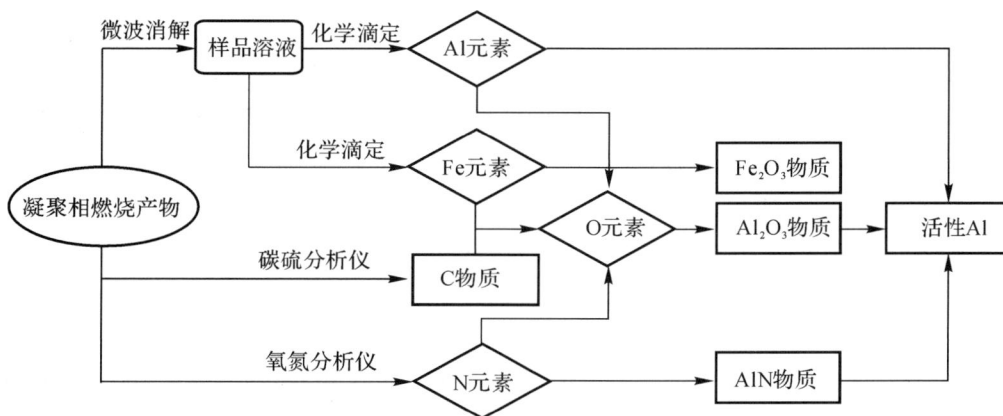

图 6.14　EDTA 络合滴定法测定活性 Al 含量方案图

6.5.2 测试装置及材料

实验中所使用到的仪器与试剂如下。

(1)碳硫分析仪,C元素和S元素的测定范围为$(6 \times 10^{-5})\% \sim 6\%$;氧氮分析仪,测定下限为$(1 \times 10^{-4})\%$;微波消解仪,最大输出功率为1 000 W,频率为2 450 MHz,温度控制范围为0~260 ℃,压力控制范围为0~15 MPa。

(2)容量瓶,1 000 mL;烧杯,100 mL;锥形瓶,250 mL。

(3)浓磷酸,质量含量85%,分析纯;浓硫酸,质量含量98%,分析纯;浓硝酸,质量含量65%,分析纯;盐酸、氨水、氟化铵、六次亚甲基四胺、乙二胺四乙酸二钠,分析纯;氧化锌,工业基准试剂。

(4)盐酸溶液,盐酸与水体积比为1:1;氨水溶液,氨和水的体积比为1:1。

(5)六次亚甲基四胺缓冲溶液,浓度为20 g·L^{-1}。

(6)二甲酚橙指示剂,浓度为2 g·L^{-1};磺基水杨酸溶液,浓度为200 g·L^{-1}。

(7)蒸馏水。

(8)分析天平:精确至0.01 mg。

6.5.3 测试方法

1.微波消解及样本溶液配制

含铝推进剂燃烧过程中生成的Al_2O_3会包覆未反应的活性Al,阻碍其完全参与反应,进而导致测定结果出现误差,因此在制备样品溶液前常采用微波消解法去除氧化层。微波消解实验采用混酸溶液溶解样品,混酸采用浓磷酸、浓硫酸、浓硝酸,三者体积比可选为10:2:1。以0.1 g凝聚相燃烧产物为例,操作步骤:称取0.1 g的凝聚相燃烧产物置于消解罐中,在其中依次加入10 mL浓磷酸、2 mL浓硫酸、1 mL浓硝酸,然后将消解罐置入微波消解仪中,设定温度为240 ℃,消解时间为150 min可保证样品完全溶解。将经过微波溶解的样品溶液移至1 000 mL容量瓶中,补充蒸馏水并定容,摇匀备用。

2.氧化锌标准滴定溶液、EDTA滴定溶液配制

以$c(ZnO) = 0.005$ mol·L^{-1}为例,配制氧化锌标准滴定溶液的方法:称取0.400 00 g(读取至0.000 01 g)氧化锌置于100 mL烧杯中,向烧杯中加入适量蒸馏水,再滴加盐酸溶液,搅拌至氧化锌完全溶解。将溶液移入1 000 mL容量瓶,补充蒸馏水至1 000 mL刻度线,摇匀,即得浓度为$c(ZnO)$的标准滴定溶液。

氧化锌标准滴定溶液的摩尔浓度$c(ZnO)$的计算公式如下:

$$c(ZnO) = \frac{m}{M \times 1} \tag{6.8}$$

式中:$c(ZnO)$的单位为mol·L^{-1};m为配制氧化锌标准滴定溶液加入的氧化锌质量,g;M为氧化锌的摩尔质量,g·mol^{-1}。

配制EDTA标准溶液方法:称量3 g乙二胺四乙酸二钠置于100 mL烧杯中,向烧杯中

加入适量蒸馏水搅拌至 EDTA 完全溶解,将溶液加入 1 000 mL 容量瓶,补充蒸馏水至 1 000 mL 刻度线,得到 EDTA 标准溶液。

3. EDTA 溶液标定

使用移液管取 5 mL EDTA 标准溶液加入 250 mL 锥形瓶中,加入 20 mL 蒸馏水,加入 1 滴二甲酚橙指示剂,滴加氨水溶液至溶液变为紫红色,然后加盐酸溶液使溶液变呈亮黄色,待 pH 调节为 5~6 时,加入适量六次亚甲基四胺缓冲溶液。然后用 25 mL 滴定管取氧化锌标准滴定溶液,再向 EDTA 溶液中滴加氧化锌标准滴定溶液至溶液变紫红色,即为滴定终点,记录氧化锌标准滴定溶液消耗量。重复该步骤 3 次,取 3 次滴定结果的平均值,3 次结果的极差应不大于 0.05 mL。EDTA 滴定溶液的摩尔浓度表示为

$$c(\text{EDTA}) = \frac{c(\text{ZnO}) \times V_1}{5} \tag{6.9}$$

式中:$c(\text{EDTA})$ 为 EDTA 标准溶液的摩尔浓度,mol·L^{-1};$c(\text{ZnO})$ 为氧化锌标准溶液的摩尔浓度,mol·L^{-1};V_1 为氧化锌标准溶液的消耗量,mL;5 为标定所取 EDTA 溶液体积,mL。

4. 铝元素质量含量分析

取凝聚相燃烧产物溶液 15 mL 加入 250 mL 锥形瓶中,取 10 mL EDTA 标准溶液加入锥形瓶中,调节 pH 为 3~4。将溶液加热至微沸,以使铝离子与 EDTA 充分络合,然后冷却,加入 1 滴二甲酚橙指示剂,调节 pH 为 5~6,并加入适量六次亚甲基四胺缓冲溶液。之后向锥形瓶中滴加氧化锌标准溶液,至溶液由亮黄色变为紫红色,记录氧化锌标准溶液的消耗量 V_2。向锥形瓶中加入 1 g 氟化铵掩蔽剂,保持约 12 h,排除共存离子的干扰。调节 pH 为 5~6,向锥形瓶中二次滴加氧化锌标准溶液,至溶液由亮黄色变为紫红色,即为滴定终点。重复测量 3 次,在上述操作中,使用氨水或者盐酸调节溶液 pH。铝元素质量含量 W_{Al} 按下式计算:

$$W_{\text{Al}} = \frac{M_{\text{Al}} \times c(\text{ZnO}) \times V_2 \times 10^{-3}}{m_0 \times \dfrac{V_3}{V_0}} \tag{6.10}$$

式中:M_{Al} 为铝元素的摩尔质量,g·mol^{-1};$c(\text{ZnO})$ 为氧化锌标准滴定溶液的浓度,mol·L^{-1};V_2 为滴定消耗的氧化锌标准滴定溶液体积,mL;m_0 为取样总质量,g;V_3 为滴定所移取样品溶液体积,mL;V_0 为配制样品溶液总体积,mL。

5. 铁元素质量含量分析

复合固体推进剂中大多采用二茂铁类催化剂,此时在凝聚相产物中也会存在 Fe 元素,同样需对其含量进行分析。将 20 mL 凝聚相燃烧产物溶液加入 250 mL 锥形瓶中,取浓度为 200 g·L^{-1} 的磺基水杨酸溶液加入该锥形瓶中,并调节 pH 为 2~3。滴加 EDTA 滴定溶液,至锥形瓶中的溶液由紫红色变为无色,即为滴定终点。重复测量 3 次。铁元素质量含量 W_{Fe} 按下式计算:

$$W_{Fe} = \frac{M_{Fe} \times c(\mathrm{EDTA}) \times V_4 \times 10^{-3}}{m_0 \times \dfrac{V_5}{V_0}} \tag{6.11}$$

式中：M_{Fe} 为铁元素的摩尔质量，$g \cdot mol^{-1}$；$c(\mathrm{EDTA})$ 为 EDTA 溶液的浓度，$mol \cdot L^{-1}$；V_4 为滴定消耗的 EDTA 溶液体积，mL；m_0 为取样总质量，g；V_5 为滴定所移取样品溶液体积，mL；V_0 为配制样品溶液总体积，mL。

6. C、N、O 元素含量测定

利用碳硫分析仪测量 C 元素质量含量 W_C，利用氮氧分析仪测量 N 元素质量含量 W_N。当使用二茂铁催化剂时，凝聚相燃烧产物包含 Al、Fe、C、N、O 5 种元素，其质量含量之和为 100%，由实验获得 Al、Fe、C、N 的质量含量后，通过计算可获得 O 元素的质量含量 W_O。

7. 活性铝含量确定

对于使用二茂铁催化剂的推进剂，由各元素质量含量计算得出 Al_2O_3、Al、Fe_2O_3、AlN 和 C 等物质的含量。活性 Al 含量由 Al 元素总含量减去 AlN 和 Al_2O_3 中 Al 元素质量含量得到，其中，AlN 含量可依据 N 元素质量含量计算获得，由 Fe 元素质量含量可推出 Fe_2O_3 含量。Al_2O_3 中 O 元素质量含量可由 O 元素总含量减去 Fe_2O_3 中 O 元素质量含量获得，依此计算获取 Al_2O_3 含量。根据物质守恒定律可得

$$W_{Al} + W_{Fe} + W_C + W_N + W_O = 100\% \tag{6.12}$$

$$W_{Al} = W'_{Al} + W_{AlN} + W_{Al_2O_3} \tag{6.13}$$

$$W_O = W_{Al_2O_3} + W_{Fe_2O_3} \tag{6.14}$$

$$W_{AlN} = \frac{M_{Al}}{M_N} W_N \tag{6.15}$$

$$W_{Al_2O_3} = W_O - 1.5 W_{Fe} \frac{M_O}{M_{Fe}} \tag{6.16}$$

式中：M_N 和 M_O 分别为氮元素和氧元素的摩尔质量，$g \cdot mol^{-1}$；W'_{Al} 为活性 Al 元素的质量含量，%。

综合式（6.12）～式（6.16），可得活性 Al 元素的质量含量为

$$W'_{Al} = W_{Al} - W_O - \frac{M_{Al}}{M_N} W_N + \frac{1.5 M_O}{M_{Fe}} W_{Fe} \tag{6.17}$$

6.6　燃烧羽烟特性测试：烟雾通道法

6.6.1　测试原理

燃烧羽烟是指从发动机喷管喷射出来的羽毛状的高速、高温燃气流，是一种气体分子浓度大、电子密度和电子碰撞频率都很高的弱等离子体。航天器的外表面常装有敏感的光学电子仪器，当姿态控制或轨道控制的发动机工作时，羽流有可能撞击表面板和光学电子仪

器,造成粒子污染,使表面及仪器的性能退化,从而对航天器的工作造成不良影响,严重的会影响它们的工作寿命。

固体火箭发动机羽流产生的强红外辐射是飞行器的重要特征信号,会成为军事侦察红外目标的重要依据,也是监控发动机机械故障的红外指标,因而研究羽流红外辐射特征对红外探测制导技术、军用隐身技术和固体推进剂配方的改良设计都具有十分重要的意义。因此,研究火箭发动机羽流场的参数分布及其对卫星或载人航天器的影响有重要的实际意义。

烟雾通道法是常用的测定燃烧羽烟特性的方法,该方法适用于复合固体推进剂排气羽烟对红外电磁波衰减的测定。在规定条件下,测定红外辐射透过推进剂排气羽烟的透过率,以此表示推进剂烟雾的浓度。

6.6.2 测试装置及材料

烟雾通道法测定燃烧羽烟特性实验装置和原理示意图如图 6.15 所示。

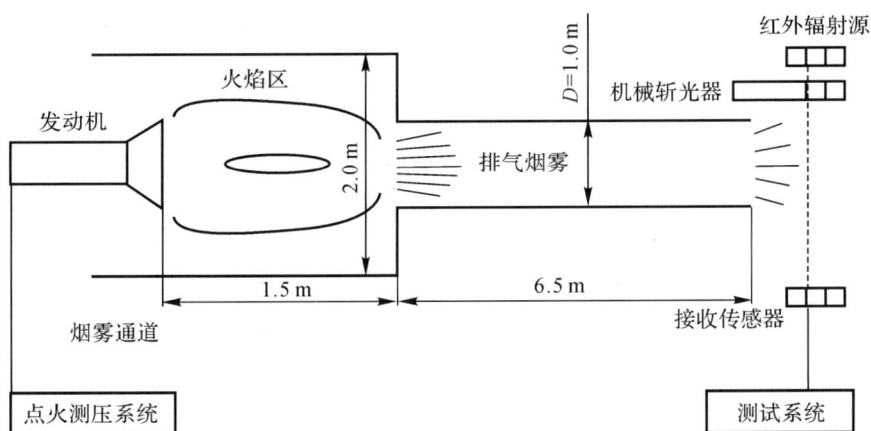

图 6.15 烟雾通道法测定燃烧羽烟特性实验装置和原理示意图

实验中所使用到的仪器如下。

(1)标准发动机:内径为 50 mm,壁厚为 8 mm,壳体长度为 300 mm,测压孔位置距头部 100 mm,壳体材料为 45$^{\#}$钢。

(2)红外辐射源(推荐使用如下红外辐射源):近红外线采用卤素灯,中、远红外采用标准黑体为 600~1 000 ℃,温度时间稳定度不大于 2 ℃·h^{-1}。

(3)机械斩光器:调制频率推荐为 300~500 Hz。

(4)接收传感器:近红外为硫化铅传感器,中红外为室温磁镉汞传感器,远红外为低温(77 ℃)碲镉汞(带致冷)传感器。

(5)测试系统。

(6)游标卡尺:分度值为 0.02 mm。

(7)钢板尺:长度范围为 0~1 m,分度值为 1 mm。

(8)托盘天平:量程为 0~1 000 g,分度值为 0.1 g。

(9)黑火药:《黑火药规范》(GJB 1056A—2004)。

(10)绸布:《特种工业用绸》(FZ 66201—1995)。

6.6.3 测量方法

1. 实验条件

标准发动机工作压力:复合固体推进剂为 7 MPa±5 MPa。初温应保持在 20 ℃±5 ℃。红外工作波长:1.8～2.6 μm,3～5 μm,8～14 μm。实验室环境要求温度为 23 ℃±5 ℃,相对湿度为 45%～85%。推进剂装药量为 300 g±10 g,红外光轴与发动机喷口轴线垂直相交,且距喷口 8 m,接收传感器要 3 个传感器并排放置,相距不大于 10 cm,与红外辐射源相对称。

2. 实验准备

(1)推进剂的准备应无气泡、油道、裂缝、弯曲。其尺寸要求:外径 45 mm,内径 8 mm。用游标卡尺测量推进剂试样的内、外直径,测量时在药柱两端以"+"方向各测量两点,取其平均值。在测量后的药柱一端粘上包覆片后称量,精确至 0.1 g。

(2)点火药的准备:点火药的品种、药量根据被测推进剂选用,一般选 HY-4 黑火药,称取 6 g 药量,精确至 0.1 g。称好的点火药用绸布将其与点火头包扎成点火药包。

(3)根据推进剂的品种和发动机的尺寸选择适当的发动机喷管。

(4)光路传感器检查:将灰度滤光片分别放在 3 个光路传感器前,用微机采集各路衰减平均值,一共采集 5 次,每次测量与滤光片的标准值的误差不大于 2%,取其平均值。

(5)实验装置的预热:开启仪器系统电源,预热不小于 0.5 h,待黑体温度及斩光频率稳定后开始实验。

3. 实验步骤

首先将装配好的标准发动机固定在测量台架上,接好测压传感器及点火线。在每发实验前,检查调试仪器的零点及满量程。然后开启同步触发系统,采集频率一般为 1 000 Hz,按具体情况允许改变采集速度。发动机开始点火,采集测压及测烟数据并保存。

4. 数据计算方法

推进剂燃烧排气羽烟对红外辐射的透过率为

$$\tau_i = \frac{V_i}{V} \times 100\% \tag{6.18}$$

式中:τ_i 为推进剂燃烧排气羽烟 i 时刻对应的红外辐射透过率,%;V_i 为透过羽烟后仪器输出电压(i 时刻),V;V 为无羽烟时仪器输出电压,V。

根据 τ 与时间 t 的关系,可以绘制以时间为横坐标,以透过率 τ 为纵坐标的透过率曲线,如图 6.16 所示。

推进剂排气羽烟衰减曲线的处理:对所采集到的数据点进行平滑处理。取曲线从平行段开始下降的起始点为透过率计算的起始点即第 n_1 点。取曲线由下降段上升为 100% 平行段的转折点,作为透过率计算的终点,即第 n 点。从 n_1 开始到 n 点结束,由式(6.18)计算推进剂燃烧烟雾的逐点透过率。

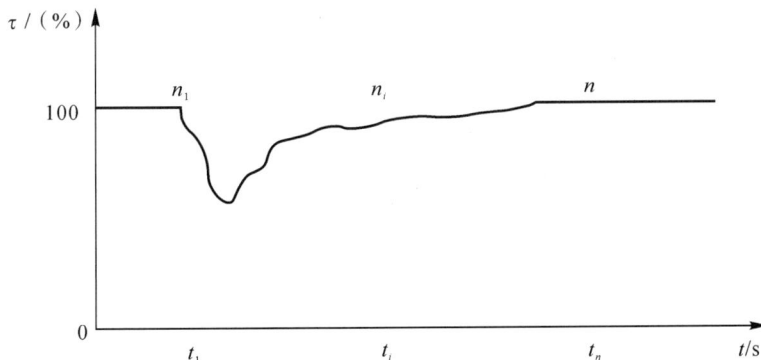

图 6.16　燃气羽烟透过率曲线

推进剂排气羽烟对红外辐射透过率的平均值为

$$\bar{\tau} = \frac{1}{n} \sum_{i=1}^{n} \tau_i \tag{6.19}$$

式中:$\bar{\tau}$ 为推进剂排气羽烟对红外辐射透过率的平均值,%;n 为采集点数;采集时间按发动机平衡段所对应的时间确定。每种试样平行测定 3 次,取平均值,每次测量与平均值的偏差应不大于 5%。

参 考 文 献

[1]　中国兵器工业标准化研究所.火药试验方法:GJB 770B—2005[S].北京:国防科工委军标出版发行部,2005.

[2]　西北工业大学.一种固体推进剂燃烧产物收集装置及收集方法:201410205548.X[P].2016 - 04 - 27.

[3]　西北工业大学.一种利用弹簧力控制恒压的凝相燃烧产物收集装置:201610814506.5[P].2019 - 04 - 19.

[4]　西北工业大学.一种 EDTA 滴定法测定复合推进剂凝相燃烧产物成分的方法:202011058463.5[P].2021 - 02 - 02.

第7章 其他实验方法

7.1 复合固体推进剂寿命预估:高温加速老化实验

7.1.1 测试原理

固体火箭发动机的贮存寿命在很大程度上取决于固体推进剂的贮存性能,包括化学和物理的性能、内弹道性能以及结构完整性。但固体推进剂是一种不稳定材料,在长期贮存过程中会发生物理、化学老化。物理老化是指在贮存期内复合固体推进剂的物理性质的改变,如吸湿、氧化剂与黏合剂界面间的脱湿、溶剂的挥发、液体二茂铁催化剂和增塑剂的迁移和汗析、结晶组分的晶变和晶析、推进剂与衬层之间的脱黏、应力/应变引起的裂纹和空洞以及其他物理性质的改变等。化学老化是指推进剂固化后,在加工、贮存和使用过程中发生化学变化而引起的性能改变,如热分解、水解、降解、后固化、氧化剂的分解、黏合剂的氧化交联和降解等。这种由推进剂各组分彼此作用或与空气作用而产生的化学变化是不可逆的,而且变化速度视贮存条件而定。

因此,固体推进剂老化机理研究是其贮存寿命评估的基础,也是固体火箭发动机寿命预估中一个迫切需要解决的重要问题。研究推进剂贮存老化性能可以获得推进剂的贮存老化规律,找出改善推进剂老化性能的途径,从而延长其贮存寿命,评估推进剂的使用期,为预测发动机使用寿命提供依据。

常用的推进剂寿命预估方法为高温加速老化实验,该实验是指将推进剂试样置于高温下进行加速老化,根据多个温度下推进剂的老化实验数据,计算获得推进剂的老化动力学参数,外推贮存条件下复合固体推进剂老化敏感参量随时间变化的规律,对照失效判据确定贮存寿命。

7.1.2 测试装置及材料

高温加速复合推进剂老化实验应满足以下要求。

(1)设备不得采用加热器对工作室内空气直接加热,应采用液体介质间接加热。

(2)在有效实验空间内,温度偏差不超过 2 ℃。

(3)设备应分别对加热介质和有效实验空间进行温度控制,温度超过警戒值时,应能自动切断加热源报警。

(4)设备应分别配备有效实验空间和加热介质的温度实时显示装置,量程覆盖 30～100 ℃,温度分辨率等于或优于 0.2 ℃。

7.1.3　测试方法

1.高温加速复合推进剂老化实验试样准备

高温加速复合推进剂老化实验中试样尺寸与形状应进行规范,当老化敏感参量为单向拉伸力学性能时,使用标准片状试样尺寸为$(120\ mm\pm5\ mm)\times(30\ mm\pm3\ mm)\times(10\ mm\pm1.5\ mm)$,或者标准毛坯试样尺寸为$(120\ mm\pm5\ mm)\times(120\ mm\pm5\ mm)\times(30\ mm\pm3\ mm)$。当老化敏感参量为单向拉伸力学性能之外的其他参量时,可以根据测定老化敏感参量所需的药量确定试样尺寸与形状,但最小尺寸一般不应小于$10\ mm$。高温加速复合推进剂老化实验方案包含参考温度、老化敏感参量、试样数量和各实验温度下的取样时间等内容。实验方案实例和取样计划实例见表 7.1 和表 7.2。

表 7.1　实验方案实例

推进剂配方特性				
代　号	FAS207	类别	NEPE 推进剂	主要 成分	HMA/AP/Al/PEG/ 硝酸酯
实验条件				
参考温度/℃	25	老化敏感 参量	力学 性能	测试 条件	$100\ mm\cdot min^{-1}$, $20\ ℃$
加速实验温度/℃	70	60	50	40	—
计划截止时间/w	10	20	40	80	—
取样次数	10	10	10	10	—
试样需求				
试样规格	标准片状 试样	每次取样子 样数	5	起始点子 样数	9
备份试样数	21	所需试样 总数	230	推进剂总 用量/kg	23

表 7.2　取样计划实例

老化时间/w	取样时间	温度水平			
		70 ℃	60 ℃	50 ℃	40 ℃
0	2015 - 10 - 8	√	√	√	√
1	2015 - 10 - 15	√	—	—	—
2	2015 - 10 - 22	√	√	—	—
3	2015 - 10 - 29	√	—	—	—
4	2015 - 11 - 5	√	√	√	—

老化时间/w	取样时间	温度水平			
		70 ℃	60 ℃	50 ℃	40 ℃
5	2015－11－12	√	—	—	—
6	2015－11－19	√	√	—	—
7	2015－11－26	√	—	—	—
8	2015－12－3	√	√	√	√
9	2015－12－10	√	—	—	—
10	2015－12－17	√	√	—	—
12	2015－12－31	—	√	√	—
14	2016－1－14	—	√	—	—
16	2016－1－28	—	√	√	√
18	2016－2－11	—	√	—	—
20	2016－2－25	—	√	—	—
24	2016－3－24	—	—	√	√
28	2016－4－21	—	—	√	—
32	2016－5－19	—	—	√	√
36	2016－6－16	—	—	√	—
40	2016－7－14	—	—	√	—
48	2016－9－8	—	—	—	√
56	2016－11－3	—	—	—	√
64	2016－12－29	—	—	—	√
72	2017－2－23	—	—	—	√
80	2017－4－20	—	—	—	√

注:√表示如期取样。

用作老化实验的推进剂试样数量应根据任务书要求确定,每个实验温度下取样次数不少于 8 次,根据实验方案计算出实验所需试样数量,并按照不少于实验所需试样数量的 10% 确定备份试样。同一组实验的推进剂试样应采用同批次原材料、同样配方与工艺制得,且制作时间前后不超过 48 h。推进剂试样外观无肉眼可见的杂质、成分聚集、裂纹和孔洞。试样在实验准备及高温加速前应放置于不加干燥剂的干燥器或其他密封装置内室温保存,按照实验所需试样数量及备份试样数量,备齐推进剂并切制成高温加速试样,或直接浇注成高温加速试样。制得的试样一般应在 6 个月内开展加速实验,若超过 6 个月未使用,则应标明实验前贮存时间(精确至周)。将所有推进剂试样作为一个总体,从中随机抽出备份试样,再从留下的试样中随机抽样组批,一般以每个取样点所需子样为一批。对于标准片状试样、高能硝酸酯增塑聚醚(NEPE)推进剂等含硝酸酯的推进剂的标准试样,应采用镀铝膜袋或防静电袋对每批试样单独封装。

2. 高温加速复合推进剂老化实验步骤

在实验开始 24 h 前,检查高温加速实验设备并确保符合要求,按照实验方案设定设备温度,并在设定温度平衡至少 12 h。将全部试样在最低加速温度下放置 7 d 后取出,实验前贮存时间超过 6 个月的试样可以除外。取不少于 9 个试样,放到密封装置内室温保存 24 h 后,测试老化敏感参量,测试结果作为敏感参量起始值样本。将测得的 N 个子样敏感参量起始值按照大小次序排列,如 $P_{0,1}, P_{0,2}, \cdots P_{0,I}, P_{0,N}$。检查数据序列的两端,若发现疑似离群数据,按照《数据的统计处理和解释 正态样本离群值的判断和处理》(GB/T 4883—2008)的规定进行检验。敏感参量起始值的算术平均值 P_0、标准偏差 σ 和变异系数 C_s 分别为

$$P_0 = \frac{\sum_{I=1}^{N} P_{0,I}}{N} \tag{7.1}$$

$$\sigma = \sqrt{\frac{1}{N} \sum_{I=1}^{N} (P_{0,I} - P_0)^2} \tag{7.2}$$

$$C_s = \frac{\sigma}{P_0} \tag{7.3}$$

若发现离群值,且不能证明出现该离群值是由于推进剂自身之外因素的影响,则认为该批次推进剂试样不合格,实验终止;若未发现离群值,或者发现离群值,但能证明离群值是推进剂自身之外因素所致,则对剔除离群值之后的样本,按照式(7.1)~式(7.3)求出算术平均值、标准差、变异系数和置信下限。若变异系数大于 0.10,则认为该批次推进剂试样不合格,实验终止;若变异系数小于或等于 0.10,则继续执行下列操作。

根据实验方案,将各组试样分别放入对应设定温度的设备中进行高温加速实验。实验期间应确保试样或试样包装不接触设备内壁。根据实验方案确定的取样时间安排,按时取出待测试样放到密封装置内室温保存 24 h 后,测试老化敏感参量,作为该老化温度下该取样时间点的老化敏感参量测定数据。从取样到测试通常应在 7 d 内完成,不得超过 30 d。待测期间,试件应放到密封装置内妥善保管。应密切关注各温度下老化敏感参量数据变化情况,及时对取样时间进行调整,确保各老化温度下都能在实验截止前监测到敏感参量的显著变化,并且各老化温度下敏感参量的变化程度基本相当。若因意外情况,导致个别取样点数据失真或丢失,则可以采用备份试样,按照上述实验程序进行补充实验。

3. 高温加速复合推进剂老化实验数据处理

根据高温加速过程中敏感参量监测数据,求出各老化温度下的老化速度常数。根据老化速度常数与老化温度,按照阿伦尼乌斯方程,求出老化活化能,并外推求出参考温度下老化速度常数。根据失效临界值,求出贮存寿命及其下限。失效临界值可以由相关发动机设

计部门给出,或者根据设计指标确定,或者根据推进剂老化敏感参量的特征值确定。如有需要,在给定加速实验温度和参考温度的前提下,计算加速系数。加速老化数据符合统计计算原则,假设总体服从正态分布,各观察值相互独立。加速老化实验期间,推进剂老化敏感参量的变化与时间、温度存在一定的关系,可以找到一个与其相适应的老化数学模型方程。推进剂老化敏感参量变化的速度常数与温度的关系服从阿伦尼乌斯方程。

(1)老化数学模型。

对敏感参量 P 数据按照相关函数进行适当的数学变换,使敏感参量的函数与老化时间 t 线性相关,选择函数时要求数的相关性好,各老化温度下置信概率不低于 80%(置信概率下的相关系数见表7.3),预测结果与实际检测结果相接近,函数单调且简便。常用的敏感参量随老化时间变化的模型如下:

$$f(P) = f(P_0) - Kt \tag{7.4}$$

$$P = P_0 - Kt \tag{7.5}$$

$$\ln P = \ln P_0 - Kt \tag{7.6}$$

$$P = P_0 - K\log t \tag{7.7}$$

式(7.4)~式(7.7)中:P 为老化敏感参量;P_0 为老化敏感参量起始值(可以是实测结果,也可以是拟合结果);K 为老化速度常数(不可为负);t 为老化时间。

对老化时间进行数学变换的模型也经常使用,式(7.7)是其典型模型,其物理意义与式(7.5)和式(7.6)有差异。

老化速度常数 K 与老化温度 T 的关系服从阿伦尼乌斯方程,即

$$K = Z e^{-E_a/R_0 T} \tag{7.8}$$

式中:Z 为指前因子;E_a 为老化活化能,J·mol^{-1};R_0 为通用气体常数,J·K^{-1}·mol^{-1};T 为老化温度,K。

(2)敏感参量随老化时间变化模型。

审查各老化取样点敏感参量测试值,发现疑似离群数据,按附录B(数据的统计处理和解释 正态样本离群值的判断和处理)的规定进行处理,并按照式(7.1)求出各老化取样点敏感参量均值 P。每个加速实验温度下可获得 n 个取样点老化时间 t 与敏感参量均值 P 的数据:

$$t_1, t_2, \cdots, t_i, \cdots, t_n$$
$$P_1, P_2, \cdots, P_i, \cdots, P_n$$

选择合适的敏感参量随老化时间变化的模型。以式(7.4)为例,相关系数及模型参数的计算方法如下:

令 $X = t$,$Y = f(P)$,$a = f(P_0)$,$b = K$,则式(7.4)可用方程 $Y = a + bX$ 表示;若采用对老化时间进行数学变换的模型,则令 $X = f(t)$,$Y = P$,$a = P_0$。

用最小二乘法求出系数 a、b 和相关系数 γ 如下:

$$b = \frac{L_{XY}}{L_{XX}} \tag{7.9}$$

$$a = \bar{Y} - b\bar{X} \tag{7.10}$$

$$\gamma = \frac{L_{XY}}{\sqrt{L_{XX} \cdot L_{YY}}} \tag{7.11}$$

$$L_{XX} = \sum_{i=1}^{n} (X_i - \bar{X})^2 \tag{7.12}$$

$$L_{YY} = \sum_{i=1}^{n} (Y_i - \bar{Y})^2 \tag{7.13}$$

$$L_{XY} = \sum_{i=1}^{n} (X_i - \bar{X})(Y_i - \bar{Y}) \tag{7.14}$$

$$\bar{X} = \frac{\sum_{i=1}^{n} X_i}{n} = \frac{\sum_{i=1}^{n} t_i}{n} \tag{7.15}$$

$$\bar{Y} = \frac{\sum_{i=1}^{n} Y_i}{n} = \frac{\sum_{i=1}^{n} f(P_i)}{n} \tag{7.16}$$

求得的 b 即为老化速度常数 K。

利用求得的相关系数 γ 进行相关性检验。先查相关系数表 7.3，以置信概率 80%（显著性水平 α 为 0.2）、自由度 $f = n - 2$ 查得的 γ_b 值与计算求得的 γ_i 值比较。若 $|\gamma_i| > \gamma_b$，则 X 与 Y 的线性关系成立；若 $|\gamma_i| < \gamma_b$，则 X 与 Y 的线性关系不成立，此时应选择其他更合适的数学模型。

表 7.3　同置信概率下的相关系数 γ

自由度 ($f = n - 2$)	置信概率/（%）			
	80	90	95	99
1	0.951	0.988	0.997	1
2	0.800	0.900	0.950	0.990
3	0.678	0.805	0.878	0.959
4	0.608	0.729	0.811	0.917
5	0.552	0.669	0.754	0.874
6	0.507	0.622	0.707	0.834
7	0.472	0.582	0.666	0.798
8	0.443	0.549	0.632	0.765
9	0.419	0.521	0.602	0.735
10	0.398	0.497	0.576	0.708
11	0.380	0.476	0.553	0.687
12	0.365	0.458	0.532	0.661
13	0.351	0.440	0.514	0.641

续表

自由度	置信概率/(%)			
$(f=n-2)$	80	90	95	99
14	0.338	0.426	0.497	0.623
15	0.327	0.412	0.482	0.606

由式(7.9)～式(7.16)可计算出 m 个老化实验温度(绝对温标)下的性能变化速度常数 K，排列如下：

$$T_1,T_2,\cdots,T_i,\cdots,T_m$$

$$K_1,K_2,\cdots,K_i,\cdots,K_m$$

令 $X_1=1/T$，$Y_1=\ln K$，$a_1=\ln Z$，$b_1=-E_a/R$，则式(7.8)可用直线方程 $Y=a+bX$ 表示。

用最小二乘法可求出 a_1、b_1 和 γ_1，用 γ_1 进行相关性检验。若相关性检验不成立，则该推进剂老化性能不能采用本标准评估。老化活化能为

$$E_a=-b_1R \tag{7.17}$$

将 X_1、Y_1 所取代的参数代入回归方程 $Y_1=a_1+b_1X_1$，则有

$$\ln K=a_1+b_1/T \tag{7.18}$$

将参考温度 T_S 代入式(7.18)中得到

$$\ln K_S=a_1+b_1/T_S \tag{7.19}$$

$$K_S=\exp(a_1+b_1/T_S) \tag{7.20}$$

求得的老化速度常数 K_S，没有考虑预测过程中存在的随机误差。Y_1 值的标准差 S_Y 为

$$S_Y=S\sqrt{1+1/m+(X_S-\overline{X_1})^2/L_{X_1X_1}} \tag{7.21}$$

式中：$X_S=1/T_S$；$S=\sqrt{(L_{Y_1Y_1}-b_1L_{X_1Y_1})/(m-2)}$ 为 Y 的剩余标准差。

于是，方程 $Y_1=a_1+b_1X_1$ 外推的置信上限为

$$\ln K_S^*=a_1+b_1/T_s+t_aS_Y \tag{7.22}$$

参考温度 T_S 时老化速度常数的置信上限 K_S^* 为

$$K_S^*=\exp(a_1+b_1/T_s+t_aS_Y) \tag{7.23}$$

式中：t_a 可由 $\alpha=0.2$(置信概率80%)、$f=m-1$ 在 t 分布表(见表7.4)中查得。如有必要，也可以更高的置信概率求得老化速度常数置信上限。

表7.4　t 分布表(单侧)

自由度	置信概率/(%)			
$(f=m-1)$	80	85	90	95
1	1.376	1.963	3.078	6.314
2	1.061	1.336	1.886	2.920

续表

自由度 ($f = m - 1$)	置信概率/(%)			
	80	85	90	95
3	0.978	1.250	1.638	2.353
4	0.941	1.190	1.533	2.132
5	0.920	1.156	1.479	2.015
6	0.906	1.134	1.440	1.943
7	0.896	1.119	1.415	1.895
8	0.889	1.108	1.397	1.860
9	0.883	1.100	1.383	1.833
10	0.879	1.093	1.372	1.813

根据式(7.4)得到

$$f(P) = f(P_0) - K_S t \tag{7.24}$$

$$f(P^*) = f(P_0^*) - K_S^* t \tag{7.25}$$

根据式(7.24)和式(7.25),在敏感参量-贮存时间坐标上绘制 P 及 P^* 的曲线。在确定老化敏感参量的失效临界值 P_c 后,可以直接在 P 及 P^* 的曲线上读出推进剂贮存寿命预估值 τ_c 和贮存寿命置信下限 τ_c^*,也可以按下式求出 τ_c 和 τ_c^*:

$$\tau_c = [f(P) - f(P_c)] / K_S \tag{7.26}$$

$$\tau_c^* = [f(P_0^*) - f(P_c)] / K_S \tag{7.27}$$

若采用式(7.4)之外的其他模型,参照上述过程同样可得到 P_S 及 P_S^* 的曲线,求出 τ_c 和 τ_c^*。

开展固体发动机整机加速实验时需要推进剂加速系数(加速因子)r_a。加速温度 T_a 相对于参考温度 T_S 的加速系数 r_a 及其置信下限 r_a^* 分别为

$$r_a = \exp\left[b_1\left(\frac{1}{T_a} - \frac{1}{T_S}\right)\right] = \exp\left[\frac{E_a}{R}\left(\frac{1}{T_a} - \frac{1}{T_S}\right)\right] \tag{7.28}$$

$$r_a^* = \exp\left[b_1\left(\frac{1}{T_a} - \frac{1}{T_S}\right) - t_\alpha \cdot S_Y\right] = \exp\left[\frac{E_a}{R}\left(\frac{1}{T_a} - \frac{1}{T_S}\right) - t_\alpha \cdot S_Y\right] \tag{7.29}$$

(3)计算实例。

以甲苯二异氰酸酯(TDI)为固化剂的某丁羟推进剂,已知其老化规律为抗拉强度、模量增大,伸长率降低,其他性能基本不变。因此,确定以单向拉伸最大伸长率 ε_m(20 ℃,100 mm · min^{-1} 拉速)为老化敏感参量。起始点测试了 9 个子样,测试数据由小到大排列,并求得平均值 P_0、标准差 σ、P_0 的置信下限 P_0^*(80%置信概率)和变异系数 C_s,结果见表 7.5。

表 7.5 未老化 44S28 推进剂老化敏感参量测试数据及统计分析结果

子 样	1	2	3	4	5	6	7	8	9	P_0	σ	P_0^*	C_s
$\varepsilon_m/(\%)$	49.0	50.8	51.6	51.8	52.3	53.2	53.9	55.4	56.1	52.7	2.11	50.9	0.04

根据附录 B(数据的统计处理和解释 正态样本离群值的判断和处理)对表 7.5 中数据采用格拉布斯(Grubbs)检验法进行离群值检验。确定检出水平 $a = 0.05$，$G'_9 = (P_0 - P_{0(1)})/s = (52.7 - 49.0)/2.24 = 1.654$，在附表 C.2 中查得临界值 $G_{0.95}(9) = 2.110$，$G'_9 < G_{0.95}(9)$，判定 $P_{0(1)} = 49.0$ 不是离群值。同样可以判定 $P_{0(9)} = 56.1$ 不是离群值。

变异系数 $c_v = 0.04 < 0.1$，表示该批次试样为合格产品，可以继续进行高温加速老化实验。

对上述推进剂开展了 50 ℃、60 ℃、70 ℃和 80 ℃的加速老化实验，定期取样监测，得到的单向拉伸力学性能数据列于表 7.6 中。表 7.6 中数据为 5 子样均值，已经过离群值检验和处理。

表 7.6 推进剂高温加速老化敏感参量监测数据

80 ℃		70 ℃		60 ℃		50 ℃	
t_w	$\varepsilon_m/(\%)$	t_w	$\varepsilon_m/(\%)$	t_w	$\varepsilon_m/(\%)$	t_w	$\varepsilon_m/(\%)$
0	52.7	0	52.7	0	52.7	0	52.7
1	48.5	2	51.2	4	51.6	10	50.5
2	45.6	4	45.7	8	44.8	20	45.2
3	39.5	6	43.5	12	45.2	30	42.4
4	39.1	8	38.2	16	38.7	40	45.8
5	34.3	10	37.5	21	38.9	50	38.5
6	32.5	12	32.1	26	34.6	60	36.2
7	30.2	14	32.2	31	34.5	70	37.5
8	28.5	16	29.9	36	31.5	80	34.3
—	—	18	28.2	41	29.8	90	35.0
—	—	—	—	—	—	100	31.3

对表 7.6 中各加速温度下数据作图，并按照式(7.9)～式(7.16)计算相关系数，进行相关性检验，发现线性相关置信概率均高于 80%，可见老化时间 t 与 ε_m 或 $\lg\varepsilon_m$ 的线性相关关系均成立。其中，t 与 $\lg\varepsilon_m$ 的线性相关度更高(分析数据见表 7.7)，对长期趋势的预测更准确。因此，确定函数 $f(x) = \lg\varepsilon_m$。

表 7.7 老化敏感参量随时间变化的线性回归与检验结果

	参 数	80 ℃	70 ℃	60 ℃	50 ℃
$f(x)$	n	9	10	10	11
	γ_b	0.472	0.443	0.443	0.419
	γ_{99}	0.798	0.765	0.765	0.735
ε_m	相关系数 γ	0.986 9	0.983 7	0.970 9	0.956 2

续表

	参　　数	80 ℃	70 ℃	60 ℃	50 ℃
	相关系数 γ	0.994 1	0.990 5	0.982 3	0.963 4
$\lg\varepsilon_m$	a 或 $f(P_0)$	−1.718	−1.726	−1.716	−1.712
	b 或 K	0.034 01	0.015 89	0.006 113	0.002 024

对表 7.7 中各加速温度下老化速度常数 K 与老化温度 T 的关系进行处理和检验,结果见表 7.8。结果表明,$\ln K \sim 1/T$ 的线性相关置信概率高于 99%。可见,K 与 T 的关系服从阿伦尼乌斯方程,由表 7.7 得到的阿伦尼乌斯方程各项参数可信。

表 7.8　老化敏感参量随时间变化的线性回归与检验结果

参　数	$T/℃$	K	$1/T(1/K)$	$\ln K$	a_1	b_1	$E/$ $kJ \cdot mol^{-1}$	γ	γ_b	γ_{99}
	80	0.034 01	0.002 832	−3.381						
数　据	70	0.015 89	0.002 914	−4.142	26.68	−10 599	88.12	−0.998 9	0.800	0.990
	60	0.006 113	0.003 002	−5.097						
	50	0.002 124	0.003 095	−6.154						

根据表 7.8 外推,求得参考温度 T_S(25 ℃)下老化速度常数 K_S 及老化速度常数置信上限 K_S^*,结果见表 7.9。

表 7.9　参考温度(25 ℃)下老化速度常数 K_S 及老化速度常数置信上限 K_S^*

参　数	a_1	b_1	$T_S/℃$	t_a $(\alpha=0.20)$	S_Y	$\ln K_S$	$\ln K_S^*$	K_S	K_S^*
数　据	26.68	−10 599	25	0.978	0.155 4	−8.865	−8.713	1.413×10^{-4}	1.6445×10^{-4}

参考温度 T(25 ℃)下敏感参量 P_S 随贮存时间 t_s 变化的曲线,以及敏感参量置信下限 P_S^* 随贮存时间 t_s 变化的函数式如下,根据表 7.9 和表 7.6 数据,求得参考温度下 P 和 P_S^* 随贮存时间的变化曲线,如图 7.1 所示。

$$\lg P = \lg P_0 - K_S t \tag{7.30}$$

$$\lg P^* = \lg P_0^* - K_S^* t \tag{7.31}$$

若该推进剂的设计指标要求常温 $\varepsilon_m \geqslant 50\%$,安全系数为 1.4,则老化敏感参量失效临界值 $P_c = 50\%/1.4 = 35.7\%$。从图 7.1 上可读出贮存寿命预估值 $\tau_c \approx 23$ 年,贮存寿命置信下限 $\tau_c^* \approx 18$ 年(置信概率 80%)。也可将 P_c 分别代入式(7.30)和式(7.31)中等号的左边,

求出 $\tau_c = 1\,197$ 周 ≈ 23 年,$\tau_c^* = 938$ 周 ≈ 18 年。

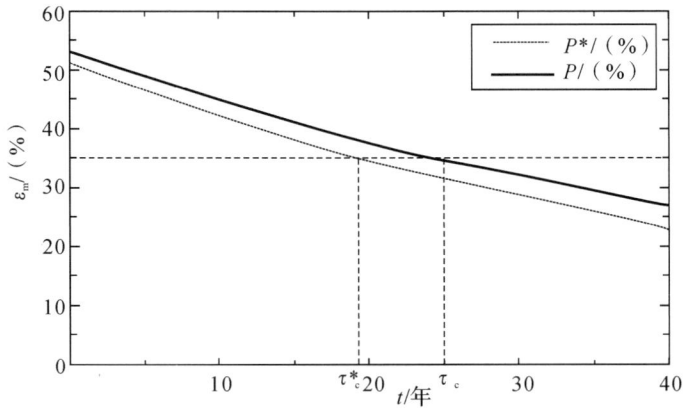

图 7.1　贮存寿命预估值及其置信下限

7.2　复合固体推进剂熄火燃面获取:骤降压法

7.2.1　测试原理

提高燃烧室压强可有效提高固体火箭发动机比冲,然而升高压强对推进剂燃烧影响较大,高压下可能会发生推进剂燃烧机理的改变,如出现压强指数突增的情况等。当压强指数超过 1 时,会导致发动机燃烧室压强难以保持稳定,甚至会出现爆炸等事故,因此,研究复合固体推进剂的高压燃烧机理对实现发动机在高压下稳定工作具有重要意义。凝聚相区域是燃烧反应的初始反应区,而燃面是固体推进剂凝相反应区的直观反映,因此分析推进剂燃面结构及化学组成,可以较为真实地还原推进剂燃烧过程中的物理化学状态,是研究推进剂高压燃烧机理的重要手段之一。

固体推进剂的熄火燃面获取方法主要有喷射冷却剂法、铜台熄火法及降压熄火法。喷射冷却剂法是在固体推进剂燃烧表面喷射干冰等冷却剂,以达到终止燃烧的效果,但冷却剂的存在会导致燃烧环境发生剧烈变化,对推进剂真实燃面造成破坏。铜台熄火法是将推进剂粘贴在铜表面,利用金属铜的良好导热性使推进剂快速失热而熄火,但铜台熄火法为被动式熄火法,对于燃烧反应剧烈的推进剂,其熄火成功率较低。降压熄火法通过承压片破裂实现压力的迅速降低,使得推进剂无法维持其自持燃烧而熄火,该方法可较快获得推进剂燃面信息,但传统的骤降压法需要大质量点火药包来提供推进剂燃烧的初始压强,点火药包用药量计算及装配较为复杂。

本书采用的骤降压法是将推进剂试样放置于密闭燃烧室中,通过控制高压气瓶对燃烧室充压从而建立推进剂药条燃烧的初始压强,在此基础上,推进剂药条燃烧产生的大量高温燃气会导致燃烧室内压强迅速升高,当压强达到爆破片的承压极限时,爆破片会发生破裂,燃烧室内高压气体瞬间从上端盖的泄压口排出。由于压强的下降使燃烧火焰远离燃面,气相化学反应区增厚,温度梯度变小,造成火焰对燃烧表面的热反馈量减少,且燃烧气体产物在排出过程中会带走部分热量,因此推进剂无法维持燃烧从而熄火,由此可获得推进剂熄火燃面数据。

7.2.2　测试装置及材料

高压熄火装置由燃烧器壳体、上端盖、高压手阀接口、压螺盖、测试底座和爆破片组成,其剖面图如图 7.2 所示。其中,测试底座包括底座主体、点火电极、排气阀、排气阀帽、密封钢珠和压强传感器接口,排气阀帽上开有排气孔,密封钢珠位于排气孔中,通过排气阀帽对密封钢珠的压紧与放松,可实现排气孔的密封与放气,其俯视图及剖视图如图 7.3 所示。

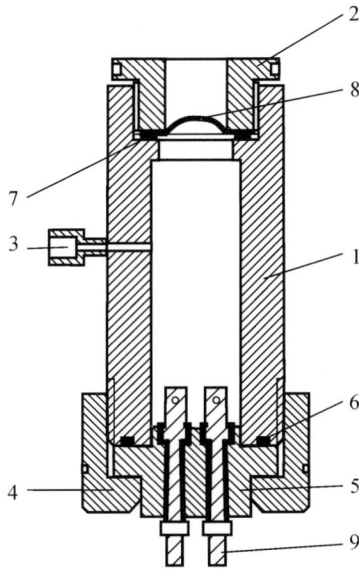

图 7.2　高压熄火装置剖面图

1—燃烧器壳体;2—上端盖;3—高压手阀接口;4—压螺盖;5—测试底座;
6—硅橡胶圈;7—O 形圈;8—爆破片;9—点火电极

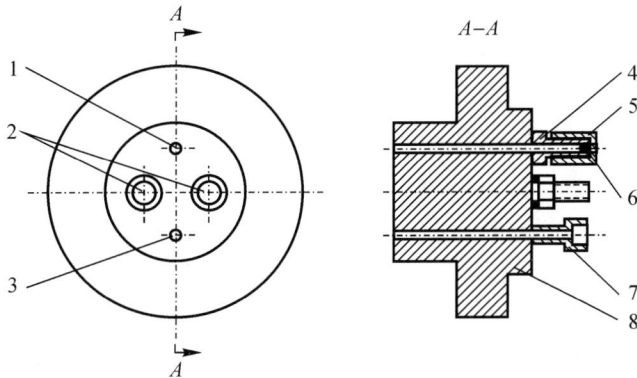

图 7.3　测试底座的俯视图及剖视图

1—点火电极;2—排气孔;3—测压孔;4—排气阀;5—排气阀帽;6—密封钢珠;7—压强传感器接口;8—底座主体

高压熄火装置各组成部件的规格要求如下。

(1)燃烧室壳体、上端盖、高压手阀接口、压螺盖和测试底座材质为 304 不锈钢;爆破片根据实验设定的熄火压强、上端盖泄压口径以及爆破片的材质进行选取,通过国标《爆破片与爆破片装置》(GB 567—1999)中公式确定所需的爆破片厚度。以上部件组合而成的高压熄火装置可实现 5~30 MPa 压强下推进剂熄火燃面数据的获取。

(2)无水乙醇:分析纯。

(3)点火电源:可调节式直流稳压电源,点火电压调节范围为 0~36 V。

(4)包覆液:采用环氧树脂与固化剂以质量比 10:3 均匀混合。

(5)数据采集系统:由压强传感器、信号采集板卡及计算机组成。其中压强传感器的精度不小于 0.25 级,量程为 0~30 MPa。

(6)刀片、锉刀、扳手。

7.2.3 测试方法

1.推进剂试样量确定

称量小体积推进剂药条,在高压熄火装置内点燃推进剂药条,通过压强传感器记录燃烧室内的压强-时间曲线,以压强-时间数据中最大压强点作为判据,判断爆破片未爆破前推进剂燃烧产生的最大压强 P_0,所对应的推进剂质量即为 m_0。根据气体状态方程,可确定质量为 m 的此类固体推进剂在高压熄火装置内燃烧所能产生的压强 P 为

$$P = \frac{P_0}{m_0} \cdot m \tag{7.32}$$

式中:P 为质量为 m 的推进剂燃烧产生的压强,Pa;P_0 为爆破片未爆破条件下药条燃烧所能产生的最大压强,Pa;m_0 为爆破片未爆破条件下对应的推进剂药条最大质量,kg;m 为任一推进剂质量,kg。

2.试样预处理

准备推进剂药条,采用包覆液对药条侧面进行包覆,以保证推进剂燃烧时燃面平行退移,避免获取的熄火燃面不规则。包覆液采用环氧树脂与固化剂以质量比 10:3 均匀混合而成,将混合后的包覆液均匀涂抹在推进剂表面。包覆液制成 2 h 后黏度增加,4 h 后开始固化,12 h 后固化完成。推进剂药条包覆完成后,将药条点火端面切开,并用刀片和锉刀对样品包覆层进行修整,确保包覆层厚度均匀、无锋利棱角。

3.熄火燃面获取实验

将推进剂药条固定在测试底座上的正、负电极之间,点火丝固定于药条的点火端面,点火丝两端分别缠绕在点火正、负电极上。将硅橡胶圈和爆破片置于燃烧室壳体的凸台处,并通过扳手将上端盖与燃烧室壳体固定拧紧,随后依次安装测试底座、密封钢珠、压强传感器及高压手阀。通过充气管路将高压手阀与高压气瓶管路相连接,完成高压熄火燃面获取装置的装配。

打开高压手阀,通过高压气瓶对燃烧室充压建立推进剂药条燃烧的初始压强,初始压强为熄火压强与质量为 m 的固体推进剂燃烧所产生的压强之差。充压完成后,关闭高压手

阀,点燃放置在密闭的燃烧器内的推进剂药条,通过压强采集系统记录燃烧过程的压强-时间曲线。当燃烧室达到预定压强爆破后,燃烧室内气体迅速从上端盖泄压口排出,推进剂无法维持燃烧从而熄火,此时旋开上端盖处压螺盖,取出熄火的推进剂并密封保存。

若爆破片未爆破,应立即切断点火电源,并将点火线短接。待 10 min 装置降温后,拧开测试底座上排气阀帽,排出燃烧室内的气体,在确定燃烧室已恢复常压后,方可拆开实验装置,并用无水乙醇擦拭实验装置内部,晾干、冷却后,进行下一次实验。此时应更换新的推进剂药条,减小爆破片厚度或提高推进剂燃烧的初始压强,直至获得推进剂熄火燃面。

4.数据采集

图 7.4 所示为某推进剂采集的熄火燃面压强-时间数据,分析可知,接通点火丝电流后,由于点火小药柱的燃烧,P-t 曲线出现了点火压强峰,当推进剂燃烧产生的大量高温燃气使爆破片爆破后,压强会在极短时间降为环境压强。

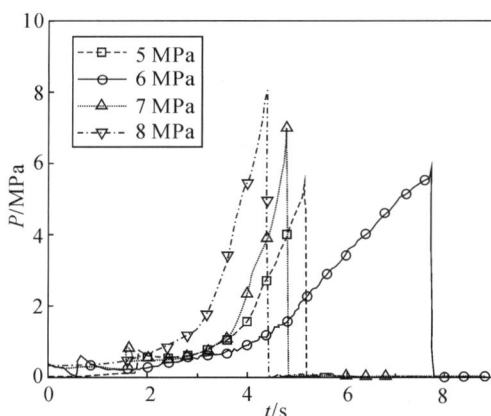

图 7.4　熄火燃面测试 P-t 曲线

7.3　复合固体推进剂中铝粉含量分析实验:络合滴定法

7.3.1　测试原理

复合固体推进剂中常添加金属燃烧剂来提升推进剂的密度和比冲,常见的金属燃烧剂有硼、镁、铝等,其中铝粉具有密度高、耗氧量低、来源广泛、价格低廉等优点,被广泛用于推进剂中。但推进剂制备过程中会存在各组分分布不均匀的问题,因此,准确测定不同位置铝粉含量对固体推进剂的生产质量控制具有重要意义。

7.3.2　测试装置及材料

络合滴定法测定推进剂中的铝含量用到的实验仪器及其规格如下。

(1)酸滴定管:5 mL。

(2)锥形烧瓶:50 mL。

（3）移液管：20 mL。

（4）量筒：50 mL。

（5）电炉：0.5 kW。

（6）盐酸[《化学试剂　盐酸》（GB/T 622—2006）]溶液；高氯酸[《化学试剂　高氯酸》（GB/T 623—2011）]；30％的六次甲基四胺[《化学试剂　六次甲基四胺》（GB/T 1400—2014）]溶液；12 mol·L^{-1} 的氢氧化钠[《化学试剂氢氧化钠》（GB/T 629—1997）]溶液。

（7）乙二胺四乙酸二钠[《化学试剂　乙二胺四乙酸二钠》（GB/T 1401—1998）]标准滴定溶液（EDTA），$c(C_{10}H_{14}N_2O_8Na_2 \cdot 2H_2O) = 0.1$ mol·L^{-1}；硝酸铅《化学试剂　硝酸铅》（HG 3—1070—1977）标准滴定溶液，$c[Pb(NO_3)_2] = 0.05$ mol·L^{-1}。标准滴定溶液按《化学试剂

滴定分析（容量分析）用标准溶液的制备》（GB 601—1988）配制并标定。

（8）二甲酚橙溶液：10 g·L^{-1}。

（9）酚酞指示剂：10 g·L^{-1} 的乙醇溶液，按《标准溶液的制备及标定》（GJB 1886—1994）配制。

（10）实验用水符合《分析实验室用水规格和试验方法》（GB/T 6682—2008）中规定的三级水规格。

7.3.3　测试方法

进行络合滴定法测定推进剂中的铝含量的实验时，试样按照《复合固体推进剂性能测试用试样》（QJ 1113—1987）标准规定取样，将试样切成约 0.2 mm×0.2 mm×0.2 mm 的小块，放在称量瓶内。

1. 实验步骤

称取样约 0.2 g（准确至 0.000 2 g）放入锥形烧瓶中。加少量水润湿试样后，加 10 mL 硝酸、5 mL 高氯酸，放在有石棉网的电炉上缓慢加热，分解试样，蒸发至出现白色结晶后取下冷却。待试样冷至室温后，加 50 mL 水和一滴酚酞指示剂，边搅动边用氢氧化钠溶液中和残留的酸，调至溶液呈微红色后，用盐酸中和至无色再过量两滴，此时溶液的 pH 为 4.6～5.5。用移液管加入 20 mL EDTA 标准滴定溶液，放到电炉上微沸 15 min，取下冷却至室温。再加 50 mL 水和 15 mL 六次甲基四胺溶液，加两滴二甲酚橙指示剂，用硝酸铅标准滴定溶液滴定，溶液的颜色由黄色转变成微紫红色时即为终点。

2. 数据处理

试样中的铝粉的百分含量按下式进行计算：

$$X_{Al} = \frac{(c_1 V_1 - c_2 V_2) \times 0.026\ 98}{m} \times 100\% \tag{7.33}$$

式中：X_{Al} 为试样中铝粉的含量，％；c_1 为 EDTA 标准滴定溶液实际浓度，mol·L^{-1}；V_1 为 EDTA 标准滴定溶液体积，mL；c_2 为硝酸铅标准滴定溶液实际浓度，mol·L^{-1}；V_2 为硝酸铅标准滴定溶液体积，mL；0.026 98 为铝的毫摩尔质量，g·mmol^{-1}；m 为试样质量，g。计算精度保持 0.01％，允许误差为 0.20％。

7.4　复合固体推进剂中高氯酸铵含量分析实验:酸碱滴定法

7.4.1　测试原理

酸碱滴定法是测定推进剂中高氯酸铵含量的常用方法。它基于酸碱中和反应原理,将推进剂溶解于适当的溶剂中得到酸性待测溶液,选择氢氧化钠标准溶液进行滴定,以酚酞为指示剂,根据颜色变化来确定滴定反应终点。此时,根据滴定液消耗的体积及浓度可计算得到推进剂中高氯酸铵的质量分数。通常选用甲醛与高氯酸铵反应生成酸,并对溶液进行滴定,化学反应式为

$$4NH_4ClO_4 + 6HCHO \longrightarrow (CH_2)_6N_4 + 6H_2O + 4HClO_4 \tag{1}$$

$$HClO_4 + NaOH \longrightarrow NaClO_4 + H_2O \tag{2}$$

7.4.2　测试装置及材料

酸碱滴定法测定推进剂中高氯酸铵含量用到的实验仪器及其规格如下。

(1)水浴或冷凝装置。

(2)木锉。

(3)硫酸纸。

(4)锥形瓶:250 mL。

(5)烧杯:100 mL、200 mL。

(6)量筒:20 mL、100 mL、250 mL。

(7)碱式滴定管:50 mL。

(8)电炉:1 000 W。

(9)磨口三角烧瓶:500 mL。

(10)氢氧化钠标准滴定溶液:$c(NaOH)=0.1\ mol \cdot L^{-1}$、$c(NaOH)=0.5\ mol \cdot L^{-1}$,按《标准溶液的制备及标定》(GJB 1886—1994)配制。

(11)酚酞指示剂:$10\ g \cdot L^{-1}$ 的乙醇溶液,按《标准溶液的制备及标定》(GJB 1886—1994)配制。

(12)甲醛溶液:体积比为 1∶1 的溶液,甲醛水溶液以酚酞作指示剂,用 $0.1\ mol \cdot L^{-1}$ 氢氧化钠标准溶液滴定甲醛水溶液至微红色。每次使用前配制此溶液,并将溶液调至中性。

(13)甲醛:《化学试剂　甲醛溶液》(GB/T 685—1993),甲醛使用时以酸碱调节 pH 为 6.5～7。

(14)无水硫酸钠:《化学试剂　无水硫酸钠》(GB/T 9853—1988),配制成 $c(Na_2SO_4)=0.05\ mol \cdot L^{-1}$ 的溶液。

(15)邻苯二甲酸氢钾:基准试剂,于 105～110 ℃下干燥 1～2 h 至恒重后方可使用。

7.4.3　测试方法

1.试样准备

对于高氯酸铵质量分数在 30% 左右的推进剂试样,用小刀或粉碎机将试样粉碎,过 1 mm 和 200 μm 双层筛,取 200 μm 筛上物,称取 0.5 g 试样备用,称量结果精确至 0.000 2 g。当推进剂试样高氯酸铵质量分数在 70% 左右时,用刀削去药柱外表面,将推进剂磨成粉末状,用硫酸纸盛接粉末,称量 1.6～2.5 g。

2.NaOH 标准溶液标定

NaOH 容易吸收空气中的 CO_2 生成 Na_2CO_3,其化学反应式为

$$2NaOH + CO_2 = Na_2CO_3 + H_2O \tag{3}$$

NaOH 溶液中,由于 Na_2CO_3 的存在会影响酸碱滴定的准确度,所以配置的 NaOH 溶液需要进行标定。常见的基准物质有草酸($H_2C_2O_4 \cdot 2H_2O$)、苯甲酸($C_7H_6O_2$)、邻苯二甲酸氢钾($KHC_8H_4O_4$)等,通常采用邻苯二甲酸氢钾标定 NaOH 溶液,其反应式为

$$KHC_8H_4O_4 + NaOH = KNaC_8H_4O_4 + H_2O \tag{4}$$

由反应(4)可知,$KHC_8H_4O_4$ 与 NaOH 反应的计算比为 1:1,到达化学计量点时,由于弱酸盐的水解,溶液呈微碱性(pH≈9.20),采用酚酞作为指示剂。此处以 0.1 mol·L^{-1} 的 NaOH 标准溶液标定过程进行说明。

称取已于 105～110 ℃下烘干至恒重的邻苯二甲酸氢钾 0.5 g±0.02 g,称量结果精确至 0.000 1 g,放入 250 mL 锥形瓶中,加入 50 mL 蒸馏水使其完全溶解(必要时可微热),加两滴酚酞指示液,用待标定的 NaOH 标准溶液滴定至溶液,当溶液由无色变为浅红色,且摇动 30 s 不褪色即为滴定终点,记录滴定消耗的 NaOH 标准溶液体积。NaOH 标准溶液应平行滴定 3 次,3 次结果的相对平均偏差应小于 0.2%,根据消耗 NaOH 溶液的体积,计算出 NaOH 溶液的浓度,其计算公式为

$$c_{NaOH} = \frac{1\,000m}{MV_{NaOH}} \tag{7.34}$$

式中:m 为 $KHC_8H_4O_4$ 的称量质量,g;V_{NaOH} 为 NaOH 溶液的消耗体积,mL;M 为 $KHC_8H_4O_4$ 的摩尔质量,204.2 g·mol^{-1}。

3.高氯酸铵含量分析

对于高氯酸铵质量分数在 30% 左右的推进剂,称量 0.5 g 试样置于 100 mL 烧杯中,添加 40 mL 蒸馏水,将烧杯置于 50～60 ℃ 的恒温水浴中加热 1 h,加热过程中不断搅拌,保证高氯酸铵完全溶解,随后用滤纸趁热过滤于 250 mL 锥形瓶中。用热水洗涤烧杯 6 次,每次用量 5 mL,将洗涤液同样收集在锥形瓶中,如此得到推进剂溶解试样。向锥形瓶中添加 20 mL 甲醛溶液,搅拌均匀后置于 50～60 ℃ 的恒温水浴中加热 5 min,取出锥形瓶待冷却

后添加 3 滴酚酞指示剂,采用 0.1 mol·L^{-1} 的氢氧化钠标准溶液进行滴定,待溶液变为微红色且 30 s 不褪色认为达到滴定终点。

对于高氯酸铵质量分数在 70% 左右的推进剂,称量 1.6～2.5 g 试样置于 500 mL 磨口三角烧瓶中,添加 140 mL 浓度为 0.05 mol·L^{-1} 的硫酸钠溶液。连接好冷凝器,将磨口三角烧瓶在电炉上加热煮沸 2 h,停止加热后用蒸馏水冲洗冷凝管,冲洗液同样收集于烧瓶内。向磨口烧瓶中添加 20 mL 中性甲醛溶液不断搅拌,待 10 min 后滴加酚酞指示剂 3～5 滴,放入水浴升温至 50 ℃ 左右,用 0.5 mol·L^{-1} 氢氧化钠标准滴定溶液滴定,待溶液从无色变为红色即认为滴定结束。

4. 数据处理

推进剂试样中高氯酸铵的质量分数按下式进行计算:

$$W = \frac{Vc \times 0.117\,5}{m} \times 100\%\tag{7.35}$$

式中:W 为试样中高氯酸铵的质量分数,%;V 为试样消耗氢氧化钠标准滴定溶液的体积,mL;c 为氢氧化钠标准滴定溶液的物质的量浓度,mol·L^{-1};0.117 5 为与 1.00 mL 氢氧化钠标准滴定溶液[c(NaOH)=1.000 mol·L^{-1}]相当的高氯酸铵的摩尔质量,g·mmol^{-1};m 为试样的质量,g。

每个试样重复两次平行实验,并取平均值,实验结果精确至小数点后两位。对于高氯酸铵质量分数在 30% 左右的推进剂试样,平行实验的差值应小于或等于 0.3%;对于高氯酸铵质量分数在 70% 左右的推进剂试样,平行实验的差值应小于或等于 0.6%。

参 考 文 献

[1] 中国航天标准化研究所. 复合固体推进剂高温加速老化试验方法:QJ 2328A—2005 [S]. 北京:中国航天标准化研究所,2005.

[2] 中国航天工业总公司第七〇八研究所. 复合固体推进剂中铝粉含量分析方法:QJ 913A—1995[S]. 西安:中国航天工业总公司第七〇八研究所,1995.

[3] 西北工业大学. 一种固体推进剂高压熄火燃面获取装置及获取方法:202110012424. X [P]. 2022 - 12 - 06.

[4] 中国兵器工业标准化研究所. 火药试验方法:GJB 770B—2005[S]. 北京:国防科工委军标出版发行部,2005.

附　　录

附录A　格拉布斯准则

若测量值 X_i 服从正态分布,则将子样数据按照大小排列为 $X_1,X_2,X_3,\cdots,X_n$(n 为测量个数)。

若怀疑 X_i(X_1 或 X_2)是异常的,则按照以下步骤处理。

(1)按照下式求出 T 值,即

$$T=\frac{|X_i-\overline{X}|}{S} \tag{A1.1}$$

式中: $\overline{X}=\dfrac{1}{n}\sum\limits_{i=1}^{n}X_i$; $S=\left[\dfrac{1}{n-1}\sum\limits_{i=1}^{n}(X_i-\overline{X})^2\right]^{1/2}$ 。

(2)选定危险率 α(一般选 $\alpha=0.05$),由附表 A.1 查出 $T(n,\alpha)$。

附表 A.1　($\alpha=5.0\%$)

n	3	4	5	6	7	8	9	10	11
$T(n,\alpha)$	1.15	1.46	1.67	1.82	1.94	2.03	2.11	2.18	2.23
n	12	13	14	15	16	17	18	19	20
$T(n,\alpha)$	2.29	2.33	2.37	2.41	2.44	2.47	2.50	2.53	2.56
n	21	22	23	24	25	30	35	40	45
$T(n,\alpha)$	2.58	2.60	2.62	2.64	2.66	2.75	2.82	2.87	2.92
n	50	60	70	80	90	100			
$T(n,\alpha)$	2.96	3.03	3.09	3.14	3.18	3.21			

(3)若 $T>T(n,\alpha)$,则 X_i 异常,应舍去。每次只能舍去一个绝对偏差最大的数据。

(4)用剩下的数据重新计算出算数平均值和子样标准偏差,并重复步骤(1)~(3),直到每个数据都满足 $T<T(n,\alpha)$ 为止,每重复一次,n 减小 1。

附录 B　数据的统计处理和解释　正态样本离群值的判断和处理

一、离群值判断

1. 来源与判断

离群值按产生原因分为以下两类。

(1)第一类离群值是总体固有变异性的极端表现,这类离群值与样本中其余观测值属于同一总体。

(2)第二类离群值是由于实验条件和实验方法的偶然偏离所产生的结果,或产生于观测、记录、计算中的失误,这类离群值与样本中其余观测值不属于同一总体。

对离群值的判定通常可根据技术上或物理上的理由直接进行,例如当实验者已经知道实验偏离了规定的实验方法或测试仪器发生问题等。当上述理由不明确时,可通过本方法进行判断。

2. 离群值的三种情形

本方法在下述不同情形下判断样本中的离群值。

(1)上侧情形:根据实际情况或以往经验,离群值都为高端值。

(2)下侧情形:根据实际情况或以往经验,离群值都为低端值。

(3)双侧情形:根据实际情况或以往经验,离群值可为高端值,也可为低端值。

其中,上侧情形和下侧情形统称单侧情形,若无法认定单侧情形,则按双侧情形处理。

3. 检出离群值个数的上限

应规定在样本中检出离群值个数的上限(与样本量相比应较小),当检出离群值个数超过了这个上限时,对此样本应作慎重的研究和处理。

4. 单个离群值情形

(1)依实际情况或以往经验,选定适宜的离群值检验规则。

(2)确定适当的显著性水平。

(3)根据显著性水平及样本量,确定检验的临界值。

(4)由观测值计算相应统计量的值,根据所得值与临界值的比较结果作出判断。

5. 判定多个高群值的检验规则

在允许检出离群值的个数大于1的情况下,重复使用单个离群值情形中规定的检验规则进行检验。若没有检出离群值,则整个检验停止;若检出离群值,当检出的离群值总数超过检出离群值个数的上限时,则检验停止,对此样本应慎重处理;否则,采用相同的检出水平和相同的规则,对除去已检出的离群值后余下的观测值继续检验。

二、离群值处理

1.处理方式

处理离群值的方式:①保留离群值并用于后续数据处理;②在找到实际原因时修正离群值,否则,予以保留;③剔除离群值,不追加观测值;④剔除离群值,并追加新的观测值或用适宜的插补值代替。

2.处理规则

对检出的离群值,应尽可能寻找其技术上和物理上的原因,作为处理离群值的依据。应根据实际问题的性质,权衡寻找和判定产生离群值的原因所需代价、正确判定离群值的得益及错误剔除正常观测值的风险,以确定实施下述三个规则之一。

(1)若在技术上或物理上找到了产生离群值的原因,则应剔除或修正;若未找到产生它的物理上和技术上的原因,则不得剔除或进行修正。

(2)若在技术上或物理上找到了产生离群值的原因,则应剔除或修正,否则保留歧离值,剔除或修正统计离群值。在重复使用同一检验规则检验多个离群值的情形下,每次检出离群值后都要再检验它是否为统计离群值。若某次检出的离群值为统计离群值,则此离群值及在它前面检出的离群值(含歧离值)都应被剔除或修正。

(3)检出的离群值(含歧离值)都应被剔除或进行修正。

三、已知标准差情形离群值的判断规则

1.一般原则

当已知标准差时,使用奈尔(Nair)检验法,奈尔检验法的样本量 $3 \leqslant n \leqslant 100$。

2.离群值的判断规则

(1)上侧情形。

1)计算出统计量 R_n 的值:

$$R_n = (X_{(n)} - \overline{X})/\sigma \tag{B1.1}$$

式中: σ 为已知的总体标准差; $\overline{X}$ 为样本均值, $\overline{X} = (x_1 + \cdots + x_n)/\sigma$。

2)确定检出水平 α,在附表 C.1 中查出临界值 $R_{1-\alpha}(n)$。

3)当 $R_n > R_{1-\alpha}(n)$ 时,判定 $X_{(n)}$ 为离群值,否则,判定未发现 $X_{(n)}$ 为离群值。

4)对于检出的离群值 $X_{(n)}$,确定剔除水平 α',在附表 C.1 中查出临界值 $R_{1-\alpha'}(n)$。当 $R_n > R_{1-\alpha'}(n)$ 时,判定 $X_{(n)}$ 为统计离群值,否则,判定未发现 $X_{(n)}$ 为统计离群值(即 $X_{(n)}$ 为歧离值)。

(2)下侧情形。

1)计算出统计量 R'_n 的值:

$$R'_n = (\overline{X} - X_{(1)})/\sigma \tag{B1.2}$$

式中：σ 为已知的总体标准差；$\overline{X}$ 为样本均值。

2）确定检出水平 α，在附表 C.1 中查出临界值 $R_{1-\alpha}(n)$。

3）当 $R'_n > R_{1-\alpha}(n)$ 时，判定 $X_{(1)}$ 为离群值，否则，判定未发现 $X_{(1)}$ 为离群值。

4）对于检出的离群值 $X_{(1)}$，确定剔除水平 α'，在附表 C.1 中查出临界值 $R_{1-\alpha'}(n)$。当 $R'_n > R_{1-\alpha'}(n)$ 时，判定 $X_{(1)}$ 为统计离群值，否则，判定未发现 $X_{(1)}$ 为统计离群值（即 $X_{(1)}$ 为歧离值）。

（3）双侧情形。

1）计算出统计量 R_n 与 R'_n 的值。

2）确定检出水平 α，在附表 C.1 中查出临界值 $R_{1-\alpha/2}(n)$。

3）当 $R_n > R'_n$，且 $R_n > R_{1-\alpha/2}(n)$ 时，判定最大值 $X_{(n)}$ 为离群值；当 $R_n < R'_n$，且 $R'_n > R_{1-\alpha/2}(n)$ 时，判定最小值 $X_{(1)}$ 为离群值，否则，判定未发现离群值。当 $R_n = R'_n$ 时，同时对最大值和最小值进行检验。

4）对于检出的离群值 $X_{(1)}$ 或 $X_{(n)}$，确定剔除水平 α'，在附表 C.1 中查出临界值 $R_{1-\alpha'}(n)$。当 $R'_n > R_{1-\alpha'}(n)$ 时，判定 $X_{(1)}$ 为统计离群值，否则，判定未发现 $X_{(1)}$ 是统计离群值（即 $X_{(1)}$ 为歧离值）；当 $R_n > R_{1-\alpha'}(n)$ 时，判定 $X_{(n)}$ 为统计离群值，否则，判定未发现 $X_{(n)}$ 为统计离群值（即 $X_{(n)}$ 为歧离值）。

四、未知标准差情形离群值的判断规则（限定检出离群值的个数不超过 1）

1．一般原则

在未知标准差的情形下可使用格拉布斯(Grubbs)检验法。

2．格拉布斯(Grubbs)检验法

（1）上侧情形。

1）计算出统计量 G_n 的值为

$$G_n = (X_{(n)} - \overline{X})/S \tag{B1.3}$$

$$S = \left[\frac{1}{n-1} \sum_{i=1}^{n} (X_i - \overline{X})^2 \right]^{1/2} \tag{B1.4}$$

式中：$\overline{X}$ 和 S 分别为样本均值和样本标准差。

2）确定检出水平 α，在附表 C.2 中查出临界值 $G_{1-\alpha}(n)$。

3）当 $G_n > G_{1-\alpha}(n)$ 时，判定 $X_{(n)}$ 为离群值，否则，判定未发现 $X_{(n)}$ 为离群值。

4）对于检出的离群值 $X_{(n)}$ 确定剔除水平 α'。在附表 C.2 中查出临界值 $G_{1-\alpha'}(n)$。当 $G_n > G_{1-\alpha'}(n)$ 时，判定 $X_{(n)}$ 为统计离群值。

（2）下侧情形。

1）计算出统计量 G'_n 的值：

$$G'_n = (\overline{X} - X_{(1)})/S \qquad (\text{B1.5})$$

$$S = \left[\frac{1}{n-1} \sum_{i=1}^{n} (X_i - \overline{X})^2 \right]^{1/2} \qquad (\text{B1.6})$$

式中：$\overline{X}$ 和 S 分别为样本均值和样本标准差。

2）确定检出水平 α，在附表 C.2 中查出临界值 $G_{1-\alpha}(n)$。

3）当 $G'_n > G_{1-\alpha}(n)$ 时，判定 $X_{(1)}$ 为离群值，否则，判定未发现 $X_{(1)}$ 为离群值。

4）对于检出的离群值 $X_{(1)}$，确定剔除水平 α'。在附表 C.2 中查出临界值 $G_{1-\alpha'}(n)$。当 $G'_n > G_{1-\alpha'}(n)$ 时，判定 $X_{(1)}$ 为统计离群值。

（3）双侧情形。

1）计算出统计量 G_n 与 G'_n 的值。

2）确定检出水平 α，在附表 C.2 中查出临界值 $G_{1-\alpha/2}(n)$。

3）当 $G_n > G'_n$，且 $G_n > G_{1-\alpha/2}(n)$ 时，判定最大值 $X_{(n)}$ 为离群值；当 $G_n < G'_n$，且 $G'_n > G_{1-\alpha/2}(n)$ 时，判定最小值 $X_{(1)}$ 为离群值，否则，判定未发现离群值。当 $G_n = G'_n$ 时，同时对最大值和最小值进行检验。

4）对于检出的离群值 $X_{(1)}$ 或 $X_{(n)}$，确定剔除水平 α'，在附表 C.2 中查出临界值 $G_{1-\alpha'}(n)$。当 $G'_n > G_{1-\alpha'}(n)$ 时，判定 $X_{(1)}$ 为统计离群值，否则，判定未发现 $X_{(1)}$ 为统计离群值（即 $X_{(1)}$ 为歧离值）；当 $G_n > G_{1-\alpha'}(n)$ 时，判定 $X_{(n)}$ 为统计离群值，否则，判定未发现 $X_{(n)}$ 为统计离群值（即 $X_{(n)}$ 为歧离值）。

五、未知标准差情形离群值的判断规则（限定检出离群值的个数大于 1）

1．一般原则

当限定检出离群值的个数大于 1 时，可使用偏度-峰度检验法。

2．偏度-峰度检验法

（1）使用条件。

考查样本诸观测值，确认它们的样本主体来自正态总体，而极端值应较明显地偏离样本主体。

（2）单侧情形——偏度检验法。

1）计算偏度统计量 b_s 的值如下：

$$b_s = \frac{\sqrt{n} \sum_{i=1}^{n} (X_i - \overline{X})^2}{\left[\sum_{i=1}^{n} (X_i - \overline{X})^2 \right]^{3/2}} = \frac{\sqrt{n} \left[\sum_{i=1}^{n} X_i^3 - 3\overline{X} \sum_{i=1}^{n} X_i^2 + 2n\overline{X}^3 \right]}{\left[\sum_{i=1}^{n} X_i^2 - n\overline{X}^2 \right]^{3/2}} \qquad (\text{B1.7})$$

2）确定检出水平 α，在附表 C.3 中查出临界值 $b_{1-\alpha}(n)$。

3）对上侧情形，当 $b_n > b_{1-\alpha}(n)$ 时，判定 $X_{(n)}$ 为离群值，否则，判定未发现 $X_{(n)}$ 为离群值；对下侧情形，当 $-b_n > b_{1-\alpha}(n)$ 时，判定 $X_{(1)}$ 为离群值，否则，判定未发现 $X_{(1)}$ 为离群值。

4)对于检出的离群值 $X_{(1)}$ 或 $X_{(n)}$，确定剔除水平 α'。在附表 C.3 中查出临界值 $b_{1-\alpha'}(n)$。对上侧情形，当 $b_n > b_{1-\alpha'}(n)$ 时，判定 $X_{(n)}$ 为统计离群值。对下侧情形，当 $-b_n > b_{1-\alpha'}(n)$ 时，判定 $X_{(1)}$ 为离群值，否则，判定未发现 $X_{(1)}$ 为离群值。

（3）双侧情形——峰度检验法。

1）计算偏度统计量 b_k 的值如下：

$$b_k = \frac{n \sum\limits_{i=1}^{n} (X_i - \overline{X})^4}{\left[\sum\limits_{i=1}^{n} (X_i - \overline{X})^2 \right]^2} = \frac{n \left[\sum\limits_{i=1}^{n} X_i^4 - 4\overline{X} \sum\limits_{i=1}^{n} X_i^3 + 6\overline{X}^2 \sum\limits_{i=1}^{n} X_i^2 - 3n\overline{X}^4 \right]}{\left[\sum\limits_{i=1}^{n} X_i^2 - n\overline{X}^2 \right]^2} \tag{B1.8}$$

2）确定检出水平 α，在附表 C.3 中查出临界值 $b'_{1-\alpha}(n)$。

3）当 $b_k > b'_{1-\alpha}(n)$ 时，判定距离 $\overline{X}$ 最远的观测值为离群值。

4）对于检出的离群值，确定剔除水平 α'。在附表 C.3 中查出临界值 $b'_{1-\alpha}(n)$。当 $b_n > b'_{1-\alpha}(n)$ 时，判定距离 $\overline{X}$ 最远的观测值为离群值。

附录 C 统计数值表

奈尔(Nair)检测的临界值见附表 C.1,格拉布斯(Grubbs)检验的临界值见附表 C.2,偏度检验的临界值见附表 C.3。

附表 C.1 奈尔(Nair)检测的临界值表

n	1	2	3	4	5	6	7	8	9	10
0.900			1.497	1.696	1.835	1.939	2.022	2.091	2.150	2.200
0.950			1.738	1.941	2.080	2.184	2.267	2.334	2.392	2.441
0.975			1.955	2.163	2.304	2.408	2.490	2.557	2.613	2.662
0.990			2.215	2.431	2.574	2.679	2.761	2.828	2.884	2.931
0.995			2.396	2.618	2.764	2.870	2.952	3.019	3.074	3.122
n	11	12	13	14	15	16	17	18	19	20
0.900	2.245	2.284	2.320	2.352	2.382	2.409	2.434	2.458	2.480	2.500
0.950	2.484	2.523	2.557	2.589	2.617	2.644	2.668	2.691	2.712	2.732
0.975	2.704	2.742	2.776	2.806	2.834	2.860	2.883	2.905	2.926	2.945
0.990	2.973	3.010	3.043	3.072	3.099	3.124	3.147	3.168	3.188	3.207
0.995	3.163	3.199	3.232	3.261	3.287	3.312	3.334	3.355	3.374	3.392
n	21	22	23	24	25	26	27	28	29	30
0.900	2.519	2.538	2.555	2.571	2.587	2.602	2.616	2.630	2.643	2.656
0.950	2.750	2.768	2.784	2.800	2.815	2.829	2.843	2.856	2.869	2.881
0.975	2.936	2.980	2.996	3.011	3.026	3.039	3.053	3.065	3.077	3.089
0.990	3.224	3.240	3.256	3.270	3.284	3.298	3.310	3.322	3.334	3.345
0.995	3.409	3.425	3.440	3.455	3.468	3.481	3.493	3.505	3.516	3.527
n	31	32	33	34	35	36	37	38	39	40
0.900	2.668	2.679	2.690	2.701	2.712	2.722	2.732	2.741	2.750	2.759
0.950	2.892	2.903	2.914	2.924	2.934	2.944	2.953	2.962	2.971	2.980
0.975	3.100	3.111	3.121	3.131	3.140	3.150	3.159	3.167	3.176	3.184
0.990	3.356	3.366	3.376	3.385	3.394	3.403	3.412	3.420	3.428	3.436
0.995	3.538	3.548	3.557	3.566	3.575	3.584	3.592	3.600	3.608	3.616
n	41	42	43	44	45	46	47	48	49	50
0.900	2.768	2.776	2.784	2.792	2.800	2.808	2.815	2.822	2.829	2.836

n	41	42	43	44	45	46	47	48	49	50
0.950	2.988	2.996	3.004	3.011	3.019	3.026	3.033	3.040	3.047	3.053
0.975	3.192	3.200	3.207	3.215	3.222	3.229	3.235	3.242	3.249	3.255
0.990	3.444	3.451	3.458	3.465	3.472	3.479	3.485	3.491	3.498	3.504
0.995	3.623	3.630	3.637	3.644	3.651	3.657	3.663	3.669	3.675	3.681
n	51	52	53	54	55	56	57	58	59	60
0.900	2.843	2.849	2.856	2.862	2.868	2.874	2.880	2.886	2.892	2.897
0.950	3.060	3.066	3.072	3.078	3.084	3.090	3.095	3.101	3.106	3.112
0.975	3.261	3.267	3.273	3.279	3.284	3.290	3.295	3.300	3.306	3.311
0.990	3.509	3.515	3.521	3.526	3.532	3.537	3.542	3.547	3.552	3.557
0.995	3.687	3.692	3.698	3.703	3.708	3.713	3.718	3.723	3.728	3.733
n	61	62	63	64	65	66	67	68	69	70
0.900	2.903	2.908	2.913	2.919	2.924	2.929	2.934	2.938	2.943	2.948
0.950	3.117	3.122	3.127	3.132	3.137	3.142	3.146	3.151	3.155	3.160
0.975	3.316	3.321	3.326	3.330	3.335	3.389	3.344	3.348	3.353	3.357
0.990	3.562	3.566	3.571	3.575	3.580	3.584	3.588	3.593	3.397	3.601
0.995	3.737	3.742	3.746	3.751	3.755	3.759	3.763	3.767	3.771	3.775
n	71	72	73	74	75	76	77	78	79	80
0.900	2.952	2.957	2.961	2.966	2.970	2.974	2.978	2.983	2.987	2.991
0.950	3.164	3.169	3.173	3.177	3.181	3.185	3.189	3.193	3.197	3.201
0.975	3.361	3.365	3.369	3.373	3.377	3.381	3.385	3.389	3.393	3.396
0.990	3.605	3.609	3.613	3.617	3.620	3.624	3.628	3.631	3.635	3.638
0.995	3.779	3.783	3.787	3.791	3.794	3.798	3.801	3.805	3.808	3.812
n	81	82	83	84	85	86	87	88	89	90
0.900	2.995	2.999	3.002	3.006	3.010	3.014	3.017	3.021	3.024	3.028
0.950	3.205	3.208	3.212	3.216	3.219	3.223	3.226	3.230	3.233	3.236
0.975	3.400	3.403	3.407	3.410	3.414	3.417	3.421	3.424	3.427	3.430
0.990	3.642	3.645	3.648	3.652	3.655	3.658	3.661	3.665	3.668	3.671
0.995	3.815	3.818	3.821	3.825	3.828	3.831	3.834	3.837	3.840	3.843
n	91	92	93	94	95	96	97	98	99	100
0.900	3.031	3.035	3.038	3.042	3.045	3.048	3.052	3.055	3.058	3.061
0.950	3.240	3.243	3.246	3.249	3.253	3.256	3.259	3.262	3.265	3.268
0.975	3.433	3.437	3.440	3.443	3.446	3.449	3.452	3.455	3.458	3.460
0.990	3.674	3.677	3.680	3.683	3.685	3.688	3.691	3.694	3.697	3.699
0.995	3.846	3.849	3.852	3.854	3.857	3.860	3.863	3.865	3.868	3.871

附表 C. 2 格拉布斯(Grubbs)检验的临界值表

n	1	2	3	4	5	6	7	8	9	10
0.900			1.148	1.452	1.602	1.729	1.828	1.909	1.977	2.036
0.950			1.153	1.463	1.672	1.822	1.938	2.032	2.110	2.176
0.975			1.155	1.481	1.715	1.887	2.020	2.162	2.215	2.290
0.990			1.155	10492	1.749	1.944	2.097	2.221	2.323	2.410
0.995			1.155	1.496	1.764	1.973	2.139	2.274	2.387	2.482
n	11	12	13	14	15	16	17	18	19	20
0.900	2.088	2.134	2.175	2.213	2.247	2.279	2.309	2.335	2.361	2.385
0.950	2.234	2.285	2.331	2.371	2.409	2.443	2.475	2.504	2.532	2.557
0.975	2.355	2.412	2.462	2.507	2.549	2.585	2.620	2.651	2.681	2.709
0.990	2.485	2.550	2.607	2.659	2.705	2.747	2.785	2.821	2.854	2.884
0.995	2.564	2.636	2.669	2.755	2.806	2.852	2.894	2.932	2.968	3.001
n	21	22	23	24	25	26	27	28	29	30
0.900	2.408	2.429	2.448	2.467	2.486	2.502	2.519	2.534	2.549	2.563
0.950	2.580	2.603	2.624	2.644	2.663	2.681	2.698	2.714	2.730	2.745
0.975	2.733	2.758	2.781	2.802	2.822	2.841	2.850	2.876	2.893	2.908
0.990	2.912	2.939	2.963	2.987	3.009	3.029	3.049	3.068	3.085	3.103
0.995	3.031	3.060	3.087	3.112	3.135	3.157	3.178	3.199	3.218	3.236
n	31	32	33	34	35	36	37	38	39	40
0.900	2.577	2.591	2.604	2.616	2.628	2.639	2.650	2.661	2.671	2.682
0.950	2.759	2.773	2.786	2.799	2.811	2.823	2.835	2.846	2.857	2.866
0.975	2.924	2.938	2.952	2.965	2.979	2.991	3.003	3.014	3.025	3.036
0.990	3.119	3.135	3.150	3.164	3.178	3.191	3.204	3.216	3.228	3.240
0.995	3.253	3.270	3.268	3.301	3.316	3.330	3.343	3.356	3.369	3.381
n	41	42	43	44	45	46	47	48	49	50
0.900	2.692	2.700	2.710	2.719	2.727	2.736	2.744	2.753	2.760	2.768
0.950	2.877	2.887	2.896	2.905	2.914	2.923	2.931	2.940	2.948	2.956
0.975	3.046	3.057	3.067	3.075	3.085	3.094	3.103	3.111	3.120	3.128
0.990	3.251	3.261	3.271	3.282	3.292	3.302	3.310	3.319	3.329	3.336
0.995	3.393	3.404	3.415	3.425	3.435	3.445	3.455	3.464	3.474	3.483

n	51	52	53	54	55	56	57	58	59	60
0.900	2.775	2.783	2.790	2.798	2.804	2.811	2.818	2.824	2.831	2.837
0.950	2.964	2.971	2.978	2.986	2.992	3.000	3.006	3.013	3.019	3.025
0.975	3.136	3.143	3.151	3.158	3.166	3.172	3.180	3.186	3.193	3.199
0.990	3.345	3.353	3.361	3.368	3.376	3.383	3.391	3.397	3.405	3.411
0.995	3.491	3.500	3.507	3.516	3.524	3.531	3.539	3.546	3.553	3.560
n	61	62	63	64	65	66	67	68	69	70
0.900	2.842	2.849	2.854	2.860	2.866	2.871	2.877	2.883	2.888	2.893
0.950	3.032	3.037	3.044	3.049	3.055	3.061	3.066	3.071	3.076	3.082
0.975	3.205	3.212	3.218	3.224	3.230	3.235	3.241	3.246	3.252	3.257
0.990	3.418	3.424	3.430	3.437	3.442	3.449	3.454	3.460	3.466	3.471
0.995	3.566	3.573	3.579	3.586	3.592	3.598	3.605	3.610	3.617	3.622
n	71	72	73	74	75	76	77	78	79	80
0.900	2.897	2.903	2.908	2.912	2.917	2.922	2.927	2.931	2935	2.940
0.950	3.087	3.092	3.098	3.102	3.107	3.111	3.117	3.121	3.125	3.130
0.975	3.262	3.267	3.272	3.278	3.282	3.287	3.291	3.297	3.301	3.305
0.990	3.476	3.482	3.487	3.492	3.496	3.502	3.507	3.511	3.516	3.521
0.995	3.627	3.633	3.638	3.643	3.648	3.654	3.658	3.663	3.669	3.673
n	81	82	83	84	85	86	87	88	89	90
0.900	2.945	2.949	2.953	2.957	2.961	2.966	2.970	2.973	2.977	2.981
0.950	3.134	3.139	3.143	3.147	3.151	3.155	3.160	3.163	3.167	3.171
0.975	3.309	3.315	3.319	3.323	3.327	3.331	3.335	3.339	3.343	3.347
0.990	3.525	3.529	3.534	3.539	3.543	3.547	3.551	3.555	3.559	3.563
0.995	3.677	3.682	3.687	3.691	3.695	3.699	3.704	3.708	3.712	3.176
n	91	92	93	94	95	96	97	98	99	100
0.900	2.984	2.989	2.993	2.996	3.000	3.003	3.006	3.011	3.014	3.017
0.950	3.174	3.179	3.182	3.186	3.189	3.193	3.196	3.201	3.204	3.207
0.975	3.350	3.355	3.358	3.362	3.365	3.369	3.372	3.377	3.380	3.383
0.990	3.567	3.570	3.575	3.579	3.582	3.586	3.589	3.593	3.597	3.600
0.995	3.720	3.725	3.728	3.732	3.736	3.739	3.744	3.747	3.750	3.754

附表 C.3 偏度检验的临界值表

n	0.95	0.99	n	0.95	0.99
8	0.99	1.42	40	0.59	0.87
9	0.97	1.41	45	0.56	0.82
10	0.95	1.39	50	0.53	0.79
12	0.91	1.34	60	0.49	0.72
15	0.85	1.26	70	0.46	0.67
20	0.77	1.15	80	0.43	0.63
25	0.71	1.06	90	0.41	0.60
30	0.65	0.98	100	0.39	0.57
35	0.62	0.92			

符号注释表

符 号	名 称	单 位
a	加速度	$m \cdot s^{-2}$
c	比热容	$J \cdot g^{-1} \cdot K^{-1}$
c^*	推进剂特征速度	$m \cdot s^{-1}$
d_i	喷管入口直径	mm
d_t	喷管喉部直径	mm
e	药柱肉厚	mm
f	焦距	mm
f_i	绝对校正因子	—
f_s	标准物 s 的绝对校正因子	—
g	重力加速度	$m \cdot s^{-2}$
g_1	某一摆角下摆锤的当量重力,发动机及零件重力和推进剂重力与点火药重力的一半之和	N
g_m	实验时发动机及零件重力	N
h	热扩散率	$m^2 \cdot s^{-1}$
$\overline{h_0}$	零线高度平均值	mm
$\overline{h_i}$	标定线测量高度平均值	mm
$\Delta\overline{h_i}$	标定线有效高度平均值	mm
$\overline{h_n}$	标定线最大测量高度平均值	mm
h_s	传感器压力换算系数	$Pa \cdot mV^{-1}$
l	摆弧长	m
m	质量	g
m_b	标准火药的质量	g
m_c	推进剂在弹道摆上测比冲时,装药质量的最大理论计算值	g
m_{ig}	点火药质量	g
m_p	推进剂质量	g
n	燃速压力指数	—
n_p	推进剂的质量摩尔浓度	$mol \cdot kg^{-1}$
p_0	25 发实验中试样爆炸概率	—
q	热流密度	$W \cdot m^{-2}$

符　号	名　称	单　位
r	半径	mm 或 m
$\dot{r}$	燃速	$\mathrm{mm \cdot s^{-1}}$
$\overline{r}_\mathrm{m}$	推进剂的平均燃速	$\mathrm{mm \cdot s^{-1}}$
s	曲线包围面积的积分值	—
$\overline{s}$	积分平均值	—
$s_1 、 s_2$	垂直及平行于散射平面的振幅函数分量	—
t	时间	s
$\overline{t}_\mathrm{d}$	平均点火延滞时间	s
t_r	两靶烧断时间间距	s
u	弹性波速	$\mathrm{m \cdot s^{-1}}$
y_0	实验的最低落高对数值	—
y_{50}	50%爆发的特性落高对数值	—
Δy	实验步长的对数值	—
A	面积	$\mathrm{m^2}$
A_b	推进剂燃烧面积	$\mathrm{cm^2}$
$\overline{A}_\mathrm{b}$	药柱平均燃烧面积	$\mathrm{cm^2}$
A_e	喷管出口截面积	$\mathrm{cm^2}$
A_nk	试样断裂所消耗的冲击能	J
A_t	喷管出口喉部面积	$\mathrm{cm^2}$
C	量热计系统热容量	$\mathrm{J \cdot K^{-1}}$
C_Fth	理论推力系数	—
$C_\mathrm{Fth}^{\ominus}$	标准理论推力系数	—
C_s	变异系数	—
C_v	相对标准偏差	—
$\overline{C}_V$	燃烧产物的定容比热的平均值	$\mathrm{J \cdot kg^{-1} \cdot K^{-1}}$
D	热量计热不平衡系数	s
D_c	燃烧室壳体外径	mm
D_gr	燃烧室壳体内径	mm
E	弹性模量	$\mathrm{N \cdot m^{-2}}$
E_0	量热计水当量	$\mathrm{J \cdot {}^\circ C^{-1}}$
$E''(T_\mathrm{g})$	推进剂样品在玻璃化转变温度下的储能模量	Pa
$E(t)$	t 时刻的应力松弛模量	MPa
$\overline{E}(t)$	t 时刻的应力松弛模量的平均值	MPa

符　号	名　称	单　位
E_a	反应活化能	$J \cdot mol^{-1}$
E_L	梁的弹性模量	Pa
F_f	最大施加力	N
$F_{i/s}$	组分为 i 的相对质量校正因子	—
F_s	荷载	N
H	差示扫描量热仪信号	mV
H'_0	试样的原始高度	mm
H_{50}	50%爆发的特性落高	m
ΔH	信号差	mV
$\Delta H'$	压缩形变	mm
ΔH_{tot}	总反应焓	$kJ \cdot mol^{-1}$
I'	惯性矩	$kg \cdot m^2$
I	点火电流	A
I''	入射光强度	$W \cdot m^{-2}$
I_{50}	50%爆发的撞击能	J
I_A	被测物质的保留指数	—
I_F	推力总冲	$N \cdot s$
I_{ig}	点火药总冲	$N \cdot s$
I_{sp}	比冲	$m \cdot s^{-1}$
$\overline{I}_{sp}$	平均比冲	$m \cdot s^{-1}$
$I_{sig}^{\ominus}$	点火药的标准比冲	$m \cdot s^{-1}$
I_t	总冲	$N \cdot s$
K	差示扫描量热仪常数	$W \cdot mV^{-1}$
$\overline{K}$	差示扫描量热仪常数的平均值	$W \cdot mV^{-1}$
L	长度	mm
ΔL	试样的形变量	mm
L_0	试样原始长度	mm
L_{50}	试样发生50%爆轰的卡片厚度	mm
L_a	弹道摆悬轴轴心到摆弧的距离	mm
L_{gr}	药柱长度	mm
L_r	靶距	mm
L_t	喷管喉部直径段长度	mm
L_x	横向标距	mm

符　号	名　称	单　位
L_y	纵向标距	mm
M	摩尔质量	$g \cdot mol^{-1}$
M_P	装药总质量	kg
P	加热功率	W
$P^{\ominus}$	标准压强	MPa
P_0	初始压强	MPa
P_{amb}	环境大气压强	MPa
$\bar{P}_a$	工作时间平均压强	MPa
P_c	最大压缩载荷（或压缩形变值为70％点的压缩载荷或特征点压缩载荷）	N
P_e	喷管出口压强	MPa
P_{eq}	平衡压力	MPa
P_{max}	燃烧室最大压强	MPa
P_t	被测气体压力	Pa
P_E	试样的爆炸概率	％
P_F	试样的燃烧概率	％
Q	热量	J
Q_a	摆锤当量重力	N
Q_b	标准火药的爆热	$J \cdot g^{-1}$
Q_c	燃烧热	$J \cdot g^{-1}$
Q_{et}	t 时刻定容燃烧器的热损失	J
Q_g	推进剂在弹道摆上测比冲时，所需弹道摆重力的最小理论计算值	N
Q_i	曲线在上升情况下的不重复性百分数	—
Q_p	爆热	$J \cdot s^{-1}$
Q_s	热流量	$J \cdot s^{-1}$
Q_x	曲线在下降情况下的不重复性百分数	—
Q_V	定容爆热	$J \cdot g^{-1}$
R	电阻	Ω
R_0	普适气体常数	$J \cdot mol^{-1} \cdot K^{-1}$
R^*	喷管喉部壁面曲率半径	mm
S	标准差	s
S_d	衍射光振幅函数	—
S_n	压力指数标准偏差	—

符　号	名　称	单　位
S_v	相对标准差	—
T	温度	K
T_0	0 ℃的热力学温度	K
T_g	玻璃化转变温度	K
T_s	参比温度	K
T_V	定容燃烧温度	K
U	电压	V
V	体积	cm^3
W	质量分数	%
W_{ig}	点火药重力	N
X	25 发实验中试样产生爆炸的次数	—
α	线膨胀系数	$℃^{-1}$
α'	喷管扩张半角	rad 或°
α_{nk}	抗冲击强度	$kJ \cdot m^{-2}$
α_T	燃速温度敏感系数	—
β'	喷管收敛半角	rad 或°
β	升温速率	$K \cdot s^{-1}$
γ	燃烧产物的比热比	—
γ_b	不归零度百分数	—
δ	厚度	m
δ_c	相对标准偏差	—
δ_f	最大形变	m
ε	应变	—
ε'	喷管扩张比	—
ε_0	初始恒定应变	—
ε_b	断裂伸长率	%
ε_c	压缩率	%
ε_f	断裂应变	—
ε_m	伸长率	%
ε_x	横向应变	—
ε_y	轴向应变	—
ξ	热容量影响修正系数	—
η	滞后性百分数	—

符　号	名　称	单　位
θ	衍射角	°
θ_m	推进剂的热膨胀系数温度依赖关系中的微分斜率	K^{-1}
θ_E	推进剂的弹性模量温度依赖关系中的微分斜率	$Pa \cdot K^{-1}$
κ	燃喉比	—
λ	热导率	$W \cdot m^{-1} \cdot K^{-1}$
λ'	入射光在颗粒周围介质中的波长	m
μ	泊松比	—
ρ	密度	$g \cdot cm^{-3}$ 或 $kg \cdot m^{-3}$
σ	标准偏差	—
σ_c	抗压强度	MPa
σ_f	断裂应力	$N \cdot m^{-2}$
σ_m	拉伸强度	$N \cdot m^{-2}$
σ_{max}	最大抗拉强度	MPa
σ_s	试件给定的定载载荷	MPa
σ_ε	应力	$N \cdot m^{-2}$
τ_i	推进剂燃烧排气羽烟 i 时刻对应的红外辐射透过率	%
$\bar{\tau}$	推进剂排气羽烟对红外辐射透过率平均值	%
φ	摆角	°